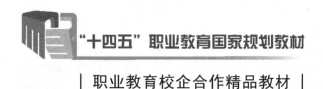
"十四五"职业教育国家规划教材

| 职业教育校企合作精品教材 |

Visual Basic 6.0 项目教程

（第 3 版）

| 赵增敏　主编 |

U0239502

电子工业出版社·

Publishing House of Electronics Industry

北京·BEIJING

内 容 简 介

本书以 Visual Basic 6.0 简体中文企业版为蓝本，采用项目引领和任务驱动的教学方法，通过一系列项目和任务，详细地讲述了 Visual Basic 可视化编程的基本概念、编程步骤和设计技巧，并通过一个项目完整地讲述了 Visual Basic 应用程序开发的全过程。本书的主要内容包括配置 Visual Basic 集成开发环境、掌握 Visual Basic 编程语言、设计应用程序窗体、创建图形用户界面、设计多媒体程序、设计菜单和工具栏、访问与管理文件、创建数据库应用程序和开发图书管理系统。本书坚持以就业为导向、以能力培养为本位的原则，围绕实践，突出技能，体现了应用性和针对性。

本书既可以作为河南省中等职业学校计算机类专业的教材，也可以作为编程爱好者的参考用书。

图书在版编目（CIP）数据

Visual Basic 6.0 项目教程 / 赵增敏主编. —3 版. —北京：电子工业出版社，2022.1

ISBN 978-7-121-42873-9

Ⅰ．①V… Ⅱ．①赵… Ⅲ．①BASIC 语言—程序设计—中等专业学校—教材 Ⅳ．①TP312.8

中国版本图书馆 CIP 数据核字（2022）第 025413 号

责任编辑：罗美娜　　　　特约编辑：田学清

印　　刷：中煤（北京）印务有限公司

装　　订：中煤（北京）印务有限公司

出版发行：电子工业出版社

　　　　　北京市海淀区万寿路 173 信箱　　　　邮编：100036

开　　本：880×1 230　　1/16　　印张：21.75　　字数：487 千字

版　　次：2015 年 8 月第 1 版

　　　　　2022 年 1 月第 3 版

印　　次：2025 年 3 月第 20 次印刷

定　　价：54.00 元

河南省中等职业教育校企合作精品教材

出版说明

　　为深入贯彻落实《河南省职业教育校企合作促进办法（试行）》（豫政〔2012〕48号）精神，切实推进职教攻坚二期工程，编者在深入行业、企业、职业学校调研的基础上，经过充分论证，按照校企"1+1"双主编与校企编者"1:1"的原则要求，组织有关职业学校一线骨干教师和行业、企业专家，编写了河南省中等职业学校计算机应用专业的校企合作精品教材。

　　这套校企合作精品教材的特点主要体现在以下方面：一是注重与行业联系，实现专业课程内容与职业标准对接，学历证书与职业资格证书对接；二是注重与企业的联系，将"新技术、新知识、新工艺、新方法"及时编入教材，使教材内容更具前瞻性、针对性和实用性；三是反映技术技能型人才培养规律，把职业岗位需要的技能、知识、素质有机地整合到一起，真正实现教材由以知识体系为主向以技能体系为主的跨越；四是教学过程对接生产过程，充分体现了"做中学，做中教"和"做、学、教"一体化的职业教育教学特色。编者力争通过本套教材的出版和使用，为全面推行"校企合作、工学结合、顶岗实习"人才培养模式的实施提供教材保障，为深入推进职业教育校企合作做出贡献。

　　在这套校企合作精品教材的编写过程中，校企双方的编写人员力求体现校企合作精神，努力将教材高质量地呈现给广大师生。本次教材编写进行了创新，但是由于编者水平和编写时间所限，书中难免会存在疏漏和不足之处，敬请广大读者提出宝贵意见和建议。

　　　　　　　　　　　　　　　　　　　　　　　　河南省职业技术教育教学研究室

前 言

党的二十大报告指出，"我们要坚持教育优先发展、科技自立自强、人才引领驱动，加快建设教育强国、科技强国、人才强国，坚持为党育人、为国育才，全面提高人才自主培养质量，着力造就拔尖创新人才，聚天下英才而用之。"Visual Basic 6.0 程序设计是中等职业学校计算机类专业的一门主干专业课程，其主要任务是使学生了解可视化程序设计的基本概念，掌握可视化程序设计技能，建立可视化编程语言与数据库系统的联系，使学生具备使用 Visual Basic 可视化开发工具设计应用程序的能力。本课程的教学目标是使学生能够正确利用 Visual Basic 可视化开发工具进行程序设计，并能够进行软件的基本维护，以及初步具备解决实际问题的能力，为学生适应就业岗位和提高职业技能打下基础。

本书是河南省中等职业教育第三批校企合作精品教材中的一本，适用于河南省中等职业学校计算机类专业 Visual Basic 6.0 程序设计课程。本书是依据教育部颁布的中等职业学校计算机及应用专业教学指导方案中"可视化编程应用"课程教学和河南省中等职业教育第三批精品教材编写方案的基本要求，并结合河南省的教学实际与计算机行业的岗位需求而编写的。本书坚持"以服务为宗旨，以就业为导向"的职业教育办学方针，按照"校企合作、工学结合、顶岗实习"的人才培养模式，遵循项目引领和任务驱动的教学模式，以学生为主体，以项目和任务为载体，充分体现了"做中学、做中教"和"做、学、教"一体化的职业教育特色。本书在编写过程中，力求突出以下特色。

（1）内容先进。本书按照计算机行业的发展现状，更新了教学内容，体现了新知识的应用。在介绍设计多媒体程序时，结合具体任务介绍了 Windows API 函数、ShockwaveFlash 控件、Windows Media Player 控件和 WebBrowser 控件的应用；在介绍访问与管理文件时，既介绍了文件管理控件、传统语句和函数的应用，也介绍了 FSO 对象模型编程。

（2）知识实用。本书结合中等职业学校的教学实际，以"必需、够用"为原则，降低了理论难度。在介绍创建数据库应用程序时，为了便于学生理解和掌握相关知识点，着重介绍了如何使用数据控件、ADO 数据控件和相关数据绑定控件来实现数据库访问，只需编写少量代码甚至无须编写代码；在选择数据库系统时，选择了当今流行的桌面数据库 Access 和网络数据库 SQL Server，加强了课程之间的联系，并突出了知识的实用性。

（3）突出操作。本书以应用为核心，以培养学生的实际动手能力为重点，力求做到学与教并重，科学性与实用性相统一，紧密联系生活、生产实际，将传授理论知识与培养操作技能有机地结合起来。本书采用项目引领和任务驱动的教学方法，让学生通过实战过程体验到程序设计的乐趣，并从中掌握相关的知识和技能。

（4）结构合理。本书紧密结合职业教育的特点，借鉴近年来职业教育课程改革和教材建设的成功经验，在基本教学内容的编排上采用了项目引领和任务驱动的设计方式，符合学生心理特征和认知、技能养成规律。在完成基本技能和知识教学后，安排了一个完整的项目开发过程，以综合应用前面所学知识，体现了学以致用的教学理念。

（5）教学适用性强。本书分为若干个项目，每个项目都包含项目描述、项目目标、若干个任务、项目小结、项目思考和项目实训，每个任务几乎都包含任务描述、任务目标、任务分析、任务实施、程序测试及相关知识等环节，便于教师教学和学生自学。

（6）配备了教学资源包。本书配备了包括电子教案、教学指南、教学素材、习题答案等内容在内的教学资源包，为教师备课提供全方位的服务。请对此有需要的读者登录华信教育资源网免费注册后进行下载。

本书共分 9 个项目。项目 1 介绍了 Visual Basic 6.0 集成开发环境的配置、编程机制和编程步骤；项目 2 介绍了 Visual Basic 编程语言，包括数据类型、常量与变量、运算符与表达式、基本语句、流程控制语句、数组、过程与函数及错误处理等；项目 3 介绍了应用程序窗体的设计，包括设置窗体的属性、调用窗体的方法、响应窗体的事件、设计对话框、设计多文档界面应用程序等；项目 4 介绍了如何使用 Visual Basic 标准控件来创建图形用户界面，包括标签控件、文本框控件、命令按钮控件、单选按钮控件、框架控件、复选框控件、列表框控件、组合框控件、滚动条控件、计时器控件及 WebBrowser 控件等；项目 5 介绍了多媒体程序的设计，包括常用的绘图方法、设置图形属性、使用 Line 控件和 Shape 控件、使用图像框控件和图像控件，以及播放声音、动画和视频等；项目 6 介绍了如何为应用程序添加菜单和工具栏；项目 7 介绍了文件访问与管理，主要包括文件管理控件、使用语句和函数处理文件，以及 FSO 对象模型编程等；项目 8 介绍了数据库应用程序设计，主要包括如何通过数据控件、ADO 数据控件和 ADO 对象编程来访问数据库等；作为前面各项目的综合应用，项目 9 通过"图书管理系统"项目完整地介绍了 Visual Basic 应用程序开发的全过程。

本书的参考课时为 100 课时，在教学过程中可以参考以下课时分配表。

课时分配表

项　　目	课　程　内　容	课　时　分　配		
		讲授/课时	实训/课时	合计/课时
项目 1	配置 Visual Basic 集成开发环境	2	2	4
项目 2	掌握 Visual Basic 编程语言	10	12	22
项目 3	设计应用程序窗体	6	8	14
项目 4	创建图形用户界面	8	8	16
项目 5	设计多媒体程序	4	4	8
项目 6	设计菜单和工具栏	2	4	6
项目 7	访问与管理文件	2	4	6

续表

项　目	课 程 内 容	课 时 分 配		
		讲授/课时	实训/课时	合计/课时
项目 8	创建数据库应用程序	6	6	12
项目 9	开发图书管理系统	6	6	12

　　本书由河南省职业教育教学研究室组编，由赵增敏担任主编。参加本书编写、程序测试、文字录入和教学资源制作的人员还有段丽霞、陈婧等。

　　由于编者水平和编写时间所限，书中难免会存在疏漏和不足之处，敬请广大读者给予批评指正。

编　者

目 录

X

项目 3　设计应用程序窗体 / 84

XII

项目 6　设计菜单和工具栏　/　195

项目 7　访问与管理文件　/　217

项目 8　创建数据库应用程序 / 243

项目 9　开发图书管理系统 / 274

项目 **1**

配置 Visual Basic 集成开发环境

Visual Basic（简称 VB）是 Microsoft 公司推出的一种可视化的 Windows 应用程序开发工具。Visual Basic 6.0 是 VB 的一个经典版本，由于其操作简单且方便实用，因此从问世以来一直受到专业程序员和编程爱好者的青睐，也是很多初学者学习可视化编程的首选工具。

"工欲善其事，必先利其器。"本项目将通过两个任务来说明 Visual Basic 6.0 集成开发环境的安装过程和该集成开发环境的组成，并结合实例来介绍如何使用 Visual Basic 6.0 集成开发环境创建 Windows 应用程序，从而帮助读者理解 Visual Basic 可视化编程的基本概念和步骤。

项目目标

- 了解 Visual Basic 的版本和特点。
- 熟悉 Visual Basic 6.0 集成开发环境的组成。
- 了解可视化编程的基本概念。
- 掌握 Visual Basic 程序设计的方法和步骤。

任务 1.1 安装 Visual Basic 6.0

在本任务中，首先安装 Visual Basic 6.0 简体中文企业版并安装更新补丁 SP6，然后安装 MSDN Library Visual Studio 6.0 简体中文企业版，最后启动 Visual Basic 6.0 进入集成开发环境。

任务目标

- 掌握 Visual Basic 6.0 和 MSDN 库的安装方法。
- 掌握启动和退出 Visual Basic 6.0 的方法。
- 理解 Visual Basic 6.0 集成开发环境的组成。
- 掌握 MSDN 帮助功能的使用方法。

任务实施

1. 安装 Visual Basic 6.0

在 Windows 10 系统中安装 Visual Basic 6.0 简体中文企业版的步骤如下所述。

（1）打开 Visual Basic 6.0 安装包所在文件夹，通过双击 SETUP 文件来运行安装程序，如图 1.1 所示。

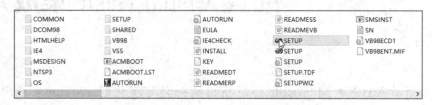

图 1.1　运行安装程序

（2）在如图 1.2 所示的安装向导对话框中，单击"下一步"按钮。

（3）在如图 1.3 所示的对话框中，选中"接受协议"单选按钮，然后单击"下一步"按钮。

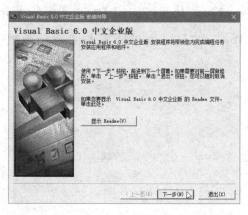
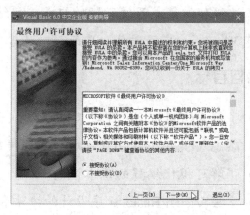

图 1.2　安装向导对话框　　　　　　　　　　图 1.3　接受协议

　　（4）在如图 1.4 所示的对话框中，依次输入产品的 ID 号、姓名和公司名称，然后单击"下一步"按钮。

　　（5）在如图 1.5 所示的对话框中，选中"安装 Visual Basic 6.0 中文企业版"单选按钮，然后单击"下一步"按钮。

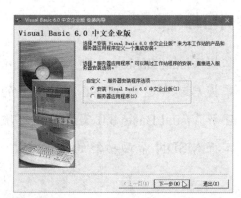

图 1.4　输入产品的 ID 号、姓名和公司名称　　图 1.5　选择安装 Visual Basic 6.0 中文企业版

（6）在如图 1.6 所示的对话框中选择公用安装文件夹，默认的安装位置是 C:\Program Files (x86)\Microsoft Visual Studio\Common 文件夹，若想要更改安装位置，则可以单击"浏览"按钮并做出选择。在完成设置后，单击"下一步"按钮。

（7）在如图 1.7 所示的安装程序欢迎对话框中，单击"继续"按钮。

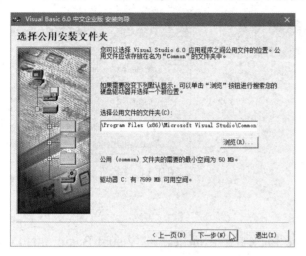

图 1.6　选择公用安装文件夹

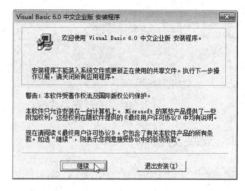

图 1.7　安装程序欢迎对话框

（8）当弹出如图 1.8 所示的对话框，提示"发现了旧版本的 Visual SourceSafe"时，单击"是"按钮，用 VSS 6.0 替换旧版本的软件。

说明：Visual SourceSafe 是 Microsoft 公司开发的版本控制系统，简称 VSS。该软件支持 Windows 系统所支持的所有文件格式，并且兼容独占工作模式和并行工作模式。VSS 通常与 Microsoft 公司的 Visual Studio 产品同时发布，并且高度集成。

（9）在如图 1.9 所示的对话框中，单击"自定义安装"按钮。默认的安装位置是 C:\Program Files (x86)\Microsoft Visual Studio\VB98 文件夹，若想要更改安装位置，则可以单击"更改文件夹"按钮并做出选择。

图 1.8　替换 VSS 软件

图 1.9　选择安装类型

（10）在如图 1.10 所示的"自定义安装"对话框中，取消对"数据访问"复选框的勾选，并在随后弹出的"数据访问"对话框中单击"确定"按钮，然后单击"继续"按钮。

注意：Visual Basic 6.0 提供的数据访问组件与 Windows 10 系统存在兼容性问题，如果选择安装该组件，则可能导致安装程序停止响应且无法继续安装更新程序，因此不安装该组件。

（11）当安装过程完成时，将出现如图 1.11 所示的对话框，单击"重新启动 Windows"按钮，结束整个安装过程。

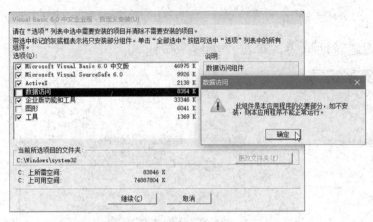 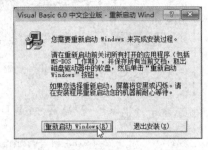

图 1.10　取消安装数据访问组件　　　　　　　图 1.11　重新启动 Windows

2. 安装更新补丁 SP6

更新补丁 SP6 的全称是 Visual Studio Service Pack 6。它提供了对 Visual Basic 6.0、Visual C++ 6.0 及 Visual SourceSafe 6.0 等产品所做的更新。

如果想要安装更新补丁 SP6，则只需要运行安装程序 setupsp6.exe 即可。

提示：建议一定要安装更新补丁 SP6。如果不安装这个补丁，则某些功能（如访问 Access 2000 数据库）将无法正常使用。

3. 安装 MSDN 库

在 Visual Basic 6.0 安装成功后，如果想要在程序设计过程中使用帮助功能，则必须另行安装 MSDN 库。MSDN 的全称是 Microsoft Developer Network，它是 Microsoft 公司面向软件开发者的一种信息服务。MSDN 库与 Visual Studio 6.0 是一起发布的，其具体安装步骤如下所述。

（1）在 MSDN 库安装文件夹中双击 Setup.exe 文件，以运行安装程序。

（2）在如图 1.12 所示的安装程序欢迎对话框中，单击"继续"按钮。

（3）在如图 1.13 所示的"姓名与单位信息"对话框中输入姓名与单位信息，然后单击"确定"按钮。

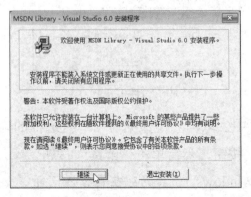 

图 1.12　MSDN 库安装程序欢迎对话框　　　　图 1.13　输入姓名与单位信息

（4）在如图 1.14 所示的"许可协议"对话框中，单击"接受"按钮。

（5）在如图 1.15 所示的对话框中单击"自定义安装"按钮。默认安装位置是 C:\Program Files (x86)\Microsoft Visual Studio\MSDN98 文件夹，若想要改变安装位置，则可以单击"更改文件夹"按钮。

（6）在如图 1.16 所示的对话框中，选择要安装的组件，然后单击"继续"按钮。

（7）当安装过程完成时，将出现如图 1.17 所示的对话框，单击"确定"按钮，结束安装过程。

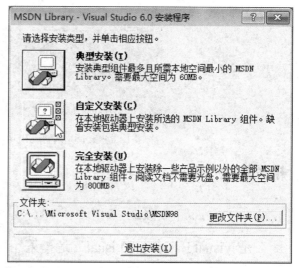

图 1.14 接受《最终用户许可协议》

图 1.15 选择安装类型

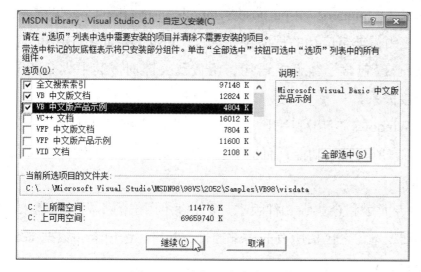

图 1.16 选择要安装的组件

图 1.17 结束安装过程

4. 启动 Visual Basic 6.0

完成安装后，在 Windows 10 系统的"开始"菜单中创建 Visual Basic 6.0 快捷方式，通过单击该快捷方式即可运行 Visual Basic 6.0。操作方法为：首先单击"开始"按钮，然后选择"Microsoft Visual Basic 6.0 中文版"→"Microsoft Visual Basic 6.0 中文版"命令，即可进入 Visual Basic 6.0 集成开发环境，如图 1.18 所示。

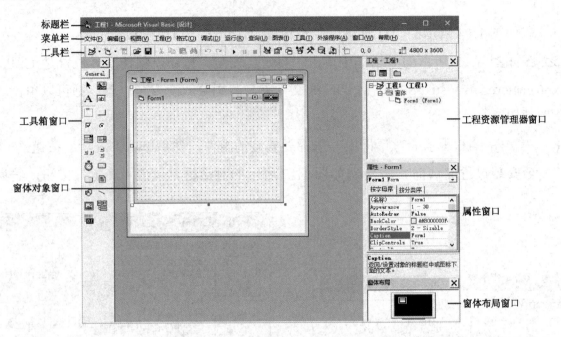

标题栏
菜单栏
工具栏

工具箱窗口

窗体对象窗口

工程资源管理器窗口

属性窗口

窗体布局窗口

图 1.18　Visual Basic 6.0 集成开发环境

相关知识

1. Visual Basic 6.0 概述

什么是 Visual Basic？"Visual"是指采用可视化的开发图形用户界面的方法，一般不需要编写大量的代码来描述界面元素的外观和位置，而只需要把所需的控件拖放到屏幕上的相应位置就可以了；"Basic"则是指 BASIC（Beginners' All-purpose Symbolic Instruction Code）语言，这是一种在计算机技术发展过程中应用得非常广泛的程序设计语言。Visual Basic 在 BASIC 语言原有的基础上进一步发展，至今已经包含了数百条语句、函数及关键词，其中大多数与 Windows 图形用户界面的设计有直接关系。

Visual Basic 是一种可视化的 Windows 应用程序开发工具。专业程序员可以使用 Visual Basic 实现任何其他 Windows 编程语言所具有的功能，而初学者只需要掌握几个关键词就可以建立简单且实用的 Windows 应用程序。

Visual Basic 6.0 提供了学习版、专业版和企业版 3 种版本，可以满足用户的不同开发需求。

学习版是 Visual Basic 6.0 的基础版本，它包括所有的内部控件、网格、选项卡和数据绑定控件，可以使编程人员轻松开发 Windows 应用程序。

专业版不仅包括学习版的全部功能，还包括 ActiveX 控件、IIS 应用程序设计器、集成的可视化数据工具和数据环境、Active 数据对象及 DHTML 网页设计器。

企业版是 3 种版本中功能最强大的版本，它包括专业版的全部功能和 Back Office 工具，如 SQL Server、Microsoft Transaction Server、Internet Information Server、Visual SourceSafe 及 SNA Server 等。

本书使用的是 Visual Basic 6.0 简体中文企业版。

2．Visual Basic 6.0 的特点

作为一种可视化的 Windows 编程语言，Visual Basic 6.0 主要有以下特点。

1）自动处理底层消息

简单地说，Windows 的工作机制就是 3 个关键的概念，即窗口、事件和消息。

也许有的读者已经了解了几种不同类型的窗口，如 Windows 资源管理器窗口、文字处理程序中的文档窗口或弹出的提示信息对话框等。除了这些最普通的窗口，实际上还有许多其他类型的窗口。

Windows 系统通过给每个窗口指定一个唯一的标识号（窗口句柄或 hWnd）来管理所有的窗口。操作系统连续地监视每个窗口的活动或事件的信号。事件可以通过诸如单击鼠标或按下按键的操作产生，也可以通过程序的控制产生，甚至可以由另一个窗口的操作产生。

每发生一次事件，将引发一条消息被发送至操作系统。操作系统处理该消息并广播给其他的窗口。每个窗口可以根据自身处理该条消息的指令来采取适当的操作。

可以想象，要处理各种窗口、事件和消息的所有可能的组合将产生惊人的工作量。幸运的是，Visual Basic 使编程者摆脱了所有的底层消息处理。许多消息可以由 Visual Basic 自动处理，而其他的消息则作为事件过程由编程者自行处理。这样可以快速创建强大的应用程序而无须涉及不必要的细节。

2）可视化界面设计

用户界面是一个应用程序最重要的组成部分。对用户而言，界面即应用程序，因为他们感觉不到幕后正在执行的代码。

在传统的程序设计中，不但需要编写大量的代码来描述界面元素的外观和位置，而且在设计过程中看不到界面的实际效果，必须在执行程序时才能看到界面的设计效果。如果对界面的设计效果不满意，则需要对代码进行修改，而这个过程可能需要反复进行多次，这极大地影响了程序设计的效率。

Visual Basic 采用的方式是可视化界面设计。在设计图形用户界面时，不需要编写任何代码来描述界面元素，只需要将所需的控件（如命令按钮控件、文本框控件等）拖放到窗体上就可以了。窗体和控件的大小、位置可以使用鼠标进行调整，在设计阶段就能够看到程序运行时用户界面的效果，这种可视化的设计技术被称为"所见即所得"。

3）事件驱动模型

在传统或"过程化"的应用程序中，由应用程序自行控制执行哪一部分代码和按照何种顺序执行代码。从第一行代码开始执行程序并按照事先预定的路径执行，在必要时可以调用过程。

Visual Basic 采用的方式是事件驱动模型。在事件驱动的应用程序中，代码不是按照预定的路径执行的，而是在响应不同的事件时执行不同的代码片段。事件可以由用户的操作触发，也可以由来自操作系统或其他应用程序的消息触发，甚至可以由应用程序本身的消息触发。

这些事件的顺序决定了代码执行的顺序，因此应用程序每次运行时所经过的代码的路径都是不同的。

因为事件的顺序是无法预测的，所以在代码中必须对程序执行时的"各种状态"做出一定的假设。当做出某些假设时，应该组织好应用程序的结构，以确保该假设始终有效。例如，如果在运行用来处理某一输入字段的过程之前，要求该输入字段必须包含确定的值，则在这个输入字段中有值之前就应当禁用启动该处理过程的命令按钮。

在程序执行过程中，代码也可以触发事件。例如，在程序中改变文本框中的文本将引发文本框的 Change 事件。如果 Change 事件中包含代码，则将导致该代码的执行。

4）交互式开发

传统的应用程序开发过程可以分为 3 个明显的步骤：编码、编译和测试代码。但是 Visual Basic 6.0 与传统的编程语言不同，它使用交互式方法来开发应用程序，使这 3 个步骤之间不再有明显的界限。

在大多数编程语言中，如果在编写代码时发生了错误，则在开始编译应用程序时该错误就会被编译器捕获。此时必须查找并改正该错误，然后再次进行编译，对每一个发现的错误都重复这样的过程。而 Visual Basic 在编程人员输入代码时便进行解释，即时捕获并突出显示大多数语法或拼写错误。看起来就像一位专家在"监视"着代码的输入过程。

除可以即时捕获错误外，Visual Basic 也可以在输入代码时部分地编译代码。当准备运行和测试应用程序时，只需要花费极短的时间即可完成编译。如果编译器发现了错误，就会将错误突出显示于代码中。这时可以更正错误并继续编译，而不需要从头开始。

由于 Visual Basic 的交互特性，因此可以发现在应用程序的设计阶段就已经在频繁地运行应用程序了。通过这种方式，可以在程序开发时就测试代码运行的效果，而不必等到编译完成以后。

3. Visual Basic 6.0 集成开发环境

Visual Basic 6.0 将支持程序开发的代码编写、图形界面设计、代码编译、程序调试等功能集成在一起，构成了一个集成开发环境。当启动 Visual Basic 6.0 时，可以看到集成开发环境是由一些窗口组成的，这些窗口包括主窗口、工程资源管理器窗口、窗体对象窗口、工具箱窗口、属性窗口及窗体布局窗口等（见图 1.18）。部分窗口说明如下。

1）主窗口

主窗口是 Visual Basic 的控制中心，它以菜单命令和工具按钮两种形式来提供各种操作功能，其他窗口均被包含在主窗口中。如果关闭了主窗口，也就退出了整个集成开发环境。

主窗口的标题栏中显示出窗口控制菜单图标、当前工程名称、当前工作模式（包括"设计"、"运行"和"中断"），以及窗口控制（最小化、最大化/还原和关闭）按钮，如图 1.19 所示。

图 1.19 主窗口

标题栏下方是菜单栏，其中包含"文件"、"编辑"、"视图"、"工程"、"格式"、"调试"和"运行"等菜单项，提供了 Visual Basic 编程的常用命令。单击菜单栏中的菜单项，即可显示下拉菜单，在下拉菜单中显示各种操作命令或子菜单，包含执行菜单命令的热键和快捷键。

菜单栏下方是工具栏，其中包含一些常用命令的快速访问按钮。在 Visual Basic 6.0 集成开发环境中，默认的工具栏是"标准"工具栏。右击菜单栏或工具栏的空白处，可以显示工具栏快捷菜单，勾选或取消勾选该快捷菜单中的命令前面的复选框可以实现"编辑"、"标准"、"窗体编辑器"及"调试"工具栏的显示/隐藏切换，如图 1.20 所示。

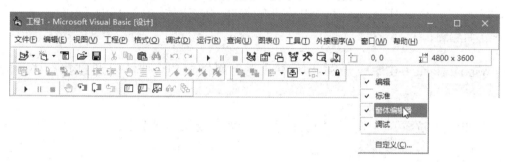

图 1.20 显示更多的工具栏

2）窗体对象窗口

在创建标准 EXE 工程时，Visual Basic 会自动显示出窗体窗口，其中已经有一个名为 Form1 的窗体对象存在。该窗体在程序运行期间就是一个标准的 Windows 窗口或对话框。通常可以把窗体作为设计程序用户界面的起点，并根据需要调整窗体的大小，也可以在窗体上添加各种各样的控件。如果需要，则还可以在工程中添加更多的窗体。

右击窗体的空白区域，将弹出如图 1.21 所示的快捷菜单，在该快捷菜单中选择命令，可以打开代码窗口、菜单编辑器或属性窗口，也可以粘贴或锁定控件。

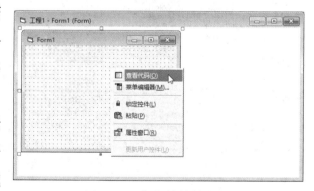

图 1.21 窗体的快捷菜单

3）工具箱窗口

当在 Visual Basic 6.0 集成开发环境中创建或打开标准 EXE 工程时，在默认情况下，将自动打开标准工具箱窗口，其中包含创建应用程序所需要的各种控件，如图 1.22 所示。

在设计程序的用户界面时，可以根据需要向窗体中添加各种各样的控件，具体操作方法是：在工具箱窗口中单击所需控件的图标，然后把鼠标指针移到窗体上，通过拖动鼠标来画出控件。

图 1.22　标准工具箱窗口

如果在 Visual Basic 6.0 集成开发环境中看不到工具箱窗口，则可以通过单击标准工具栏中的"工具箱"按钮 使它显示出来。

也可以根据需要向工具箱窗口添加更多的附加控件。具体操作方法是：在菜单栏中，选择"工程"下拉菜单中的"部件"命令，在弹出的"部件"对话框中，选择"控件"选项卡，勾选所需控件前面的复选框，然后单击"确定"按钮，如图 1.23 所示。

4）属性窗口

在 Visual Basic 6.0 集成开发环境中，窗体和各种控件都拥有一系列属性，如大小、位置、颜色及外观等。在设计模式下，可以在属性窗口中设置窗体和控件的属性的值，如图 1.24 所示。

如果在 Visual Basic 6.0 集成开发环境中看不到属性窗口，则可以通过执行下列操作之一使它显示出来。

- 在"视图"下拉菜单中选择"属性窗口"命令或按下 F4 键。
- 在工具栏中单击"属性窗口"按钮 。
- 在窗体对象窗口中右击窗体或某个控件，在弹出的快捷菜单中选择"属性窗口"命令。

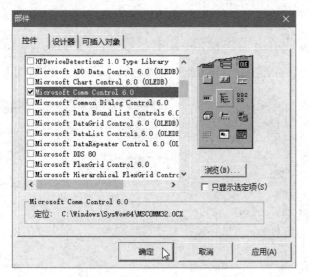

图 1.23　"部件"对话框

图 1.24　属性窗口

5）工程资源管理器窗口

工程资源管理器窗口以大纲形式显示出当前工程的整体结构层次，如图 1.25 所示。该窗口列出了当前工程包含的各种资源，包括窗体模块、标准模块及其他项目等。

在工程资源管理器窗口中，不同的项目是使用不同的图标来表示的。例如，工程使用图标 来表示，窗体使用图标 来表示，标准模块使用图标 来表示，类模块使用图标 来表示，等等。这些图标的右侧显示着相关项目的名称及相应文件名。在工程资源管理器窗口的工具栏中有"查看代码"、"查看对象"和"切换文件夹"3 个按钮。

如果在 Visual Basic 6.0 集成开发环境中看不到窗体布局窗口，则可以在"视图"下拉菜单中选择"窗体布局窗口"命令，或者在标准工具栏中单击"窗体布局窗口"按钮🔲使它显示出来。窗体布局窗口如图 1.26 所示。

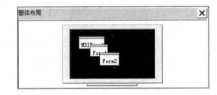

图 1.25 工程资源管理器窗口   图 1.26 窗体布局窗口

6）代码窗口

代码窗口用于查看和编辑程序代码，在这个窗口中可以声明公共变量、编写公共模块程序和对象的事件过程。若想要打开代码窗口，则可以执行下列操作之一。

- 在工程资源管理器窗口中单击窗体或标准模块，然后单击"查看代码"按钮🔲。
- 在窗体对象窗口中双击窗体或窗体上的某个控件。
- 在"视图"下拉菜单中选择"代码窗口"命令或按下 F7 键。

7）立即窗口

使用立即窗口可以在设计模式或中断模式下查看表达式的值，如图 1.27 所示。在图 1.27 中，第一行是输入的语句，第二行是语句执行的结果。

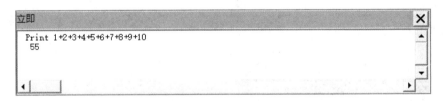

图 1.27 立即窗口

如果在 Visual Basic 6.0 集成开发环境中看不到立即窗口，则可以在"视图"下拉菜单中选择"立即窗口"命令，或者按下 Ctrl+G 组合键使它显示出来。

4. 使用 MSDN 帮助功能

如果想要使用 MSDN 帮助功能，则可以使用以下两种方式。

1）单独运行 MSDN

具体操作方法是：首先单击"开始"按钮，然后选择"Microsoft Developer Network"→"MSDN Library Visual Studio 6.0 (CHS)"命令。此时将打开如图 1.28 所示的 MSDN 帮助窗口。

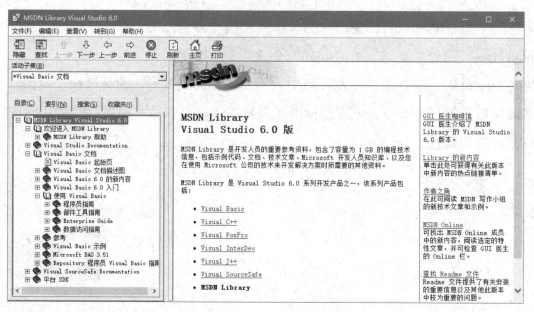

图 1.28　MSDN 帮助窗口

MSDN 帮助窗口由左窗格和右窗格组成。左窗格包含"目录"、"索引"、"搜索"和"收藏夹"4 个选项卡，当在这些选项卡中选择了某个帮助主题后，即可在右窗格中查看关于该主题的详细信息。

2）在 Visual Basic 中使用上下文相关帮助

当在 Visual Basic 6.0 集成开发环境中创建应用程序时，可以通过选择"帮助"下拉菜单中的"内容"、"索引"或"搜索"命令来打开 MSDN 帮助窗口。不过，更多的是使用上下文相关帮助，操作方法是：选择要获取帮助的某个对象或关键字，然后按下 F1 键。例如，如果想要了解 Caption 属性的用法，则可以在属性窗口中单击 Caption 属性并按下 F1 键，此时将显示关于该属性的帮助信息，如图 1.29 所示。

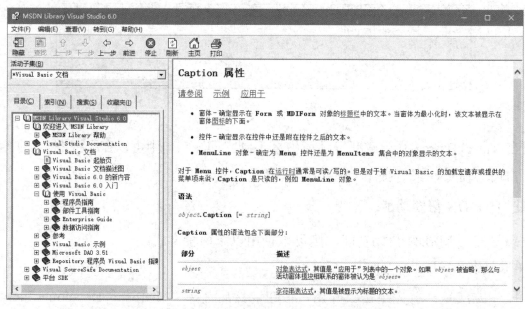

图 1.29　按下 F1 键获取上下文相关帮助信息

任务 1.2 创建第一个 Visual Basic 程序

在本任务中，将创建一个 Visual Basic 程序，当运行该程序时会在屏幕中打开一个窗口，并且该窗口中包含一个文本框和一个按钮。如果直接单击该按钮，则提示用户输入姓名，如图 1.30 所示；如果在文本框中输入姓名并单击该按钮，则显示一条欢迎信息，如图 1.31 所示。

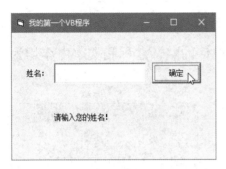

图 1.30 未输入姓名时单击按钮显示的信息

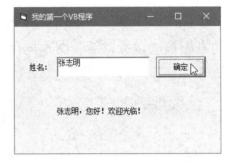

图 1.31 输入姓名时单击按钮显示的信息

013

任务目标

- 掌握 Visual Basic 编程步骤。
- 理解 Visual Basic 中的工程与模块。
- 理解对象的属性、方法和事件。

任务分析

根据应用程序的功能，可以使用窗体作为应用程序用户界面的容器，并在窗体上添加一些控件，包括两个标签、一个文本框和一个命令按钮。其中，一个标签用于提示输入姓名，而另一个标签则用于显示欢迎信息；文本框用于接收用户输入的姓名；命令按钮用于执行一段代码。当单击该命令按钮时，如果用户已经输入了姓名，则在标签中显示一行欢迎信息。如果想要使命令按钮具有这样的功能，则需要在其 Click 事件过程中编写代码。

任务实施

（1）启动 Visual Basic 6.0。首先单击"开始"按钮，然后选择"Microsoft Visual Basic 6.0 中文版"→"Microsoft Visual Basic 6.0 中文版"命令。此时，首先出现 Visual Basic 6.0 的启动画面，然后显示"新建工程"对话框，如图 1.32 所示。

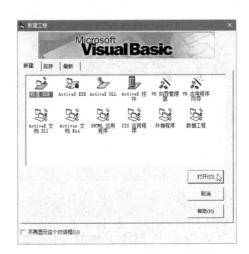

图 1.32 "新建工程"对话框

（2）创建标准 EXE 工程。在"新建工程"对话框中，选择"新建"选项卡中的"标准 EXE"选项，然后单击"打开"按钮，进入 Visual Basic 6.0 集成开发环境。如果以后启动 Visual Basic 6.0 时不想再看到"新建工程"对话框，则可以勾选"新建工程"对话框左下角的"不再显示这个对话框"复选框。

（3）在窗体上添加标签控件。在工具箱窗口中单击 Label 控件图标 A，然后在窗体 Form1 上拖动鼠标以绘制标签控件，该标签控件的默认名称和文本内容均为 Label1，将该标签控件拖放到适当位置，如图 1.33 所示。

（4）在窗体上添加文本框控件。在工具箱窗口中单击 TextBox 控件图标 abl，然后在标签 Label1 的右侧拖动鼠标以绘制文本框控件，该文本框控件的默认名称和文本内容均为 Text1，如图 1.34 所示。

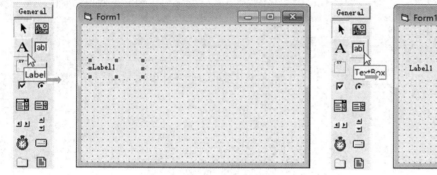

图 1.33　在窗体上添加标签控件　　　　图 1.34　在窗体上添加文本框控件

（5）在窗体上添加命令按钮控件。在工具箱窗口中单击 CommandButton 控件图标 ⊐，在文本框控件 Text1 的右侧拖动鼠标以绘制命令按钮控件，该命令按钮控件的默认名称和标题均为 Command1，如图 1.35 所示。

（6）在窗体上添加另一个标签控件。在工具箱窗口中单击 Label 控件图标 A，然后在标签控件 Label1 的下方拖动鼠标以绘制另一个标签控件，该标签控件的默认名称和文本内容均为 Label2，如图 1.36 所示。

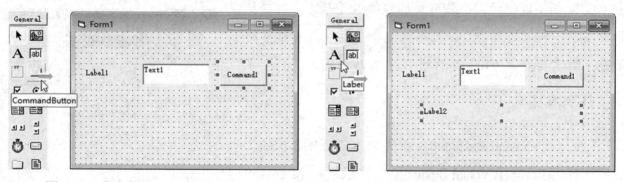

图 1.35　在窗体上添加命令按钮控件　　　　图 1.36　在窗体上添加另一个标签控件

（7）设置窗体 Form1 的标题文字。在窗体对象窗口中单击窗体 Form1，然后在属性窗口中将该窗体的 Caption 属性值设置为"我的第一个 VB 程序"，如图 1.37 所示。

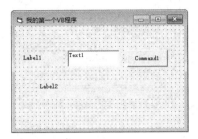

图 1.37 设置窗体的标题文字

（8）设置标签控件显示的文本内容。在窗体上单击标签控件 Label1，然后在属性窗口中将该标签控件的 Caption 属性值设置为"姓名："；使用同样的方法，将标签控件 Label2 的 Caption 属性值清空，即设置为空字符串。这里以标签控件 Label1 的设置为例，如图 1.38 所示。

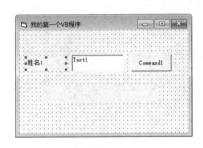

图 1.38 设置标签控件显示的文本内容

（9）设置文本框控件显示的文本内容。在窗体上单击文本框控件 Text1，然后在属性窗口中将其 Text 属性值清空，即设置为空字符串，如图 1.39 所示。

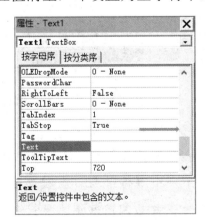

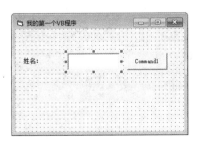

图 1.39 设置文本框控件显示的文本内容

（10）设置命令按钮控件的标题文字。在窗体上单击命令按钮控件 Command1，然后在属性窗口中将其 Caption 属性值设置为"确定"，如图 1.40 所示。

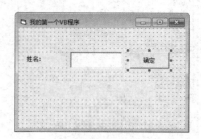

图 1.40　设置命令按钮控件的标题文字

至此，应用程序的用户界面已经设计完成了，其布局效果如图 1.41 所示。

（11）编写命令按钮控件 Command1 的事件处理程序。在窗体上双击命令按钮控件 Command1，打开窗体 Form1 的代码窗口，此时 Visual Basic 已经自动生成了定义 Command1_Click 事件过程的 Sub 语句，如图 1.42 所示。

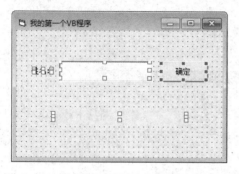

图 1.41　应用程序的用户界面布局效果

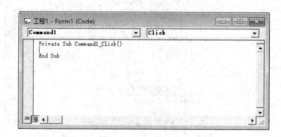

图 1.42　编写命令按钮控件的 Click 事件过程

（12）在 Sub 与 End Sub 两个语句行之间输入以下语句（根据用户输入的内容来改变下面标签所显示的文字）：

```
If Text1.Text = "" Then
    Label2.Caption = "请输入您的姓名！"
Else
    Label2.Caption = Text1.Text & "，您好！欢迎光临！"
End If
```

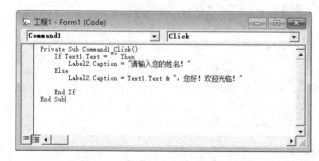

图 1.43　输入语句后的代码窗口

输入语句后的代码窗口如图 1.43 所示。

程序代码说明

在任务 1.2 中，使用 Sub…End Sub 语句声明了一个事件过程。在程序运行期间单击命令按钮会自动调用这个事件过程。每次调用事件过程都会执行 Sub 和 End Sub 之间的所有语句。

Private 关键字表示只有在包含其声明的模块中的其他过程才可以访问该 Sub 过程。

Text1.Text 表示文本框控件 Text1 的 Text 属性，即该文本框所包含的文本内容。

Label2.Caption 表示标签控件 Label2 的 Caption 属性，即该标签所显示的文本内容。

If 语句根据是否满足指定的条件而执行不同的操作，这个条件放在关键字 If 与 Then 之间，具体内容为 Text1.Text = ""，即文本框内容是否为空。如果用户尚未输入姓名，则这个条件成立，此时执行位于 If 与 Else 之间的赋值语句，即 Label2.Caption = "请输入您的姓名！"，其作用是将赋值号（＝）右侧的字符串[使用双引号（"）作为定界符]赋给标签控件 Label2 的 Caption 属性，从而改变标签 Label2 所显示的内容。如果用户当前已经输入了姓名，则上述条件不成立，此时将执行 Else 与 End If 之间的赋值语句，即 Label2.Caption = Text1.Text & "，您好！欢迎光临！"，其中&为字符串连接运算符，其作用是连接用户输入的姓名与双引号内的字符串，构成一行欢迎词。

（13）保存所有文件。在"文件"下拉菜单中选择"保存工程"命令，或者单击工具栏中的"保存工程"按钮█，此时将弹出"文件另存为"对话框。在"文件另存为"对话框中选择目标路径，并将窗体文件命名为 Form1.frm，然后单击"保存"按钮。在随后出现的"工程另存为"对话框中指定工程文件的名称为"工程 1.vbp"，然后单击"保存"按钮。

（14）生成 EXE 可执行文件。在"文件"下拉菜单中选择"生成工程 1.exe"命令，此时将弹出如图 1.44 所示的"生成工程"对话框，单击"确定"按钮，即可生成可执行文件。

（15）在 Windows 系统中运行程序。打开工程资源管理器窗口，找到并双击可执行文件"工程 1.exe"，即可运行所生成的应用程序。

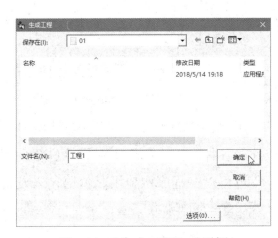

图 1.44　"生成工程"对话框

程序测试

（1）若想要在 Visual Basic 6.0 集成开发环境中运行程序，则可以执行下列操作之一。

● 在"运行"下拉菜单中选择"启动"命令。

● 按下 F5 键。

● 在标准工具栏中单击"启动"按钮 ▶。

（2）当出现应用程序窗口时，如果直接单击"确定"按钮，则显示"请输入您的姓名！"；如果先在文本框中输入姓名，再单击"确定"按钮，则针对输入的姓名显示一行欢迎信息。

（3）若想要结束程序运行，返回 Visual Basic 6.0 集成开发环境，则可以执行下列操作之一。

● 单击窗口右上角的关闭按钮。

● 在"运行"下拉菜单中选择"结束"命令。

● 在标准工具栏上单击 "结束" 按钮 ■。

相关知识

1. Visual Basic 的基本概念

对象是 Visual Basic 程序设计的核心。窗体和控件都是对象，数据库也是对象，到处都有对象存在。为了掌握 Visual Basic 可视化编程的方法和步骤，必须了解与对象相关的一些基本概念。

1）对象

对象（Object）是代码和数据的组合，可以作为一个单位来处理。在创建用户界面时用到的对象可以分为窗体对象和控件对象，整个应用程序也是一个对象。此外，还有一些不可视的对象。

在任务 1.2 中，标签控件 Label1 和 Label2、文本框控件 Text1 和命令按钮控件 Command1 都是控件对象，这些控件对象都被放置在窗体对象 Form1 上。Visual Basic 中的对象支持属性、方法和事件。

2）属性

属性（Property）是对对象特性的描述，不同的对象具有不同的属性。对象常见的属性有标题（Caption）、名称（Name）、颜色（Color）、字体大小（FontSize）、是否可见（Visible）等。

在 Visual Basic 6.0 集成开发环境中，选择窗体或控件后，就可以在属性窗口中看到窗体或控件的各种属性。如果不对属性进行设置，则属性使用预先设置的默认值。

也可以在程序中使用赋值语句来设置对象的属性，一般语法格式如下：

```
对象名.属性名称 = 属性值
```

例如，任务 1.2 中在命令按钮控件 Command1 的 Click 事件过程中，通过下面的赋值语句设置了标签控件 Label2 的 Caption 属性：

```
Label2.Caption = Text1.Text & ",您好！欢迎光临！"
```

其中，Label2 是对象名，Caption 是属性名，对象名与属性名之间使用英文句点（.）连接，赋值号（=）右侧是为该属性设置的值，它由文本框中的文本内容 Text1.Text 和双引号中的内容连接而成。

3）事件

事件（Event）是由 Visual Basic 预先设置好的、能够被对象识别的动作，如 Click（单击）、Dblclick（双击）、Load（加载）、MouseMove（移动鼠标）、Change（改变）等。当事件由用户触发（如 Click）或由系统触发（如 Load）时，如果事先针对该事件编写了相应的程序代码，对象就会对该事件做出响应。如果未事先针对某个事件编写相应的程序代码，对象就不会对该事件做出响应。

例如，在任务 1.2 中，如果未输入姓名而直接单击"确定"按钮，则将执行相应的事件过程（其名称为 Command1_Click），从而在窗体上显示字符串"请输入您的姓名！"；如果在输入姓名后单击"确定"按钮，则显示"XXX，您好！欢迎光临！"。

4）方法

方法（Method）指的是控制对象动作行为的方式。方法是对象包含的函数或过程；对象有一些特定的方法。在 Visual Basic 中，调用方法的语法格式如下：

```
对象名.方法名 [参数列表]
```

5）属性、方法和事件之间的关系

在 Visual Basic 中，对象具有属性、方法和事件。属性是描述对象的数据；方法用于告诉对象应做的事情；事件是对象所产生的事情，当发生事件时，可以通过编写事件过程代码来进行处理。可以把属性看作对象的性质，把方法看作对象的动作，把事件看作对象的响应。Visual Basic 中的窗体和控件都是具有自己的属性、方法和事件的对象。

在 Visual Basic 程序设计过程中，基本的设计工作就是：设置对象的属性；调用对象的方法；为对象的事件编写处理代码。程序设计阶段所要做的工作就是决定更改哪些属性、调用哪些方法、对哪些事件做出响应，从而得到希望的外观和行为。

2. Visual Basic 编程步骤

一般来说，使用 Visual Basic 开发应用程序主要包括以下 3 个步骤：创建应用程序用户界面、设置窗体和控件的属性、编写程序代码。

1）创建应用程序用户界面

应用程序界面由窗体和控件组成。所有的控件都放在窗体上，一个窗体最多可以容纳 254 个名称不同的独立控件。程序中的所有信息都需要通过窗体和位于窗体上的控件展示出来，窗体是应用程序的最终用户界面。在应用程序中需要用到什么控件，就在窗体上添加相应的控件，并根据需要对控件的布局进行调整。当程序运行时，将在屏幕上显示由窗体和控件组成的用户界面。有时候，也会在程序运行时动态添加控件。

2）设置窗体和控件的属性

在创建应用程序用户界面后，可以根据需要设置窗体和每个控件的属性。在选中一个对象后，该对象所具有的全部或大多数属性就会在属性窗口的属性列表中显示出来。通过修改属性值就可以改变对象的标题、字体等属性。

在实际的应用程序设计中，创建应用程序用户界面与设置窗体和控件的属性可以同时进行，即每添加一个控件后就设置该控件的属性。当程序运行时，还可以通过代码动态地修改窗体或控件的属性。

3）编写程序代码

Visual Basic 程序设计采用事件驱动的编程机制，当发生某个事件时，就会"驱动"预先设置的一系列动作，这种情况称为"事件驱动"；而预先设置的那些动作是通过针对控件或窗体事件编写的子过程来实现的，这种子过程称为"事件过程"。

例如，命令按钮可以接收鼠标事件，如果单击该命令按钮，鼠标事件就会调用相应的事件过程来做出响应。在 Visual Basic 中，可以根据需要对每个对象可能触发的事件编写一段程序代码，这就是事件过程。当程序运行时，如果引发了某个事件，将会运行相应的事件过程。

除了事件过程，还有通用过程。通用过程可以告诉应用程序如何完成一项指定的任务。一旦编写了通用过程，就必须由应用程序来调用。反之，直到为响应用户引发的事件或系统引发的事件而调用事件过程时，事件过程通常处于空闲状态。

3. Visual Basic 中的工程与模块

工程是在 Visual Basic 中的应用程序开发过程中使用的文件集。工程文件就是与该工程有关的全部文件和对象的清单，其文件扩展名为.vbp。工程文件保存了所设置的环境选项方面的信息。每当保存工程时，这些信息都要被更新。所有这些文件和对象也可以供其他工程共享。

Visual Basic 中的工程主要由窗体模块、标准模块和类模块组成。

1）窗体模块

窗体模块的文件扩展名为.frm，这类模块是大多数 Visual Basic 应用程序的基础。窗体模块可以包含处理事件的过程、通用过程，以及变量、常数、类型和外部过程的窗体级声明。

如果在文本编辑器中观察窗体模块，则还会看到窗体及其控件的描述，包括它们的属性设置值。写入窗体模块的代码是该窗体所属的具体应用程序专用的，可以引用该应用程序内的其他窗体或对象。

简单的应用程序通常只有一个窗体；而在开发复杂的应用程序时，可以根据需要添加更多的窗体。窗体可以是标准窗体、MDI 父窗体或 MDI 子窗体。

2）标准模块

标准模块的文件扩展名为.bas，这类模块是应用程序内其他模块访问的过程和声明的容器。标准模块可以包含变量、常数、类型、外部过程和全局过程的全局声明或模块级声明，全局变量和全局过程在整个应用程序范围内有效。

在应用程序开发过程中，如果发现在几个窗体中都有需要执行的公共代码，但是又不希望在两个或多个窗体中有重复代码，此时就需要创建一个标准模块，用于包含实现公共代码的过程。此后可以建立一个包含共享过程的模块库。

3）类模块

类模块的文件扩展名为.cls，这类模块是面向对象编程的基础。

在类模块中可以通过编写代码来建立新对象，这些新对象可以包含自定义的属性和方法。

实际上，窗体就属于这种类模块。

项目小结

通过本项目的实施，我们配置了 Visual Basic 6.0 集成开发环境，并结合实例介绍了 Visual Basic 可视化编程的方法和步骤。

当在 Windows 10 系统中安装 Visual Basic 6.0 时，需要选择自定义安装模式，而且不要安装数据访问组件，这样才能正常完成安装过程，并继续安装更新补丁 SP6。

使用 Visual Basic 6.0 集成开发环境开发 Windows 应用程序的主要步骤包括：创建一个标准的 Visual Basic EXE 工程；利用工具箱在窗体上绘制各种控件，并利用属性窗口设置窗体和控件的属性，以完成图形用户界面的设计；根据需要编写窗体和控件的事件过程，以实现应用程序的功能；运行应用程序，对其功能进行测试。

通过创建第一个 Visual Basic 程序，读者或许会感觉到使用 Visual Basic 6.0 集成开发环境开发应用程序非常简单、方便、轻而易举。实际上，并不是所有的 Visual Basic 程序都能够仅使用几行代码就可以完成的。不过，Visual Basic 提供了丰富的工具集、强大的帮助系统和直观的界面设计，可以尽可能地减少程序设计的工作量。至于如何通过应用程序来实现更复杂的功能，如绘制图形、播放多媒体、浏览网页及访问数据库等，通过后续项目的实施，读者将会逐渐得到答案。

项目思考

一、选择题

1. 在以下各项中，（　　）不是 Visual Basic 6.0 的特点。

    A．自动处理底层消息　　　　　　B．可视化界面设计

    C．事件驱动模型　　　　　　　　D．命令行编译、连接

2. 如果想要在窗体上添加文本框控件，则应在工具箱窗口中单击（　　）控件图标。

    A．Label　　　　　　　　　　　　B．TextBox

    C．CommandButton　　　　　　　D．CheckBox

3. 如果属性窗口被隐藏起来，则按下（　　）键可以将属性窗口显示出来。

    A．F2　　　　　　　　　　　　　B．F3

    C．F4　　　　　　　　　　　　　D．F5

4. 使用 Visual Basic 6.0 集成开发环境创建一个标准 EXE 工程，至少需要保存（　　）个文件。

    A．1　　　　　　　　　　　　　　B．2

    C．3　　　　　　　　　　　　　　D．4

5. 在 Visual Basic 应用程序中，窗体、标签和命令按钮都可以被称为（　　）。

    A．对象　　　　　　　　　　　　B．事件

    C．方法　　　　　　　　　　　　D．属性

6. 下列不能打开代码窗口的操作是（　　）。

    A．双击窗体上的某个控件　　　　B．双击窗体

    C．按下 F7 键　　　　　　　　　D．单击窗体或控件

7. 使用（　　）键可以在 Visual Basic 6.0 集成开发环境中运行程序。

    A．F5　　　　　　　　　　　　　B．F6

    C．F7　　　　　　　　　　　　　D．F8

8. 如果想要更改窗体的标题文字，则可以通过设置窗体的（　　）属性来实现。

    A．Headline　　　　　　　　　　B．Caption

    C．Appearance　　　　　　　　　D．Title

9. 窗体文件的扩展名是（　　）。

    A．.vbp　　　　　　　　　　　　B．.bas

    C．.cls　　　　　　　　　　　　D．.frm

二、判断题

1. 在 Visual Basic 6.0 集成开发环境中仅包含标准工具栏。（　　）

2. 在创建标准 EXE 工程时，Visual Basic 会自动提供一个窗体对象。（　　）

3. Visual Basic 6.0 集成开发环境中的工具箱包含的控件数量是固定不变的。（　　）

4. 使用 Ctrl+G 组合键可以打开立即窗口。（　　）

5. 使用 Text 属性可以设置或获取标签控件中显示的文本内容。（　　）

6. 使用 Visual Basic 6.0 集成开发环境创建的应用程序只能在集成开发环境中运行。（　　）

项目实训

1. 在计算机上完成下列任务。

（1）安装 Visual Basic 6.0。

（2）安装 Visual Studio Service Pack 6。

（3）安装 MSDN Library Visual Studio 6.0。

2. 设置 Visual Basic 6.0 的兼容性并启动 Visual Basic 6.0，然后执行以下操作。

（1）显示"编辑"、"窗体编辑器"和"调试"工具栏。

（2）打开窗体 Form1 的代码窗口。

（3）打开立即窗口。

（4）在工具箱窗口中单击 CommandButton 控件图标并按下 F1 键，以查看该命令按钮控件的帮助信息。

3．在 Visual Basic 6.0 集成开发环境中创建一个标准 EXE 工程，并在窗体上添加一个标签控件和两个命令按钮控件，将这些命令按钮控件的标题分别设置为"显示文本"和"隐藏文本"，将标签控件显示的文本内容清空。要求当单击"显示文本"按钮时，标签显示"我喜欢 Visual Basic 程序设计"；当单击"隐藏文本"按钮时，标签显示的文本内容消失。

掌握 Visual Basic 编程语言

Windows 应用程序通常是以图形用户界面的形式运行的，在 Visual Basic 中的窗体上添加各种控件便构成了图形用户界面。从用户角度来看，图形用户界面便是应用程序本身。然而，仅有图形用户界面是不行的，还必须通过编写代码才能将预期的功能真正赋予应用程序。编写代码是 Visual Basic 编程的重要内容，而想要编写代码就必须熟练掌握 Visual Basic 编程语言。

本项目将通过一组任务来介绍 Visual Basic 编程语言，主要内容包括数据类型、常量和变量、赋值语句、选择语句、循环语句、数组，以及过程和函数等。

项目目标

- 了解 Visual Basic 中的数据类型。
- 掌握 Visual Basic 中代码的编写规则。
- 掌握常量、变量和表达式的用法。
- 掌握选择语句和循环语句的用法。
- 掌握定长数组和动态数组的用法。
- 掌握过程和函数的声明和调用方法。
- 掌握查找和排除程序错误的方法。

任务 2.1 在窗体上显示常量

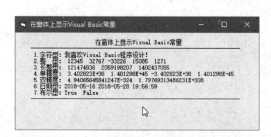

图 2.1 在窗体上显示 Visual Basic 常量

窗体对象是创建图形用户界面的基本构造模块，在窗体上可以显示各种类型的数据。在程序中所使用的数据分为常量和变量。常量是值不能被改变的数据，又分为字面常量和符号常量；而变量则是值可以被改变的数据。在本任务中，将提供各种数据类型的字面常量和符号常量，并通过执行 Print 方法在窗体上显示这些常量的值。程序运行结果如图 2.1 所示。

任务目标

- 理解 Visual Basic 中的基本数据类型。
- 掌握各种数据类型常量的表示方法。
- 掌握 Print 方法的语法格式和用法。
- 掌握 Visual Basic 中标识符的命名规则。

任务分析

数据类型决定数据的存储方式、取值范围及可实施的运算。对不同的数据类型而言，字面常量的表示形式有所不同，有些数据类型的字面常量（如字符串、日期和时间等）需要使用定界符括起来。如果想要在程序中多次使用同一个常量，则可以使用 Const 语句声明一个符号常量，即使用一个标识符来表示该常量。如果想要在窗体上显示数据，则可以通过调用窗体对象的 Print 方法来实现。在调用 Print 方法时，可以使用 Spc(n)插入空白字符，也可以使用 Tab(n)将插入点定位在绝对列号上。

任务实施

（1）启动 Visual Basic 6.0。

（2）在"新建工程"对话框中选择"标准 EXE"选项，然后单击"打开"按钮，此时自动出现一个默认窗体 Form1。

（3）在属性窗口中，将窗体 Form1 的 Caption 属性值设置为"在窗体上显示 Visual Basic 常量"。

（4）双击窗体 Form1，以打开代码窗口。

（5）在代码窗口的对象下拉列表中选择"Form"（窗体对象）选项，在过程下拉列表中选择"Click"（单击事件）选项，此时出现定义 Form_Click 事件过程的语句，如图 2.2 所示。

图 2.2 代码窗口

（6）在窗体 Form1 的代码窗口中编写以下事件过程：

```
Private Sub Form_Click()        '窗体 Form1 的单击事件过程
   Rem 本程序用于演示各种数据类型的 Visual Basic 常量
   Rem 程序中的标点（如单引号、双引号、分号等）应在英文状态下输入
   Const hr = "------------------------------------"        '定义符号常量
   Cls              '清除窗体内容
   Print            '光标换行

   Print Spc(26); "在窗体上显示 Visual Basic 常量"
   Print Tab(6); hr; hr
```

```
    Print Tab(7); "1.字符型: "; "我喜欢Visual Basic程序设计! "
    Print Tab(7); "2.整　型: "; 12345; 32767; -33226; &H3AED; &O2367
    Print Tab(7); "3.长整型: "; 121474836; &H7ABCDEFF; &O12345676677
    Print  Tab(7);  "4.单精度: ";  3.402823E+38;  1.401298E+45;  -3.402823E+38;
1.401298E-45
    Print Tab(7); "5.双精度: "; 4.94065645841247E-324; 1.79769313486231E+308
    Print Tab(7); "6.日期型: "; #5/16/2018#; #5/28/2018 7:56:59 PM#
    Print Tab(7); "7.布尔型: "; True; Spc(2); False
    Print Tab(6); hr; hr

End Sub
```

（7）将窗体文件保存为 Form02-01.frm，工程文件保存为工程 02-01.vbp。

程序测试

（1）按下 F5 键，以运行程序。

（2）在程序运行期间，使用鼠标单击程序窗口以查看程序运行结果。

（3）单击窗口右上角的关闭按钮，以结束程序运行。

相关知识

1. 基本数据类型

Visual Basic 6.0 中的基本数据类型分为以下几种。

- 字符串型（String）：用于处理各种字符串数据，如个人的姓名、家庭住址、身份证号码、电话号码及电子邮件地址等。

- 数值型：用于处理不同类型的数值。数值型又分为整型（Integer）、长整型（Long）、单精度浮点型（Single）、双精度浮点型（Double）及货币型（Currency）。

- 字节型（Byte）：这是一种无符号的整数，用于处理二进制数据。在进行文件读/写操作、调用 DLL、调用对象的方法和属性时使用 Byte 数据类型，Visual Basic 会自动在 ANSI 和 Unicode 之间进行格式转换。ANSI 和 Unicode 均为字符代码的表示形式。在 ANSI 中，英文字符用 1 字节表示，中文字符用 2 字节表示；在 Unicode 中英文字符和中文字符均用 2 字节表示。

- 日期型（Date）：用于处理日期和时间。

- 布尔型（Boolean）：用于处理真（True）和假（False）。

- 可变型（Variant）：能够存储所有系统定义类型的数据。

- 对象型（Object）：用于引用程序或某些应用程序中的对象。使用 Set 语句可以将某个对象引用赋值于对象变量。

Visual Basic 6.0 中的基本数据类型的存储空间大小及取值范围如表 2.1 所示。

表 2.1　Visual Basic 6.0 中的基本数据类型的存储空间大小及取值范围

数 据 类 型	存储空间大小	取 值 范 围
Byte（字节型）	1 字节	0～255
Integer（整型）	2 字节	−32,768～32,767
Long（长整型）	4 字节	−2,147,483,648～2,147,483,647
Single（单精度浮点型）	4 字节	负数：−3.402,823E38～−1.401,298E-45； 正数：1.401,298E-45～3.402,823E38
Double（双精度浮点型）	8 字节	负数：−1.797,693,134,862,32E308～−4.940,656,458,412,47E-324； 正数：4.940,656,458,412,47E-324～1.797,693,134,862,32E308
Currency（货币型）	8 字节	−922,337,203,685,477.5808～922,337,203,685,477.5807
String（变长）	10 字节加字符串长度	字符串长度从 0 到大约 20 亿
String（定长）	字符串长度	字符串长度从 1 到大约 65,400
Variant（可变型数字）	16 字节	任何数字值，最大可以达到 Double 类型的取值范围
Variant（可变型字符）	22 字节加字符串长度	与变长 String 类型有相同的取值范围
Boolean（布尔型）	2 字节	True 或 False
Date（日期型）	8 字节	100 年 1 月 1 日～9999 年 12 月 31 日
Object（对象型）	4 字节	任何 Object 引用

2. 常量

在 Visual Basic 中，常量分为两种，即字面常量和符号常量。

1）字面常量

字面常量就是包含在程序代码中的常量。字面常量按照数据类型可以分为以下几种。

- 字符串常量：字符串常量就是使用双引号（"）括起来的一串字符。这些字符可以是除双引号和回车符之外的任何字符。例如，"我爱我的祖国！"，"This is a book."。如果想要在字符串中包含双引号（"）本身，则可以连写两个双引号（""）。例如，"The file name is ""Setup.exe""."。

- 数值常量：数值常量包括整数、定点数和浮点数。整数有十进制数、十六进制数和八进制数 3 种形式。十六进制数以&H（或&h）开头，八进制数以&O（或&o）开头。例如，十进制数 255 在程序中可以使用 255、&Hff 或&O377 三种形式之一来表示。定点数是带有小数点的正数或负数，如 3.141,592,6、−1.5、0.0 和 12.0 等。浮点数由尾数、指数符号和指数 3 部分组成，指数符号为 E，如 3.402,823E+38、4.940,656,458,412,47E−324 等。

- 布尔型常量：布尔型常量只有两个值，即 True 和 False。

- 日期型常量：日期型常量需要使用#符号作为定界符括起来。例如，#05/16/2018#、#05/28/2018 11:39:56 AM#。

2）符号常量

符号常量就是在程序中使用标识符表示的一些不变的常数或字符串。在程序中经常使用一些数字或字符串，但是这些数字和字符串很难记住，反复录入容易出错。使用标识符来代替数字或字符串，不仅可以使程序更具可读性，并且易于修改。在程序运行时，符号常量不会无故被改变。

符号常量分为系统内部定义的符号常量和用户定义的符号常量。

系统内部定义的符号常量是指 Visual Basic 6.0 定义的符号常量，如 vbRed（红色）、vbBlue（蓝色）和 vbGreen（绿色）等，在编写程序代码时可以直接使用。

用户定义的符号常量可以使用 Const 语句来声明，语法格式如下：

```
[Public|Private] Const 常量名 [As 类型] = 常量表达式
```

其中，Public 关键字是可选的，该关键字用于在模块级别中声明在所有模块中对所有过程都可以使用的常量，在过程中不能使用该关键字；Private 关键字也是可选的，该关键字用于在模块级别中声明只能在包含该声明的模块中使用的常量，在过程中不能使用该关键字。

"常量名"是必需的，常量名的命名遵循标识符的命名规则。"As 类型"子句是可选的，用来说明常量的数据类型，如果省略，则数据类型由常量表达式决定。"常量表达式"是必需的，由文字、其他常量、除 Is 之外的任意的算术运算符和逻辑运算符所构成的任意组合组成，其中不能使用变量、用户自定义的函数及 Visual Basic 中的内部函数。

下面的示例使用 Const 语句来声明符号常量。Public 常量在标准模块的通用部分声明，而不是在类模块中声明；Private 常量可以在任何模块类型的通用部分声明。

```
'在默认情况下，常量是私有的
Const MyVar = 359
'声明公共常量
Public Const MyString = "HELP"
'声明私有的整数常量
Private Const MyInt As Integer = 9
'在一行中声明多个常量
Const MyStr = "Hello", MyDouble As Double = 3.4567
```

3. 标识符命名规则

Visual Basic 中有许多需要命名标识符的地方，如符号常量名、变量名等。在命名标识符时，应当遵循以下规则。

- 标识符必须以字母开头，最大长度为 255 个字符。在对控件、窗体、模块和类等命名时，标识符的长度不可以超过 40 个字符。
- 标识符不能使用 Visual Basic 保留的关键字。例如，常用的关键字有 Const、Dim、Private、Public、New 和 Static 等。
- 标识符不能包含 Visual Basic 中有特殊含义的字符，如英文句点、空格、类型说明符和运算符等。
- Visual Basic 中的标识符不区分大小写。例如，USERNAME、UserName、Username 及 username 为同一个标识符。
- 标识符在同一个范围内必须是唯一的。范围就是可以引用变量的变化域，如一个过程、一个窗体等。

在 Visual Basic 中，符号常量名、变量名、过程名、记录类型名和元素名等标识符都必须遵循上述命名规则。

说明：类型说明符是附加到变量名上的字符，用于指出变量的数据类型。其中，String 的类型说明符为美元号（$）；Single 的类型说明符为感叹号（!）；Double 的类型说明符为数字符号（#）；Integer 的类型说明符为百分比符号（%）；Long 的类型说明符为和号（&）；Currency 的类型说明符为 at 号（@）。

4. Print 方法

程序运行的结果一般都需要使用输出语句将其输出到屏幕上。在 Visual Basic 中，可以使用 Print 方法来显示文本和数据，语法格式如下：

```
[对象.]Print [表达式][,|;] [表达式] [,|;]...
```

其中，"对象"可以是窗体（Form）、图片框（PictureBox）、打印机（Printer）或立即窗口（Debug）等。如果省略对象，则在当前窗体上输出。

"表达式"可以是符合 Visual Basic 语法的表达式。如果省略表达式，则输出一个空白行。使用 Print 方法可以输出多个表达式的值，表达式之间使用分隔符隔开。如果使用逗号隔开，则按照标准输出格式（分区输出格式）显示数据项，并且各个表达式之间的间隔为 14 个字符；如果使用分号隔开，则表达式按照紧凑输出格式输出数据项。

Print 方法具有计算和输出双重功能，对表达式先计算后输出。在一般情况下，每执行一次 Print 方法都会自动换行。如果希望在一行内显示，则可以在 Print 方法的末尾加上分号或逗号。

在使用 Print 方法来显示文本时，可以通过可选项 Spc(n)和 Tab(n)来控制字符的位置。

- Spc(n)：用于在输出中插入空白字符，其中 n 为想要插入的空白字符数。
- Tab(n)：用于将插入点定位在绝对列号上，其中 n 为列号。而使用无参数的 Tab 函数，则可以将插入点定位在下一个打印区的起始位置。

5. Cls 方法

Cls 方法用于清除在程序运行时窗体或图片框所生成的图形和文本。语法格式如下：

```
[对象.]Cls
```

其中，"对象"为窗体或图片框对象。如果省略对象，则清除带有焦点的窗体上的图形和文本。

在调用 Cls 方法之后，对象的下一次打印坐标 CurrentX 和 CurrentY 属性值将被复位为 0。

任务 2.2　用变量存储学生信息

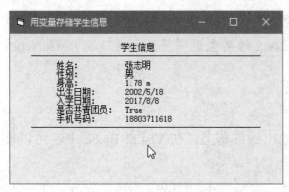

图 2.3　用变量存储学生信息

在执行应用程序期间，可以使用变量来临时存储数据。变量有名称和数据类型，名称是用于引用变量所包含的值的词，而数据类型则用于确定变量能够存储的数据的种类，可以将变量看作计算机内存中存放未知数据的所在。在本任务中，将声明一些变量，分别用于存储学生的姓名、性别、身高、出生日期、入学日期、是否共青团员和手机号码等信息，并要求在窗体上显示这些信息。程序运行结果如图 2.3 所示。

任务目标

● 理解 Visual Basic 中变量的概念和作用。

● 掌握使用 Dim 语句声明变量的方法。

● 掌握使用赋值语句对变量赋值的方法。

● 掌握两种注释语句的使用方法。

任务分析

使用变量存储学生信息主要有 3 个步骤：使用 Dim 语句声明变量的名称和数据类型；使用赋值语句指定在变量中存储的值；使用 Print 方法在窗体上显示变量的值。

任务实施

（1）在 Visual Basic 6.0 集成开发环境中创建一个标准 EXE 工程。

（2）在属性窗口中将窗体 Form1 的 Caption 属性值修改为"用变量存储学生信息"。

（3）在窗体 Form1 的代码窗口中编写以下事件过程：

```vb
Private Sub Form_Click()
    Rem 声明一些变量，用于存储学生信息
    Dim Name As String          '姓名
    Dim Gender As String        '性别
    Dim Height As Single        '身高
    Dim Birthdate As Date       '出生日期
    Dim EntryDate As Date       '入学日期
    Dim IsCY As Boolean         '是否共青团员
```

```
    Dim Mobile As String        '手机号码

    Rem 对变量赋值
    Name = "张志明"
    Gender = "男"
    Height = 1.78
    Birthdate = #5/18/2002#
    EntryDate = #8/8/2017#
    IsCY = True
    Mobile = "18803711618"
    Const hr = "----------------------------"
    Rem 在窗体上显示学生信息
    Cls
    Print
    Print Spc(26); "学生信息"
    Print Tab(6); hr; hr
    Print Tab(12); "姓名: "; Spc(10); Name
    Print Tab(12); "性别: "; Spc(10); Gender
    Print Tab(12); "身高: "; Spc(9); Height; "m"
    Print Tab(12); "出生日期: "; Spc(6); Birthdate
    Print Tab(12); "入学日期: "; Spc(6); EntryDate
    Print Tab(12); "是否共青团员: "; Spc(2); IsCY
    Print Tab(12); "手机号码: "; Spc(6); Mobile
    Print Tab(6); hr; hr

End Sub
```

（4）将窗体文件保存为 Form02-02.frm，工程文件保存为工程 02-02.vbp。

程序测试

（1）按下 F5 键，以运行程序。

（2）在程序运行期间，使用鼠标单击程序窗口以查看输出结果。

（3）单击窗口右上角的关闭按钮，以结束程序运行。

相关知识

1. 变量

变量就是命名的存储单元位置，包含在程序执行阶段修改的数据。每个变量都有名称，并且在其范围内可被唯一识别；变量的名称必须以字母开头，且中间不能包含英文句点（.）或类型说明符（如$），最大长度不能超过 255 个字符。在声明变量时可以指定其数据类型，也可以不指定。借助变量名就可以访问内存中的数据。变量在使用前一般需要预先声明，声明变量就是将变量的有关信息事先告诉编译系统。变量名用于识别变量在内存中的位置，变量的数据类

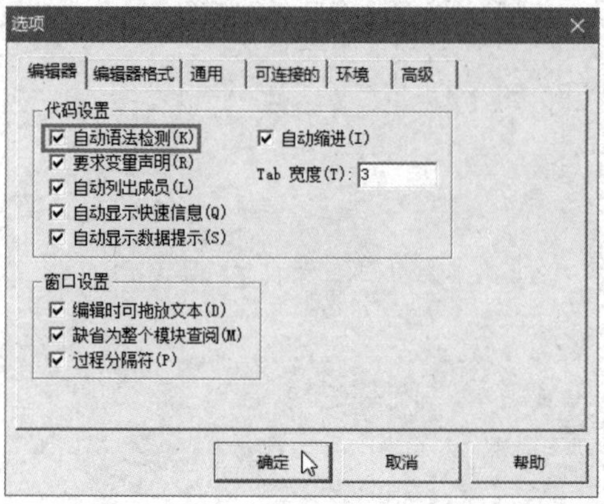

型指定其占用内存空间的大小。

如果希望在程序中强制显式声明所有变量，则可以在模块的声明段中加入 Option Explicit 语句，也可以在"工具"下拉菜单中选择"选项"命令，在弹出的"选项"对话框中单击"编辑器"选项卡，勾选"要求变量声明"复选框，如图 2.4 所示。这样将会在任何新建模块中自动插入 Option Explicit 语句。

在 Visual Basic 中，可以使用 Dim 语句来声明变量的数据类型并分配存储空间，语法格式如下：

图 2.4　设置编辑器选项

```
Dim|Private|Static|Public <变量名> [As 数据类型] [,<变量名> [As 数据类型]]
```

其中，"变量名"的命名必须遵循标识符的命名规则；"数据类型"用于声明变量的数据类型或对象类型。

Visual Basic 中变量的类型、作用域、声明位置及使用关键字如表 2.2 所示。

表 2.2　Visual Basic 中变量的类型、作用域、声明位置及使用关键字

变 量 类 型	作 用 域	声 明 位 置	使用关键字
局部变量	过程	过程中	Dim 或 Static
模块变量	窗体模块或标准模块	模块的声明部分	Dim 或 Private
全局变量	整个应用程序	标准模块的声明部分	Public

2. 变量的作用域

变量的作用域指的是变量的有效范围。为了正确地使用变量的值，应当明确在程序的什么地方可以访问该变量。在 Visual Basic 中，变量按照作用域的不同可以分为局部变量、模块变量和全局变量，其中模块变量分为窗体模块变量和标准模块变量。

局部变量只有在声明它们的过程中才能被识别，它们又被称为过程级变量。

模块变量对该模块的所有过程都可用，但是对其他模块的代码不可用。可以在模块顶部的声明段中使用 Private 或 Dim 关键字来声明模块变量。

全局变量是使用 Public 关键字声明的变量，其值可以用于应用程序的所有过程。与所有模块变量相同，也可以在模块顶部的声明段中来声明全局变量。

在过程执行结束后，局部变量的值不能被保留下来。在每次重新执行过程时，局部变量会被重新初始化。如果希望在该过程结束之后还能继续保持过程中局部变量的值，则应该使用 Static 关键字将这个变量声明为静态变量。这样，即使过程结束，该静态变量的值也仍然被保留着。

在使用声明语句声明一个变量后，Visual Basic 会自动将数值型的变量赋初值为 0，将字符串型或 Variant 数据类型的变量赋初值为空字符串，将布尔型的变量赋初值为 False，将日期型的变量赋初值为 00:00:00（如果系统为 12 小时制，则会有所不同）。

在 Visual Basic 中，也允许变量不经过声明就直接使用，这种情况被称为隐式声明。所有隐式声明的变量都是 Variant 数据类型的，并默认为局部变量。

3. 赋值语句

如果想要将表达式的值赋给变量或对象的属性，则可以使用赋值语句来实现，语法格式如下：

```
[Let] 变量名|属性名 = 表达式
```

其中，Let 关键字通常被省略；变量或属性的名称应遵循标准变量的命名规则；"表达式"用于指定要赋给变量或属性的值。

只有当表达式的数据类型与变量的数据类型兼容时，该表达式的值才可以被赋给变量或属性。不能将字符串表达式的值赋给数值变量，也不能将数值表达式的值赋给字符串变量。如果这样做，则会在编译时出现错误。

变量的数据类型和表达式的数据类型必须一致。如果两者同为数值型但是精度不一样，则系统会强制将表达式的值转换为变量所要求的精度。

赋值号（=）表示将表达式的值赋给变量，与数学中的等号的意义不同。Let 关键字表示赋值，通常省略。例如，在 x=8=9 语句中，左侧的"="为赋值号，右侧的"="为比较运算符，这个语句的作用是将关系表达式 8=9 的结果赋给变量 x，因此 x 的值为 0（False）。

如果想要将对象引用赋给变量或属性，则不能使用赋值语句，而必须使用 Set 语句。

赋值语句兼有计算与赋值双重功能，它首先计算赋值号右侧"源操作符"的值，然后把结果赋给赋值号左侧的"目标操作符"。

如果想要把多个赋值语句放在同一行，则各个语句之间必须使用冒号隔开。示例如下：

```
a=3:b=4:c=5。
```

4. 注释语句

注释语句是为了方便阅读而对程序进行的说明，对程序运行没有影响。

Visual Basic 提供了两种注释语句，语法格式如下：

```
Rem 注释文本
'注释文本
```

注释语句可以单独占一行，也可以放在其他语句的行尾。当使用 Rem 关键字时，该关键字与注释文本之间需要添加一个空格；当放在其他语句的行尾时，需要使用冒号（:）隔开。当使用撇号（'）时，则不必加冒号。

5. 结束语句

在 Visual Basic 中有两个结束语句，语法格式如下：

```
End
Unload <对象名称>
```

033

其中，End 语句用于结束正在运行的程序，它提供了一种强行终止程序的方法；Unload 语句用于从内存中卸载窗体或控件，在卸载窗体前，依次发生窗体的 QueryUnload 和 Unload 事件过程。

6. 语句格式

当在 Visual Basic 中编写程序语句时，需要注意以下规则。

● 不区分大小写。Visual Basic 对关键字有自动转换大小写功能。例如，在输入 Print 语句时，不论输入 PRINT 还是 print，Visual Basic 都会将其转换为 Print。

● 标点符号都需要在英文状态下输入。

● 语句以 Enter 键结束。在一般情况下，要求"一句一行"。不过也可以使用复合语句，即将多个语句写在同一行上，但是每个语句之间必须使用冒号（:）来连接。另外，当一行代码很长时，可以使用"空格+下画线"来续行。

任务 2.3　温度单位的转换

在日常生活中，人们使用的温度单位是摄氏度，使用符号℃表示。除摄氏度以外，温度的其他单位还有华氏度（°F）、开尔文（K）、兰氏度（°Ra）和列氏度（°Re）等，使用开尔文表示的温度也被称为热力学温度或绝对温度。在本任务中，将创建一个用于实现不同温度单位转换的应用程序，其功能是从键盘输入摄氏温度的值，然后将这个温度换算成其他温度单位的值。程序运行结果分别如图 2.5 和图 2.6 所示。

图 2.5　在输入框中输入摄氏温度的值

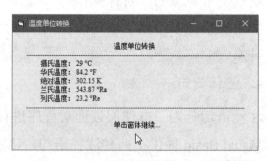

图 2.6　查看温度单位的转换结果

任务目标

● 掌握算术运算符和算术表达式的使用方法。

● 掌握使用连接运算符连接字符串的方法。

● 掌握 InputBox 函数和 CSng 函数的使用方法。

任务分析

在程序中分别使用变量 c、f、k、ra 和 re 来存储摄氏温度、华氏温度、绝对温度、兰氏温度和列氏温度的值。摄氏温度的值可以使用 Visual Basic 提供的 InputBox 函数从键盘上输入，由于该函数的返回值的数据类型为字符串型，因此还需要使用类型转换函数 CSng 将该返回值的数据类型转换为单精度浮点型。至于摄氏温度到其他温度单位的转换，则通过以下计算公式来实现：华氏温度 f=1.8×c+32；绝对温度 k=c+273.15；兰氏温度 ra=1.8×c+491.67；列氏温度 re=c×0.8。

任务实施

（1）在 Visual Basic 6.0 集成开发环境中创建一个标准 EXE 工程。

（2）在属性窗口中，将窗体 Form1 的 Caption 属性值设置为"温度单位转换"。

（3）在窗体 Form1 的代码窗口中编写以下事件过程：

```
Private Sub Form_Click()
    Dim c As Single
    Dim f As Single
    Dim k As Single
    Dim ra As Single
    Dim re As Single
    Const hr = "----------------------------------------------------"

    c = CSng(InputBox("请输入摄氏温度：", "温度单位转换"))
    f = 1.8 * c + 32
    k = c + 273.15
    ra = 1.8 * c + 491.67
    re = c * 0.8

    Cls
    Print
    Print Spc(36); "温度单位转换"
    Print Tab(6); hr; hr
    Print Spc(10); "摄氏温度："; c; "°C"
    Print Spc(10); "华氏温度："; f; "°F"
    Print Spc(10); "绝对温度："; k; "K"
    Print Spc(10); "兰氏温度："; ra; "°Ra"
    Print Spc(10); "列氏温度："; re; "°Re"
    Print Tab(6); hr; hr
    Print
    Print Spc(36); "单击窗体继续..."
End Sub
```

（4）将窗体文件保存为 Form02-03.frm，工程文件保存为工程 02-03.vbp。

程序测试

（1）按下 F5 键，以运行程序，然后使用鼠标单击程序窗口。

（2）在弹出的输入框中输入摄氏温度的值，单击"确定"按钮后查看温度单位的转换结果。

（3）单击程序窗口，再次弹出输入框，输入不同的摄氏温度，进行替换练习。

（4）单击窗口右上角的关闭按钮，以结束程序运行。

相关知识

1. 算术表达式

在程序中对数据进行处理，就是使用运算符对数据进行各种运算。将运算符和数据组成各种各样的表达式，可以完成各种不同类型的运算。算术表达式由算术运算符、数值型量和圆括号组成，其运算结果为数值型。Visual Basic 6.0 提供了 8 个算术运算符，按照优先级高低列出这些算术运算符，如表 2.3 所示。

表 2.3　Visual Basic 6.0 中的算术运算符

优 先 级	运　算	运 算 符	表达式例子	示　例	结　果
1	幂	^	X ^ Y	3 ^ 2	9
2	负号	–	–X	–3	–3
3	乘法	*	X * Y	3 * 3 * 3	27
3	除法	/	X / Y	9 / 2	4.5
4	整除	\	X \ Y	9 \ 2	4
5	取模	Mod	X Mod Y	10 Mod 3	1
6	加法	+	X + Y	10 + 3	13
6	减法	–	X – Y	3 – 10	–7

算术运算符的含义和数学中运算符的含义基本相同，只是表达方式有所不同。例如，数学表达式 2a+3 的 Visual Basic 表达式为 2*a+3；数学表达式 3[a+2(b+c)]的 Visual Basic 表达式为 3*(a+2*(b+c))。在数学表达式中可以省略某些运算符，但是在 Visual Basic 表达式中不能省略，如 2y 必须写成 2*y。在 Visual Basic 表达式中只能使用圆括号，而且括号必须成对。当一个表达式中有括号时，先计算括号内的；而当一个表达式中有多层括号时，先计算内层括号中的。

除法（/）运算的结果为浮点数。例如，表达式 3/2 的值为 1.5。整除（\）运算的结果为整型数，小数部分将被直接省略。例如，表达式 3\2 的值是 1 而不是 1.5。

取模运算（Mod）用于求余数。例如，表达式 3 Mod 2 的值为 1。

2. 字符串表达式

在 Visual Basic 中，有一个专门的字符串连接运算符&，用于连接两个或更多个字符串并构成字符串表达式。

例如，字符串表达式"xyz" & "123" & "abc" & "45" 的运算结果为 "xyz123abc45"；字符串表达式 "Visual Basic" & "程序设计" 的运算结果为 "Visual Basic 程序设计"。

此外，运算符+也可以作为字符串连接运算符使用。例如，"Hello" + " World!" 的运算结果为 "Hello World!"。Visual Basic 在运算时会自动进行类型匹配转换。为了防止进行不必要的转换，在一般情况下，建议使用字符串连接运算符&来进行字符串连接运算。

3. InputBox 函数

使用 InputBox 函数在一个对话框中显示提示信息，等待用户输入内容或单击按钮，并返回包含文本框内容的字符串。基本语法格式如下：

```
InputBox(提示信息, 标题文字, 默认值)
```

其中，"提示信息"是作为对话框消息出现的字符串表达式。"标题文字"是可选项，用于指定对话框标题栏中的字符串表达式；如果省略该参数，则把应用程序名放入标题栏中。"默认值"也是可选项，用于指定显示文本框中的字符串表达式，在用户没有输入内容时作为默认值。

如果用户单击"确定"按钮或按下 Enter 键，则 InputBox 函数将以字符串的形式返回用户在文本框中输入的内容。如果用户单击"取消"按钮，则此函数返回一个长度为零的字符串（""）。

由于 InputBox 函数的返回值的数据类型是字符串型，因此如果想要在输入框中输入某种特定类型的数据，则需要使用类型转换函数将该值的数据类型进行转换。例如，在任务 2.3 中，由于需要通过输入框输入摄氏温度的值，而该值的数据类型属于单精度浮点型，因此需要使用类型转换函数 CSng 将该值的数据类型转换为单精度浮点型。

任务 2.4　计算三角形面积

在本任务中，将创建一个用于计算三角形面积的应用程序，其功能是从键盘上输入三角形的 3 条边长，然后判断所输入的值是否能构成三角形。若能，则计算出这个三角形的面积，否则显示出错信息。程序运行结果分别如图 2.7～图 2.10 所示。

图 2.7　输入三角形的 3 条边长

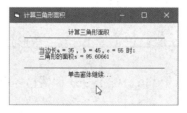

图 2.8　计算三角形面积

图 2.9　输入三角形边长

图 2.10　不能构成三角形

任务目标

● 掌握比较运算符和关系表达式的使用方法。

● 掌握逻辑运算符和逻辑表达式的使用方法。

● 理解各种运算符的优先级。

● 掌握 If 语句的语法格式和使用方法。

任务分析

三角形是由同一平面内不在同一条直线上的 3 条线段首尾顺次连接所组成的封闭图形。构成三角形的充要条件是任意两边之和大于第三边。在程序运行时三角形的 3 条边长可以通过调用 InputBox 函数输入，并使用 CSng 函数将所输入的值的数据类型转换为单精度浮点型，然后使用 If 语句来判断是否满足构成三角形的充要条件。假设三角形的 3 条边长分别为 a、b、c，则构成三角形的充要条件可以使用逻辑表达式 $a+b>c$ And $b+c>a$ And $c+a>b$ 来表示，而三角形的面积可以使用海伦公式 $s=\sqrt{p(p-a)(p-b)(p-c)}$ 来计算（其中，$p=(a+b+c)/2$）。

任务实施

（1）在 Visual Basic 6.0 集成开发环境中创建一个标准 EXE 工程。

（2）在属性窗口中，将窗体 Form1 的 Caption 属性值设置为"计算三角形面积"。

（3）在窗体 Form1 的代码窗口中编写以下事件过程：

```vb
Private Sub Form_Click()
    Dim a As Single
    Dim b As Single
    Dim c As Single
    Dim p As Single
    Dim s As Single
    Const hr = "------------------------"
    Const title = "计算三角形面积"

    a = CSng(InputBox("请输入边长 a：", title))
    b = CSng(InputBox("请输入边长 b：", title))
    c = CSng(InputBox("请输入边长 c：", title))

    Cls
    Print
    Print Spc(20); title
    Print Tab(6); hr; hr
    Print

    If a + b > c And b + c > a And c + a > b Then
        p = (a + b + c) / 2
```

```
    s = (p * (p - a) * (p - b) * (p - c)) ^ 0.5
    Print Spc(10); "当边长 a ="; a; ", b ="; b; ", c ="; c; "时: "
    Print Spc(10); "三角形的面积 s ="; s
Else
    Print Spc(10); "当边长 a ="; a; ", b ="; b; ", c ="; c; "时: "
    Print Spc(10); "a、b、c 不能构成三角形！"
End If
Print
Print Tab(6); hr; hr
Print Spc(20); "单击窗体继续..."
End Sub
```

（4）将窗体文件保存为 Form02-04.frm，工程文件保存为工程 02-04.vbp。

程序测试

（1）按下 F5 键，以运行程序，然后使用鼠标单击程序窗口。

（2）在弹出的对话框中输入三角形的 3 条边长，如果满足构成三角形的充要条件，则可以看到三角形面积的计算结果，否则会看到出错信息。

（3）再次使用鼠标单击程序窗口，输入不同的边长，进行替换练习。

（4）单击窗口右上角的关闭按钮，以结束程序运行。

相关知识

1. 比较运算符和关系表达式

比较运算符用来对两个表达式的值进行比较，由此构成的表达式被称为关系表达式，其值是一个逻辑值，即真（True）或假（False）。Visual Basic 6.0 中的比较运算符如表 2.4 所示。

表 2.4　Visual Basic 6.0 中的比较运算符

测 试 关 系	运 算 符	表达式例子	示 例	结 果
相等	=	X = Y	"AB" = "Ab"	False
不相等	<>或><	X <> Y	"D" <> "d"	True
小于	<	X < Y	1 < 2	True
大于	>	X > Y	"xy　" > "xy"	False
小于或等于	<=	X <= Y	5 <= 4	False
大于或等于	>=	X >= Y	5 >= 5	True
比较模式	Like	str Like pattern	"abCd" Like "*bC*"	True
比较对象的引用变量	Is			

关系表达式由比较运算符、数值表达式、字符串表达式组成，但是比较运算符两侧的表达式的数据类型必须完全一致。

在 Visual Basic 中，任何非 0 值均可视为 True，但是一般使用 -1 来表示 True，使用 0 来表示 False。

当两个表达式的数据类型是 Byte、Boolean、Integer、Long、Single、Double、Date、Currency 类型时，可以进行数值比较。当一个表达式的数据类型是数值型，而另一个表达式的数据类型是 Variant 数据类型时，也可以进行数值比较。

字符串数据按照其 ASCII 码值进行比较。当对字符串进行比较时，首先比较两个字符串的第一个字符，其中 ASCII 码值较大的字符所在的字符串大。如果第一个字符相同，则比较第二个字符，以此类推。

Like 运算符用来比较字符串的模式匹配，判断一个字符串是否属于某一模式。如果字符串与模式匹配，则结果为 True；如果不匹配，则结果为 False。

有了模式匹配功能，就可以使用通配符、字符串列表或字符区间的任何组合来匹配字符串。在模式中，可以使用问号（?）来表示任何单一字符；使用星号（*）来表示零个或多个字符；使用数字符号（#）来表示任何一个数字（0～9）；使用[字符列表]来表示字符列表中的任何单一字符；使用[!字符列表]来表示不在字符列表中的任何单一字符。

在下面的示例中，使用 Like 运算符进行字符串比较。

```
Dim MyCheck
MyCheck = "aBBBa" Like "a*a"          '返回 True
MyCheck = "F" Like "[A-Z]"            '返回 True
MyCheck = "F" Like "[!A-Z]"           '返回 False
MyCheck = "a2a" Like "a#a"            '返回 True
MyCheck = "aM5b" Like "a[L-P]#[!c-e]" '返回 True
MyCheck = "BAT123khg" Like "B?T*"     '返回 True
MyCheck = "CAT123khg" Like "B?T*"     '返回 False
```

Is 运算符用来比较两个对象的引用变量，主要用于对象操作。此外 Is 运算符还可以在 Select Case 语句中使用。

关系表达式都是单独使用的，不存在优先级问题。

2. 逻辑运算符和逻辑表达式

逻辑运算符用来对各种布尔型数据进行逻辑运算。按照优先级高低列出 Visual Basic 6.0 中的逻辑运算符，如表 2.5 所示。

表 2.5　Visual Basic 6.0 中的逻辑运算符

优　先　级	运　　　算	运　算　符	说　　　明
1	非	Not	进行"取反"运算
2	与	And	若两个表达式的值均为 True，则结果为 True，否则为 False
3	或	Or	若两个表达式的值均为 False，则结果为 False，否则为 True
4	异或	Xor	若两个表达式的值同时为 True 或 False，则结果为 False，否则为 True
5	等价	Eqv	若两个表达式的值同时为 True 或 False，则结果为 True
6	蕴含	Imp	若第一个表达式为 True，第二个表达式为 False，则结果为 False

逻辑表达式由关系表达式、逻辑运算符组成，语法格式如下：

<关系表达式>　<逻辑运算符>　<关系表达式>

如果使用 A、B 表示两个布尔型数据，则逻辑运算规则如表 2.6 所示。

表 2.6　逻辑运算规则

A	B	Not A	A And B	A Or B	A Xor B	A Eqv B	A Imp B
True	True	False	True	True	False	True	True
True	False	False	False	True	True	False	False
False	True	True	False	True	True	False	True
False	False	True	False	False	False	True	True

3. 运算符优先级

一个表达式可能含有多种运算，系统会按照预先确定的顺序进行计算，此顺序被称为运算符的优先顺序。从高到低顺序为：算术运算符→字符串连接运算符→比较运算符→逻辑运算符。如果表达式中的一些运算符的级别相同，则按照它们从左到右出现的顺序进行运算。括号内的运算总是优先于括号外的运算。

4. If 语句

If 语句可以用于测试条件式并根据测试结果执行不同操作。If 语句有以下两种格式。

1）单行格式

在单行格式中，各个组成部分被放在同一行上，即：

```
If 条件 Then 语句1 [Else 语句2]
```

当使用单行格式的 If 语句时，其执行流程是：如果条件的值为 True，则执行语句 1；否则执行语句 2。"Else 语句 2"部分也可以省略。

2）多行块格式

在多行块格式中，第一行为 If...Then 语句，最后一行为 End If 语句，中间是一些可选项，即：

```
If <条件 1> Then
    语句块 1
ElseIf <条件 2> Then
    语句块 2
ElseIf <条件 3> Then
    语句块 3
...
Else
    语句块 n
End If
```

多行块格式的 If 语句的执行流程是：如果条件 1 的值为 True，则执行语句块 1；否则，如果条件 2 的值为 True，则执行语句块 2……如果所有条件的值均为 False，则执行语句块 n。

在多行块格式的 If 语句中，If 语句必须是第一行语句，If 语句块必须以一个 End If 语句结束。Else 和 ElseIf 子句都是可选的。这里的"语句块"可以是单个语句或多个语句。

例如，如果想要找出两个整数中比较大的整数，则可以使用单行格式的 If 语句来实现，代码如下：

```
'变量 a、b 用于保存两个整数，max 用于保存两个整数中的较大者
Dim a as long, b as long, max as long
a = 2: b = 3
If a > b Then max = a Else max = b
Print max
```

上述代码也可以使用多行块格式的 If 语句来实现，代码如下：

```
Dim a as long, b as long, max as long
a=2: b=3
If a>b then
    max = a
Else
    max = b
End If
Print max
```

3）IIf 函数

IIf 函数用于计算表达式的值并据此返回两个值中的一个，语法格式如下：

```
Result = IIf(条件, True 部分, False 部分)
```

变量 Result 用于保存 IIf 函数的返回值，条件是一个逻辑表达式。当条件的值为 True 时，IIf 函数返回 True 部分的值；当条件的值为 False 时，IIf 函数返回 False 部分的值。

例如，找出两个整数中比较大的整数可以使用 IIf 函数来实现，代码如下：

```
Dim a as long, b as long, max as long
a = 2: b = 3
max = IIf(a>b, a, b)
Print max
```

任务 2.5 计算生肖和星座

在本任务中，将创建一个用于计算生肖与星座的应用程序。当单击窗体时提示在输入框中输入出生日期，然后单击"确定"按钮即可计算出相应的生肖和星座，并在窗体上显示计算结果。程序运行结果分别如图 2.11 和图 2.12 所示。

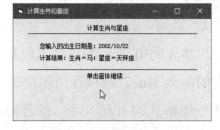

图 2.11　输入出生日期　　　　　　图 2.12　根据出生日期计算生肖和星座

任务目标

- 掌握 Select 语句的语法格式和使用方法。
- 掌握将字符串转换为日期的方法。
- 掌握从日期中取出年、月、日的数值的方法。

任务分析

十二生肖包括鼠、牛、虎、兔、龙、蛇、马、羊、猴、鸡、狗、猪。黄道十二星座包括水瓶座、双鱼座、白羊座、金牛座、双子座、巨蟹座、狮子座、处女座、天秤座、天蝎座、射手座、摩羯座。生肖和星座都可以根据出生日期来计算，为此首先需要调用 InputBox 函数来输入出生日期，然后调用 Year、Month 和 Day 函数分别从该日期中取出年、月、日的数值。

生肖可以根据出生年份除以 12 所得的余数来判断，即 0（猴）、1（鸡）、2（狗）、3（猪）、4（鼠）、5（牛）、6（虎）、7（兔）、8（龙）、9（蛇）、10（马）和 11（羊），这可以使用 Select 语句测试该余数来实现。

星座可以根据出生月份和日子来判断：1 月 21 日～2 月 19 日（水瓶座）；2 月 20 日～3 月 20 日（双鱼座）；3 月 21 日～4 月 20 日（白羊座）；4 月 21 日～5 月 21 日（金牛座）；5 月 22 日～6 月 21 日（双子座）；6 月 22 日～7 月 22 日（巨蟹座）；7 月 23 日～8 月 23 日（狮子座）；8 月 24 日～9 月 23 日（处女座）；9 月 24 日～10 月 23 日（天秤座）；10 月 24 日～11 月 22 日（天蝎座）；11 月 23 日～12 月 21 日（射手座）；12 月 22 日～1 月 20 日（摩羯座）。为了计算星座，可以将月份的数值扩大 100 倍加上日子数构成一个整数，并使用 Select 语句对该整数进行测试。例如，对于 1 月 21 日～2 月 19 日，Case 表达式应表示为 "121 To 219"；对于 12 月 22 日～1 月 20 日，Case 表达式则应表示为 "Is >= 1222, Is <= 120"。

任务实施

（1）在 Visual Basic 6.0 集成开发环境中创建一个标准 EXE 工程。

（2）将窗体 Form1 的 Caption 属性值设置为 "计算生肖和星座"。

（3）在窗体 Form1 的代码窗口中编写以下事件过程：

```vb
Private Sub Form_Click()
  Dim Birthdate As Date   '存储出生日期
  Dim y As Integer, m As Integer, d As Integer   '存储年、月、日的数值
  Dim sx As Integer, xz As Integer               '存储中间结果,分别用于计算生肖和星座
  Dim msg As String                              '存储输出信息

  Birthdate = CDate(InputBox("请输入您的出生日期：", "计算生肖和星座"))
  y = Year(Birthdate)
  m = Month(Birthdate)
  d = Day(Birthdate)     '取出年、月、日的数值
```

```
sx = y Mod 12

'计算生肖
Select Case sx
  Case 0
    msg = "生肖=猴"
  Case 1
    msg = "生肖=鸡"
  Case 2
    msg = "生肖=狗"
  Case 3
    msg = "生肖=猪"
  Case 4
    msg = "生肖=鼠"
  Case 5
    msg = "生肖=牛"
  Case 6
    msg = "生肖=虎"
  Case 7
    msg = "生肖=兔"
  Case 8
    msg = "生肖=龙"
  Case 9
    msg = "生肖=蛇"
  Case 10
    msg = "生肖=马"
  Case 11
    msg = "生肖=羊"
End Select

'计算星座
xz = m * 100 + d
Select Case xz
  Case 121 To 219
    msg = msg & "；星座=水瓶座"
  Case 220 To 320
    msg = msg & "；星座=双鱼座"
  Case 321 To 420
    msg = msg & "；星座=白羊座"
  Case 421 To 521
    msg = msg & "；星座=金牛座"
  Case 522 To 621
    msg = msg & "；星座=双子座"
  Case 622 To 722
    msg = msg & "；星座=巨蟹座"
  Case 723 To 823
```

```
        msg = msg & "；星座＝狮子座"
    Case 824 To 923
        msg = msg & "；星座＝处女座"
    Case 924 To 1023
        msg = msg & "；星座＝天秤座"
    Case 1024 To 1122
        msg = msg & "；星座＝天蝎座"
    Case 1123 To 1221
        msg = msg & "；星座＝射手座"
    Case Is >= 1222, Is <= 120
        msg = msg & "；星座＝摩羯座"
    End Select

    '清除窗体并显示计算结果
    Cls
    Print
    Print Tab(26); "计算生肖与星座"
    Print Tab(6); "----------------------------------------------------"
    Print
    Print Tab(10); "您输入的出生日期是：" & Birthdate
    Print
    Print Tab(10); "计算结果：" & msg
    Print
    Print Tab(6); "----------------------------------------------------"
    Print Tab(26); "单击窗体继续..."
End Sub
```

（4）将窗体文件保存为 Form02-05.frm，工程文件保存为工程 02-05.vbp。

程序测试

（1）按下 F5 键，以运行程序。

（2）在程序运行期间，使用鼠标单击程序窗口，当弹出输入框时输入出生日期，然后单击"确定"按钮，此时可以看到生肖和星座的计算结果。

（3）再次单击程序窗口，输入不同的出生日期，查看计算结果。

（4）单击程序窗口右上角的关闭按钮，以结束程序运行。

相关知识

1. Select Case 语句

Select Case 语句根据测试表达式的值从多个语句块中选择一个符合条件的语句块执行，语法格式如下：

```
Select Case <测试表达式>
```

```
        Case 表达式列表 1
        语句块 1
        Case 表达式列表 2
        语句块 2
        …
        Case Else
        语句块 n
End Select
```

其中，"测试表达式"可以是数值或字符串表达式；每个"表达式列表"可以是一个表达式、一组使用逗号隔开的枚举值（如 1, 2, 3）、表达式 1 To 表达式 2（如 1 To 5）、Is 关键字与比较运算符构成的表达式（如 Is < 3）。To 关键字用来指定一个数值范围。如果使用 To 关键字，则较小的数值需要出现在 To 之前。当使用 Is 关键字时，可以配合比较运算符（除 Is 和 Like 之外）来指定一个数值范围。如果在使用比较运算符时未提供 Is 关键字，则会自动插入。

如果测试表达式匹配某个 Case 表达式，则在 Case 子句之后，直到下一个 Case 子句的语句块会被执行；如果是最后一个子句，则会执行到 End Select 语句，然后控制权会转移到 End Select 语句之后的语句。如果测试表达式匹配一个以上的 Case 表达式，第一个匹配的 Case 表达式后面的语句块会被执行。

Case Else 子句用于指明一个语句块，当测试表达式与所有的 Case 表达式都不匹配时，则会执行这个语句块。虽然不是必要的，但是在 Select Case 区块中，最好还是加上 Case Else 语句来处理不可预见的测试表达式值。如果没有 Case 表达式匹配测试表达式，也没有提供 Case Else 语句，则程序会从 End Select 语句之后的语句继续执行。

在每个 Case 子句中可以使用多重表达式或使用范围。例如，下面的语句是正确的。

```
Case 1 To 4, 7 To 9, 11, 13, Is > MaxNumber
```

也可以针对字符串指定范围和多重表达式。在下面的示例中，Case 子句所匹配的字符串为：everything、按照英文字母顺序位于 nuts 到 soup 之间的字符串及 TestItem 所代表的当前值。

```
Case "everything", "nuts" To "soup", TestItem
```

Select Case 语句也可以是嵌套的。但是每个嵌套的 Select Case 语句必须有相应的 End Select 语句。

2. 将字符串转换为日期

当使用 InputBox 函数输入出生日期时，将返回一个字符串值。为了将该值的数据类型转换为日期型，应调用 CDate 函数，语法格式如下：

```
CDate(表达式)
```

其中，"表达式"表示一个有效的日期；CDate 函数的返回值的数据类型为 Date。

3. 从日期中取出年、月、日

如果想要从一个日期中取出表示年、月、日的整数，则可以使用 Year、Month 和 Day 函数来实现，语法格式如下：

```
Year(表达式)
Month(表达式)
Day(表达式)
```

其中，"表达式"表示一个有效的日期，可以是任何能够表示日期的 Variant 数据类型数据、数值表达式、日期表达式、字符串表达式或它们的组合。

任务 2.6　计算圆周率 π

圆周率是圆的周长与直径的比值，一般使用希腊字母 π 表示，是一个在数学和物理学中普遍存在的数学常数，它是一个无理数，即无限不循环小数。在日常生活中，通常使用 3.14 代表圆周率去进行近似计算。在本任务中，将创建一个用于计算圆周率 π 的应用程序。程序运行结果如图 2.13 所示。

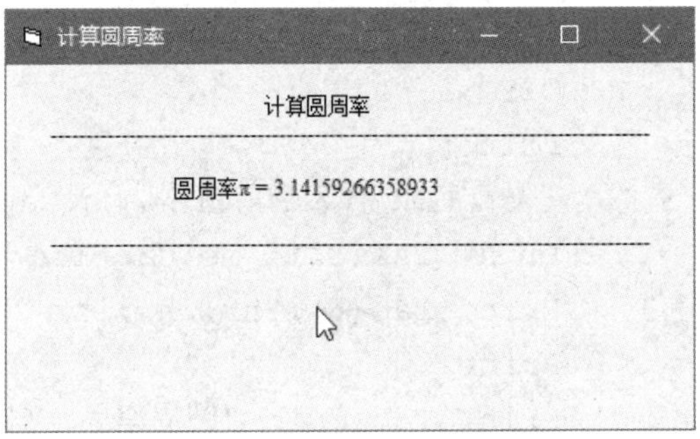

图 2.13　计算圆周率

任务目标

● 掌握 For 循环语句的使用方法。
● 掌握 While 循环语句的使用方法。

任务分析

在数学分析中，可以根据 Leibniz 定理来计算圆周率 π 的值：

$$1-\frac{1}{3}+\frac{1}{5}-\frac{1}{7}+\ldots=\frac{\pi}{4}$$

如果想要计算圆周率 π 的值，则可以使用 For 循环语句对一些项进行求和运算。根据 Leibniz 定理，可以将和的初始值设置为 1。在执行循环语句的过程中，循环变量 n 的初始值为 1，终止值为 99,999,990。n 的 2 倍加 1 再取倒数便构成了级数的通项 t，为了使通项以正负形式交替出现，需要引入另一个整型变量 i，其绝对值恒为 1，但是每循环一次，其正负号应变化一次。

任务实施

（1）在 Visual Basic 6.0 集成开发环境中创建一个标准 EXE 工程。

（2）将窗体 Form1 的 Caption 属性值设置为"计算圆周率"。

（3）在窗体 Form1 的代码窗口中编写以下事件过程：

```
Private Sub Form_Click()
    Dim sum As Double
    Dim i As Integer
    Dim n As Long
    Dim t As Double
    Const hr = "----------------------------"

    i = 1
    sum = 1
    t = 1

    For n = 1 To 99999990
        t = 2 * n + 1
        i = -i
        sum = sum + i / t
    Next

    Cls
    Print
    '关键字 Me 代表当前窗体，Me.Caption 表示当前窗体的标题
    Print Tab(30); Me.Caption
    Print Tab(6); hr; hr; hr
    Print
    Print Tab(20); "圆周率 π ="; 4 * sum
    Print
    Print Tab(6); hr; hr; hr
End Sub
```

（4）将窗体文件保存为 Form02-06.frm，工程文件保存为工程 02-06.vbp。

程序测试

（1）按下 F5 键，以运行程序。

（2）使用鼠标单击程序窗口，以查看输出结果。

（3）单击窗口右上角的关闭按钮，以结束程序运行。

（4）做替换练习。保留程序中的其他部分，将 For 循环语句改写为 While 循环语句，代码如下：

```
n = 1
While n <= 99999990        '循环变量（计数器）初始化
    t = 2 * n + 1
    i = -i
    sum = sum + i / t
    n = n + 1              '递增计数器
Wend
```

（5）再次按下 F5 键，以运行程序，然后使用鼠标单击程序窗口，将会看到相同的输出结果。

相关知识

1. For 循环

在实际应用中，人们经常需要计算机重复多次完成相同或相似的动作，这可以通过循环语句来实现，即按照一定的规则控制一段程序（循环体）重复执行若干次。

For 循环用于重复执行若干个语句，语法格式如下：

```
For 循环变量=初值 To 终值 [Step 步长]
    语句
    [Exit For]
    语句
Next [循环变量]
```

"循环变量"用于指定循环的计数，每执行一次循环之后，循环变量的值会增加一个步长值。除非特殊情况，一般不要在循环体中改变循环变量的值，否则会改变循环体的执行次数。

"步长"是循环变量的增量，其值可以是正数或负数。如果没有使用 Step 来设置步长值，则步长的默认值为 1。

循环体在下列两种情况下将不会执行：当步长值为正数时，循环变量的值大于终值；当步长值为负数时，循环变量的值小于终值。

Exit For 通常与选择语句一起使用，提供一种退出 For 循环的方法。

例如，可以使用 For 循环语句求 1+2+3+…+100 的值，代码如下：

```
Dim i As Integer, sum As Integer
sum = 0
For i=1 To 100 Step 1
  sum = sum + i
Next i
Print sum
```

在上例中，i 为循环变量，初值是 1，终值是 100，Step 后面的 1 是步长值，循环体包含一个语句，即 sum=sum+i。循环变量从 1 到 100，循环体语句 sum=sum+i 总共执行了 100 次。循环次数由初值、终值和步长值 3 个因素决定。

2. While 循环

While 循环根据指定条件重复执行一个或多个语句，语法格式如下：

```
While 条件
    语句块
Wend
```

While 循环的执行流程是：首先对条件进行判断，当条件为 True 时，执行循环体；然后继续对条件进行判断，当条件为 True 时，执行下一轮循环；当条件为 False 时，退出循环。

很明显，当条件为 True 进入循环后，如果条件没有变化，循环将一直进行下去。所以，循环内应该有一个改变循环条件的语句，让程序在适当的时候可以结束循环。

另外，需要注意的是，在 While 循环语句之前，还需要对循环变量进行初始化。

例如，也可以使用 While 循环语句求 $1+2+3+\cdots+100$ 的值，代码如下：

```
Dim i As Integer, sum As Integer
i = 1: sum = 0
While i<= 100
    sum = sum + i
    i = i + 1
Wend
Print sum
```

任务 2.7　计算最大公约数

最大公约数是指两个或多个自然数共有约数中最大的一个。在本任务中，将创建一个标准 EXE 应用程序，其功能是从键盘上输入两个自然数，计算出它们的最大公约数。程序运行结果分别如图 2.14 和图 2.15 所示。

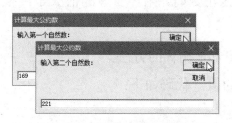

图 2.14　输入两个自然数

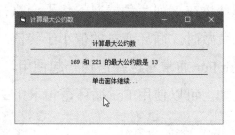

图 2.15　计算最大公约数

任务目标

- 理解 Do 循环语句的语法格式和执行流程。
- 掌握 Do 循环语句的使用方法。

任务分析

在程序中，首先使用 InputBox 函数从键盘上输入两个自然数 a 和 b，并将它们分别赋予变量 m 和 n；如果 m 小于 n，则交换 m 和 n 的值。计算两个自然数的最大公约数可以通过辗转相除法来实现，即使用 Mod 运算符计算较大数除以较小数的余数，并且使用余数代替较大数，如此循环下去，直至余数为零，此时的除数便是最大公约数。

任务实施

（1）在 Visual Basic 6.0 集成开发环境中创建一个标准 EXE 工程。

（2）将窗体 Form1 的 Caption 属性值设置为"计算最大公约数"。

（3）在窗体 Form1 的代码窗口中编写以下事件过程：

```
Private Sub Form_Click()
  Dim m As Long, n As Long, t As Long, r As Long
  Dim a As Long, b As Long
  Const hr = "------------------------------------------------------------"

  m = CLng(InputBox("输入第一个自然数: ", Me.Caption))
  n = CLng(InputBox("输入第二个自然数: ", Me.Caption))
  a = m: b = n
  If m < n Then
    t = m: m = n: n = t
  End If
  r = m Mod n
  Do While (r <> 0)
     m = n
     n = r
     r = m Mod n
  Loop

  Cls
  Print: Print
  Print Tab(26); Me.Caption
  Print Tab(6); hr
  Print
  Print Tab(18); a; "和"; b; "的最大公约数是"; n
  Print
  Print Tab(6); hr
  Print Tab(26); "单击窗体继续..."

End Sub
```

（4）将窗体文件保存为 Form02-07.frm，工程文件保存为工程 02-07.vbp。

程序测试

（1）按下 F5 键，以运行程序。

（2）在程序运行期间，使用鼠标单击程序窗口。

（3）在弹出的输入框中输入两个自然数，计算出它们的最大公约数。

（4）单击窗口右上角的关闭按钮，以结束程序运行。

（5）做替换练习：将程序中的 Do 循环替换成 Do 循环的其他形式。

● 使用 Until 关键字的前测型 Do 循环，代码如下：

```
Do Until (r = 0)
```

```
    m = n: n = r
    r = m Mod n
Loop
```

● 使用 While 关键字的后测型 Do 循环，代码如下：

```
Do
    m = n: n = r
    r = m Mod n
Loop While (r <> 0)
```

● 使用 Until 关键字的后测型 Do 循环，代码如下：

```
Do
    m = n: n = r
    r = m Mod n
Loop Until (r = 0)
```

相关知识

除了 For 循环语句和 While 循环语句，Visual Basic 6.0 还提供了 Do 循环语句。Do 循环语句按照循环条件放置的位置分为前测型和后测型两种语法格式。

1. 前测型 Do 循环语句

在这种语法格式的 Do 循环语句中，循环条件放置在整个语句的第一行，即：

```
Do While|Until <循环条件>
    [语句块]
    [Exit Do]
    [语句块]
Loop
```

前测型 Do 循环语句的执行流程是：首先对循环条件进行检查，如果循环条件符合执行循环的要求（当选用 While 关键字且循环条件为 True 或选用 Until 关键字且循环条件为 False 时），则执行循环体包含的语句块，否则（当选用 While 关键字且循环条件为 False 或选用 Until 关键字且循环条件为 True 时）退出循环。

如果想要提前结束循环，则可以在循环体中适当的位置添加 Exit Do 语句，这样程序就能够在一定的条件下结束循环了。

2. 后测型 Do 循环语句

在这种语法格式的 Do 循环语句中，循环条件放置在整个语句的最后一行，即：

```
Do
    [语句块]
    [Exit Do]
    [语句块]
Loop While|Until <循环条件>
```

后测型 Do 循环语句的执行流程是：首先执行语句块，然后检查循环条件，如果循环条件符合执行循环的要求（当选用 While 关键字且循环条件为 True 或选用 Until 关键字且循环条件为 False 时），则执行语句块，否则（当选用 While 关键字且循环条件为 False 或选用 Until 关键字且循环条件为 True 时）退出循环。

前测型与后测型两种语法格式的区别在于：前测型 Do 循环语句中的语句块可能一次也不执行，而后测型 Do 循环语句中的语句块至少要执行一次。

任务 2.8　用冒泡法对学生成绩排序

计算机应用专业某班有 60 个学生，该班学生的"计算机应用基础"课程成绩可以使用一个一维数组来存储。要求使用冒泡法对学生成绩进行排序，即按照分数从高到低的顺序显示成绩，每行显示 10 个成绩。程序运行结果如图 2.16 所示。

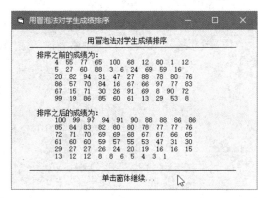

任务目标

- 理解定长数组的概念。
- 掌握声明定长数组的方法。
- 掌握初始化数组的方法。
- 掌握访问数组元素的方法。
- 掌握使用 Rnd 函数生成随机数的方法。

图 2.16　用冒泡法对学生成绩排序

053

任务分析

对于 60 个成绩数据，如果使用 60 个变量来存储，未免太烦琐了。在这种情况下，可以声明一个包含 60 个元素的定长数组来存储，每个数组元素存储一个成绩数据，并通过数组名和数组下标来访问每个数组元素。成绩数据可以使用 Rnd 函数生成 0～100 之间的整数来模拟；通过循环语句依次对每个数组元素赋值。使用冒泡法对数组元素进行排序（降序排列）的思路是：对相邻的两个数组元素进行比较，将值大的数组元素调到前面。整个排序过程通过一个二重 For 循环来实现。

任务实施

（1）在 Visual Basic 6.0 集成开发环境中创建一个标准 EXE 工程。

（2）将窗体 Form1 的 Caption 属性值设置为"用冒泡法对学生成绩排序"。

（3）在窗体 Form1 的代码窗口中编写以下事件过程：

```
Private Sub Form_Click()
```

```
Const NUM = 60
Dim i As Integer, j As Integer, t As Integer
Dim Score(1 To NUM) As Integer
Const hr = "-----------------------------------------------------------"

'对数组元素赋值
For i = 1 To NUM
  Randomize
    Score(i) = Int(101 * Rnd)
Next

Cls
Print
Print Tab(22); Me.Caption
Print Tab(6); hr
'显示排序之前的数组元素
Print Tab(8); "排序之前的成绩为："
Print Tab(12);
For i = 1 To NUM
  Print Score(i);
  If i Mod 10 = 0 Then
    Print
    Print Tab(12);
  End If
Next
'使用冒泡法对数组元素进行排序
For i = 1 To NUM - 1
  For j = 1 To NUM - i
    If Score(j) < Score(j + 1) Then
      t = Score(j)
      Score(j) = Score(j + 1)
      Score(j + 1) = t
    End If
  Next
Next
'显示排序之后的数组元素
Print
Print Tab(8); "排序之后的成绩为："
Print Tab(12);
For i = 1 To NUM
  Print Score(i);
  If i Mod 10 = 0 Then
    Print
    Print Tab(12);
  End If
Next
```

```
    Print Tab(6); hr
    Print Tab(26); "单击窗体继续..."
End Sub
```

（4）将窗体文件保存为 Form02-08.frm，工程文件保存为工程 02-08.vbp。

程序测试

（1）按下 F5 键，以运行程序。

（2）使用鼠标单击程序窗口，以查看输出结果。每次单击时将看到不同的结果。

（3）单击窗口右上角的关闭按钮，以结束程序运行。

相关知识

1. 定长数组

在 Visual Basic 中，把一组具有同一名称、不同下标（也称索引值）的变量称为变量数组，简称数组。在计算机中，数组占据一块连续的内存区域，数组名就是这个区域的名称，区域中的每个单元都有自己的地址，下标用于指出每个单元在该区域中的位置。在实际应用中，可以使用数组来处理同一类型的成批数据，如学生的成绩数据、商品的零售记录等。

定长数组是指元素个数保持不变的数组。在 Visual Basic 中可以使用下列语句来声明数组。

● 使用 Dim 语句在窗体模块、标准模块或过程中声明数组。

● 使用 Private 语句在窗体模块、标准模块或过程中声明数组。

● 使用 Static 语句在过程中声明静态数组。

● 使用 Public 语句在标准模块中声明全局数组。

下面以 Dim 语句为例说明声明数组的语法格式。当使用其他语句声明数组时，其语法格式也是类似的。当使用 Dim 语句声明数组时，应遵循以下语法格式：

```
Dim 数组名([下标下界 To ]下标上界[,下标下界 To 下标上界 ]) [ As 数据类型]
```

其中，"数组名"可以是任何合法的变量名。"数据类型"可以是 Integer、Long、Single、Double、Currency、String 等基本数据类型，也可以是 Variant（变体）数据类型。若省略 As 子句，则定义的数组为 Variant（变体）数据类型。

按照先声明后使用的原则，Dim 语句必须放在使用数组之前。此外，还应注意以下几点。

● 当使用 Dim 语句定义数组时，数值数组中的全部元素初始化为 0，字符串数组中的全部元素初始化为空字符串。

● 下标下界和下标上界表示数组该维度的最小下标值和最大下标值，通过 To 关键字连接起来，代表下标的取值范围。具体来说，下标可以是不超过 Long 数据类型的取值范围（−2,147,483,648～2,147,483,647）的整数。

- 如果省略了"下标下界 To"，则数组默认下标下界为 0。假如希望下标从 1 开始，则应通过 Option Base 1 语句来设置，这个语句必须出现在窗体层或模块层的说明部分。
- 有一个下标的数组称为一维数组，有两个或多个下标的数组称为二维数组或多维数组。数组的维数最多可以有 60 维（60 个下标）。在声明多维数组时要慎重，数组维数的增加将使内存占用急剧增加，可能导致内存分配不足，从而产生溢出错误。
- 不能使用 Dim 语句对已经声明了的数组进行重新声明。
- 在同一过程中，数组名不能与其他变量名相同。
- 在声明数组时，每一维元素的个数必须是常数，不能是变量和表达式。
- 数组的下标下界值必须小于数组的下标上界值。

例如，可以在过程中或模块的声明段中声明以下数组：

```
Dim a(4) As Integer
Dim b(-2 to 2) As Long
Dim c(2,2) As Single
```

第一个 Dim 语句声明了一个数组名为 a、数据类型为 Integer 的数组。该数组有一个下标，包含 5 个元素，分别是 a(0)、a(1)、a(2)、a(3)、a(4)。

第二个 Dim 语句声明了一个数组名为 b、数据类型为 Long 的数组。该数组有一个下标，也包含 5 个元素，分别是 b(-2)、b(-1)、b(0)、b(1)、b(2)。

第三个 Dim 语句声明了一个数组名为 c、数据类型为 Single 的数组。该数组有两个下标，包含 9 个元素，分别是 c(0,0)、c(0,1)、c(0,2)、c(1,0)、c(1,1)、c(1,2)、c(2,0)、c(2,1)、c(2,2)。

在访问数组元素时下标不能越界，既不能小于数组的下标下界，也不能大于数组的下标上界。在实际应用中，可以通过 LBound 和 UBound 函数来分别获取一个数组中指定维数的下标下界值和下标上界值，语法格式如下：

```
LBound(数组名[,维数])
UBound(数组名[,维数])
```

LBound 和 UBound 函数分别返回一个数组中指定维数的下标下界值和下标上界值。其中，"数组名"是要测试的数组的名称；"维数"是要测试的数组的维度，对于一维数组可以省略维数参数。

LBound 函数返回数组某一维度的下标下界值，而 UBound 函数则返回数组某一维度的下标上界值，这两个函数一起使用可以确定一个数组的大小。

2. 默认数组

在一般情况下，在声明数组时应指明其数据类型。示例如下：

```
Static Vari(1 To 100) As Integer        '声明包含 100 个元素的整型数组 Vari
```

不过，在 Visual Basic 中也可以声明默认数组，即数据类型为 Variant 的数组。示例如下：

```
Static Vari(1 To 100)                    '声明一个默认数组，其数据类型为 Variant
```

上述语句等价于：

```
Static Vari(1 To 100 ) As Variant
```

在大多数程序设计语言中，一个数组中的各个元素的数据类型都要求相同，即一个数组只能存放同一种数据类型的数据。对于默认数组来说，同一个数组可以存放不同数据类型的数据，因此，默认数组可以说是一种"混合型数组"。

在下面的示例中，声明了一个 Variant 数据类型的静态数组，并为其中的各个元素分别指定了不同数据类型的值。

```
Static Arr(4)                '在声明数组时未指定数据类型，可以存储不同数据类型的数据
Arr(0) = #2049/10/1#         '数组元素为日期数据
Arr(1) = "是中华人民共和国"    '数组元素为字符串
Arr(2) = 100                 '数组元素为整数
Arr(3) = "岁生日"            '数组元素为字符串
Arr(4) = True               '数组元素为布尔值
```

3. 数组的初始化

数组的初始化就是给数组中的各个元素赋初值。对单个数组元素而言，可以使用赋值语句对其赋值。如果想要对数组中的每个元素赋值，则可以使用循环语句。

对 Variant 数据类型数组而言，可以使用 Visual Basic 提供的 Array 函数进行初始化，即为数组元素赋值，语法格式如下：

```
数组名 = Array(数组元素值列表)
```

当使用 Array 函数给数组赋初值时，数组变量只能是 Variant 数据类型。Array 函数只适用于一维数组，不能对二维数组或多维数组赋值。数组可以不声明直接使用，也可以只声明数组不声明数据类型或声明成 Variant 数据类型。"数组名"是预先声明的数组名，在其后没有括号。"数组元素值"是要赋给数组中各个元素的值，各值之间以逗号隔开。若不提供数组元素值，则创建一个长度为 0 的数组。

例如，下面的语句将 3 个数值赋给数组 Members 中的各个元素，代码如下：

```
Static Members
Members = Array(111, 222, 333)
Print Members(0)             '输出结果为 111
```

在默认情况下，使用 Array 函数创建的数组的下标从 0 开始。如果希望下标从 1 开始，则应使用 Option Base 1 语句。

4. 访问数组的方法

在建立一个数组之后，可以对数组或数组元素进行操作。数组的基本操作包括输入、输出及复制，这些操作都是对数组元素进行的。

1）数组元素的引用

引用数组元素的方法是在数组名后面的括号中指定下标。

对一维数组而言，引用数组元素的语法格式如下：

数组名(下标)

对多维数组而言，在引用数组元素时应指定每一维的下标，语法格式如下：

数组名(下标1，下标2，...)

在引用数组元素时应注意以下几点。

- 引用数组元素是在数组名后的括号内指定下标。
- 在引用数组元素时，数组名、数据类型和维数必须与声明数组时一致。
- 如果建立的是二维或多维数组，则在引用数组元素时必须给出两个或多个下标。
- 在引用数组元素时，需要注意下标值要在声明的范围之内。
- 在使用常数或变量的地方一般都可以引用数组元素。

2）访问数组的常用方法

对数组元素的输入、输出和复制操作，一般采用以下方法来实现。

- 当数组较小或只需要对数组中的指定元素操作时，可以通过直接引用数组来实现对数组指定元素的操作。
- 对于元素较多的一维数组，通常采用循环语句来实现对每个数组元素的遍历。例如，在任务 2.8 中，对学生成绩数组的赋值操作采用了一重循环，而对数组元素的排序则是通过二重循环来实现的。
- 对于元素较多的二维数组，通常采用二重循环来实现对数组中各个元素的遍历。
- 对于多维数组，通常采用多重循环来实现对数组中各个元素的遍历。

5. 生成随机数

使用 Rnd 函数可以生成一个包含随机数值的单精度浮点数，其值小于 1，且大于或等于 0。为了生成 0～100 范围内的随机整数，可以使用以下公式：

```
Int(101 * Rnd)
```

任务 2.9　用动态数组处理学生成绩

在任务 2.8 中使用定长数组来存储成绩数据，这种方式只能用于统计人数固定的学生成绩，而不能处理人数不固定的学生成绩。为了解决这个问题，在本任务中改用动态数组来存储学生成绩，并允许用户通过输入框来指定学生人数，据此统计出最高分、最低分和平均分，然后将统计结果显示在程序窗口中。程序运行结果分别如图 2.17 和图 2.18 所示。

任务目标

● 掌握声明动态数组的方法。

● 掌握为动态数组重新分配内存空间的方法。

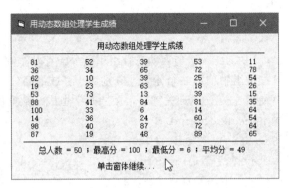

图 2.17　输入学生人数　　　　　图 2.18　用动态数组处理学生成绩

任务分析

在学生人数不固定的情况下，可以首先在程序中定义一个动态数组，然后让用户通过输入框来指定学生人数，以指定数组的长度；接着在数组中增加 3 个元素，分别存储最高分、最低分和平均分。为了保留原有成绩数组中各个元素的值，在重新为数组分配内存空间时必须使用 Preserve 关键字。

任务实施

（1）在 Visual Basic 6.0 集成开发环境中创建一个标准 EXE 工程。

（2）将窗体 Form1 的 Caption 属性值设置为"用动态数组处理学生成绩"。

（3）在窗体 Form1 的代码窗口中编写以下事件过程：

```
Private Sub Form_Click()
    Dim Score() As Integer               '声明动态数组，用于存放学生成绩数据
    Dim n As Integer, i As Integer
    Dim Sum As Single

    n = CInt(InputBox("请输入学生人数：", Me.Caption))
    '为动态数组变量重新分配内存空间，用于存放 n 个学生成绩数据
    ReDim Score(n - 1)
    Sum = 0
    Cls
    Print
    Print Tab(26); Me.Caption
    Print Tab(4); "------------------------------------------------"
    '使用随机函数生成模拟成绩数据并加以显示
    For i = 0 To n - 1
        Randomize                        '初始化随机数生成器
```

```
        Score(i) = Int(101 * Rnd)              '通过随机函数来产生 0～100 范围内的成绩
        Sum = Sum + Score(i)
        Print "      " & Score(i),
        If (i + 1) Mod 5 = 0 Then Print        '控制每行显示 5 个数值
    Next
    Print Tab(4); "-------------------------------------------------------"

    '使用 ReDim 语句为动态数组重新分配存储空间
    '在数组中增加 3 个元素，分别用于存放最高分、最低分和平均分
    '使用 Preserve 关键字，使原来学生成绩数据仍然保留
    ReDim Preserve Score(n + 2)
    Score(n) = Sum / n
    Score(n + 1) = Score(0)
    Score(n + 2) = Score(1)
    For i = 0 To n - 1
        If Score(i) > Score(n + 1) Then Score(n + 1) = Score(i)
        If Score(i) < Score(n + 2) Then Score(n + 2) = Score(i)
    Next
    Print Tab(8); "总人数 ="; n; "; 最高分 ="; Score(n + 1); "; 最低分 ="; Score(n +
2); "; 平均分 ="; Score(n)
    Print Tab(26); "单击窗体继续..."
End Sub
```

（4）将窗体文件保存为 Form02-09.frm，工程文件保存为工程 02-09.vbp。

程序测试

（1）按下 F5 键，以运行程序。

（2）使用鼠标单击程序窗口，在弹出的输入框中输出人数，单击"确定"按钮即可看到成绩统计结果。

（3）再次单击程序窗口，在弹出的输入框中输入不同的人数，查看新的成绩统计结果。

（4）单击窗口右上角的关闭按钮，以结束程序运行。

相关知识

1. 动态数组

动态数组是指计算机在执行过程中才给数组开辟内存空间的数组，可以使用 ReDim 语句再次分配动态数组占据的内存空间，也可以使用 Erase 语句删除它，从而收回分配给动态数组的内存空间。动态数组可以使用变量作为下标值，在程序运行过程中完成声明，动态数组可以在任何时候改变大小。

创建动态数组通常分为两步：首先在窗体模块、标准模块或过程中，使用 Dim 语句（模块级数组）、Public 语句（公共数组）、Private 或 Static（局部数组）语句来声明一个没有下标的

数组（但是括号不能省略），然后在过程中使用 ReDim 语句定义带下标的数组。

2. ReDim 语句

ReDim 语句用来声明或重新声明原来已经使用带空圆括号（没有维数和下标）的 Private、Public 或 Dim 语句声明过的动态数组的大小，语法格式如下：

```
ReDim [Preserve] 变量(下标,下标) As 数据类型
```

在过程中可以使用 ReDim 语句直接声明数组。对使用 ReDim 语句声明的数组而言，如果是使用 ReDim 语句重新声明数组，则只能修改数组中元素的个数，而不能修改数组的维数。

对于已经使用带空圆括号（没有维数和下标）的 Private、Public 或 Dim 语句声明过的动态数组，在一个程序中可以根据需要使用 ReDim 语句修改数组的维数或元素的个数，但是不能修改数据的类型。

当重新分配动态数组的内容时，数组中的内容将被清除，如果在 ReDim 语句中使用了 Preserve 关键字，则会保留数组中的内容。

需要说明的是，ReDim 语句只能出现在事件过程或通用过程中，使用它定义的数组是一个临时数组，即在执行数组所在的过程时为数组开辟一定的内存空间，而当过程结束时，这部分内存空间即被释放。

3. 数组的清除

如果想要释放动态数组的内存空间或清除定长数组的内容，则可以使用 Erase 语句来实现，语法格式如下：

```
Erase 数组名[, 数组名] ...
```

Erase 语句用来重新初始化定长数组的元素，或者释放动态数组的内存空间。

当把 Erase 语句用于定长数组时，不释放数组的所有空间，只是清除数组中的内容。如果这个数组是数值数组，则把数组中的所有元素设置为 0；如果这个数组是字符串数组，则把数组中的所有元素设置为空字符串；如果这个数组是 Variant 数据类型数组，则把数组中的所有元素设置为 Empty；如果这个数组是对象数组，则把数组中的所有元素设置为 Nothing。

当把 Erase 语句用于动态数组时，将删除整个数组结构并释放该数组所占据的内存空间，下一次使用时则需要重新使用 ReDim 语句定义。

任务 2.10 设计猜宝游戏

在日常生活中，人们经常玩一种叫作"猜宝"的游戏，即一个人同时伸出左手和右手并握起来，让另一个人来猜宝放在哪只手中。在本任务中，将创建一个标准 EXE 应用程序，用于模拟这个猜宝游戏的过程，当用户单击窗口时将随机地显示宝在左手或右手中。程序运行结果

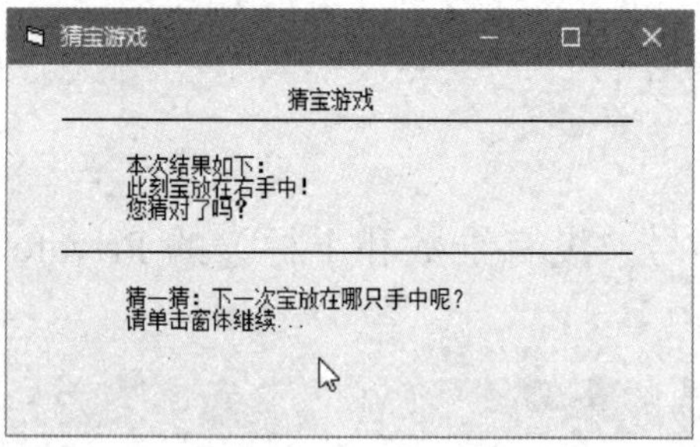

图 2.19 猜宝游戏运行结果

如图 2.19 所示。

任务目标

- 掌握通用过程的创建和调用方法。
- 掌握事件过程的创建和调用方法。
- 理解通用过程与事件过程的区别。
- 理解参数的两种传递方式的区别。

任务分析

首先将宝放在左手中，是否通过交换变量的值将宝放到右手中可以由随机函数决定。交换的过程通过两个自定义的通用过程来实现，这两个过程形式相同，参数的数据类型相同，只是参数的传递方式有所不同：一个是按值传递，而另一个则是按地址传递；前者对实参没有影响，不能实现变量交换，而后者则对实参有影响，可以实现变量交换，结果截然不同。

任务实施

（1）在 Visual Basic 6.0 集成开发环境中创建一个标准 EXE 工程。

（2）将窗体 Form1 的 Caption 属性值设置为"猜宝游戏"。

（3）在窗体 Form1 的代码窗口中编写以下两个通用过程：

```
'定义通用过程 SwapA，两个参数将按值传递
Sub SwapA(ByVal a As String, ByVal b As String)
   Dim t As String
   t = a: a = b: b = t
End Sub
'定义通用过程 SwapB，两个参数将按地址传递
Sub SwapB(ByRef a As String, ByRef b As String)
   Dim t As String
   t = a: a = b: b = t
End Sub
```

（4）在窗体 Form1 的代码窗口中编写该窗体的 Click 事件过程，代码如下：

```
Private Sub Form_Click()
   Dim left As String, right As String


   left = "有": right = "无"
   Randomize
   If Rnd > 0.5 Then
      SwapA left, right
   Else
      SwapB left, right
   End If
```

```
    Cls
    Print
    Print Tab(6); "                          猜宝游戏"
    Print Tab(6); "-----------------------------------------------------"
    Print
    Print Tab(12); "本次结果如下："
    Print Tab(12); "此刻宝放在" & IIf(left = "有", "左", "右") & "手中！"
    Print Tab(12); "您猜对了吗？"
    Print
    Print Tab(6); "-----------------------------------------------------"
    Print
    Print Tab(12); "猜一猜：下一次宝放在哪只手中呢？"
    Print Tab(12); "请单击窗体继续..."
End Sub
```

（5）将窗体文件保存为 Form02-10.frm，工程文件保存为工程 02-10.vbp。

程序测试

（1）按下 F5 键，以运行程序。

（2）使用鼠标单击程序窗口，即可开始游戏。可以试猜一下，宝放在哪只手中，然后单击程序窗口，看看猜对了没有。

需要说明的是，虽然宝放在哪只手中是随机的，没有规律可循，但是宝在左手和右手中出现的概率却是相等的。

（3）单击窗体进入下一轮游戏。

相关知识

1. 通用过程

为了完成某个特定任务，通常会编写一段相对独立的程序，然后根据需要进行调用。这段程序应指定一个名称，一般可以使用通用过程进行组织。

通用过程具有作用范围、名称、参数列表和过程体，可以使用 Sub 语句来声明，语法格式如下：

```
[Private|Public] [Static] Sub 过程名[(参数列表)]
    [语句块]
    [Exit Sub]
    [语句块]
End Sub
```

如果没有显式指定 Public 和 Private 关键字，则 Sub 过程默认范围是 Public。Public 关键字用于声明在所有模块中都可以使用的过程。Private 关键字用于声明只能在包含该声明的模块中使用的过程。使用 Static 关键字表示当调用 Sub 过程时，保留该 Sub 过程内局部变量的值。

语句块是为了完成特定任务而编写的程序，可以没有一行语句，也可以有多行语句。

Exit Sub 语句使程序在一定条件下从一个 Sub 过程中退出，然后从调用该过程的语句的下一行继续执行。在 Sub 过程的任何位置上都可以放置 Exit Sub 语句。

过程名的命名遵循标识符的命名规则。

若想要建立通用过程，则可以打开代码窗口，从"对象"下拉列表中选择"通用"选项，然后在代码编辑区的空白处输入 Sub<过程名>，在按下 Enter 键后即会出现 End Sub 语句，在 Sub 和 End Sub 语句之间编写所需要的语句即可。

2．事件过程

与通用过程不同的是，事件过程通常不需要显式调用，当相应的事件发生时会自动被触发，而且事件过程的名称和参数也不能随意指定。事件过程分为窗体事件过程和控件事件过程，两者也都是使用 Sub 语句进行声明的。

1）窗体事件过程

语法格式如下：

```
Private Sub Form_事件名 [(参数列表)]
    语句块
End Sub
```

2）控件事件过程

语法格式如下：

```
Private Sub 控件名_事件名 [(参数列表)]
    语句块
End Sub
```

建立事件过程有以下 3 种方法。

- 双击窗体或控件，以打开代码窗口，此时会出现该窗体或控件的默认事件过程代码。例如，当双击窗体时会出现窗体 Form1 的 Load 事件过程代码。

- 单击工程资源管理器窗口中的"查看代码"按钮，以打开代码窗口，然后从"对象"下拉列表中选择一个对象，再从"过程"下拉列表中选择一个过程。

- 自己编写事件过程，在代码窗口中直接编写事件过程。

在事件过程中，过程的范围、名称及参数在通常情况下都不能修改。应当使用其默认的范围、名称和参数。

3．参数传递

当声明过程时，参数列表应遵循以下语法格式：

```
[Optional] [ByVal | ByRef] [ParamArray] 变量名[()] [As 数据类型]
```

其中，Optional 关键字表示参数是可选的，ByVal 关键字表示该参数按值传递，ByRef 关键字表示该参数按地址传递，ParamArray 关键字表示可以提供任意数目的参数，变量名的命名遵循标识符的命名规则，"()"表示变量是一个数组，As 子句用来说明变量的数据类型。多个参数之间使用逗号隔开。

下面分别讨论参数的关键字的用法。

- ByVal 关键字表示按值传递参数。当按值传递参数时，传递的只是变量（称为实参）的副本。如果在过程中改变了参数（称为形参）的值，则变动只影响形参而不会影响实参本身。使用 ByVal 关键字指出参数是按值传递的。例如，在任务 2.10 中，通用过程 SwapA 的两个参数的传递方式就是按值传递。

- ByRef 关键字表示按地址传递参数。当按地址传递参数时，传递的是变量的内存地址。过程通过变量的内存地址去访问实际变量的内容。在将变量传递给过程时，通过过程可以永远改变变量的值。按地址传递参数是 Visual Basic 过程中参数的默认传递方式。例如，在任务 2.10 中，通用过程 SwapB 的两个参数的传递方式就是按地址传递。

- Optional 关键字表示使用可选的参数。在过程的参数列表中加入 Optional 关键字，可以指定过程的参数为可选的。如果指定了可选参数，则参数列表中此参数后面的其他参数也必是可选的，并且需要使用 Optional 关键字来声明。

示例如下：

```
Sub OpDemo(a As Integer,Optional b As Integer)        '第二个参数是可选参数
   Print a, b
End Sub
Private Sub Form_Click()
   OpDemo 10, 20                                       '传递两个参数
   OpDemo 10                                           '传递一个参数，省略可选参数
End Sub
```

运行结果如下：

```
10         20
10         0
```

当声明 Visual Basic 过程时，可以为其可选参数指定一个默认值；当调用过程时，如果未向可选参数传递值，则该参数将具有所指定的默认值。

示例如下：

```
Sub OpDemo(a As Integer,Optional b As Integer = 1)        '第二个参数是可选参数
   Print a, b                                  '可选参数的默认值为1
End Sub
Private Sub Form_Click()
   OpDemo 10, 20                               '传递两个参数
   OpDemo 10                                   '传递一个参数，省略可选参数
End Sub
```

运行结果如下：

```
10         20
```

10   1

- ParamArray 关键字表示使用不定数目的参数。在一般情况下，过程调用中的参数个数应等于过程声明的参数个数。使用 ParamArray 关键字指明过程将接收任意个数的参数。ParamArray 关键字只能用于参数列表中的最后一个参数，并且不能与 ByVal、ByRef 和 Optional 关键字一起使用。

在下面的示例中，通用过程 PaDemo 包含不定数目的参数，当在窗体的单击事件处理过程中调用通用过程 PaDemo 时传递了 5 个参数。

```
'定义通用过程 PaDemo
Sub PaDemo(ParamArray a())              '数组 a 是一维数组，数据类型为 Variant
  Dim i As Integer
  For i = LBound(a) to UBound(a)
    Print a(i);                         '使用循环语句输出传递过来的参数
  Next i
End Sub
'定义窗体的事件过程
Private Sub Form_Click()
  PaDemo 1, 2, 3, 4, 5                  '传递了 5 个参数，也可以传递更多参数
End Sub
```

运行结果如下：

```
1 2 3 4 5
```

4. Sub 过程的调用

如果想要执行一个过程，就必须调用过程。在 Visual Basic 中，事件过程一般由操作系统调用，如鼠标事件、键盘事件及窗体事件等，不过有时也可以显式调用。通用过程则由事件过程或其他通用过程调用，并最终由事件过程调用执行。

在 Visual Basic 中，可以使用 Call 语句来调用过程，语法格式如下：

```
Call 过程名 [(实际参数)]
```

当使用 Call 语句调用一个过程时，如果过程本身没有参数，则实际参数和括号可以省略；否则应给出相应的实际参数，并把参数放在括号中。

也可以把过程名作为一个语句使用以调用过程，语法格式如下：

```
过程名 [实际参数]
```

这里省略了关键字 Call，并且实际参数也不能放在括号中。

在 Visual Basic 中，过程分为 Sub 过程和 Function 过程。前者没有返回值，而后者则具有返回值。所有可执行代码都必须属于某个过程。Sub 过程可以放在标准模块或窗体模块中。不能在过程中嵌套其他过程的定义。Function 过程将在任务 2.11 中进行讨论。

任务 2.11 金额大写转换

在商场购物后，商家都会开出一张发票。如果仔细看一下，就会发现发票上的金额有大写和小写两种形式，即阿拉伯数字和中文大写形式。在本任务中，将创建一个标准 EXE 应用程序，用于实现金额大写转换，可以在输入框中输入金额的小写形式，单击"确定"按钮即可得到相应的中文大写形式。程序运行结果分别如图 2.20 和图 2.21 所示。

图 2.20　输入金额的小写形式

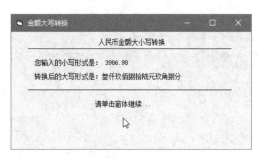

图 2.21　将金额转换为大写形式

任务目标

● 掌握常用内部函数的使用方法。

● 掌握创建用户自定义函数的方法。

任务分析

人民币金额大小写转换可以通过以下流程来实现：把一个定点小数扩大 100 倍并去掉小数以转换为整数，然后转换为字符串，再依次从该字符串中取出每一位数字字符，对照转换为大写形式并依次插入计数单位。这种转换流程可以创建一个自定义函数来实现，当调用该函数时通过参数传递要转换的小写金额，该函数的返回值即为相应的大写金额。为了防止传递的实参被该函数修改，应在形参前面加上 ByVal 关键字，即对该参数采用按地址传递的方式。此外，由于整个转换需要逐位来实现，因此可以考虑创建另一个自定义函数，将单个数字字符转换为相应的中文字符。

任务实施

（1）在 Visual Basic 6.0 集成开发环境中创建一个标准 EXE 工程。

（2）将窗体 Form1 的 Caption 属性值设置为"金额大写转换"。

（3）在窗体 Form1 的代码窗口中编写两个 Function 过程，代码如下：

```
'函数名称: N2C
'功能: 将单个数字字符 n 转换为相应的中文字符
''''''''''''''''''''''''''''''''''''''''''''''''''''''''''''''''''''''''
''''''''''''''''''''''''''

Public Function N2C(n As String) As String
   Const CHN As String = "零壹贰叁肆伍陆柒捌玖"
   '从常量 CHN 中取出相应的汉字并设置为函数的返回值
   N2C = Mid(CHN, n + 1, 1)
End Function


''''''''''''''''''''''''''''''''''''''''''''''''''''''''''''''''''''''''
''''''''''''''''''''''''''

'函数名称: NumToCHN
'功能: 将小写形式的金额转换为中文大写形式
''''''''''''''''''''''''''''''''''''''''''''''''''''''''''''''''''''''''
''''''''''''''''''''''''''

Public Function NumToCHN(ByVal Money As Double) As String
   Const EX As String = "仟佰拾亿仟佰拾万仟佰拾元角分"
   'numStr 用于保存数字转换为字符类型的金额
   Dim numStr As String
   'EXtmp 用于保存和 numStr 等长的 EX
   Dim EXtmp As String
   'retStr 用于保存合并后的结果
   Dim retStr As String
   Dim n As Integer, i As Integer
   Money = Money * 100                      '将定点小数扩大100倍
   numStr = LTrim(Str(Int(Money)))
   n = Len(numStr)
   EXtmp = Right(EX, n)
   retStr = ""
   '逐位合并, 将小写形式转换为大写形式并插入计数单位
   For i = 1 To n
     retStr = retStr + N2C(Val(Mid(numStr, i, 1))) + Mid(EXtmp, i, 1)
   Next i

   '对转换结果中的"零"进行处理
   retStr = Replace(retStr, "零分", "")
   retStr = Replace(retStr, "零角", "")
   retStr = Replace(retStr, "零元", "元")
   retStr = Replace(retStr, "零拾", "零")
   retStr = Replace(retStr, "零佰", "零")
   retStr = Replace(retStr, "零仟", "零")
   retStr = Replace(retStr, "零万", "万")
   retStr = Replace(retStr, "零亿", "亿")
   retStr = Replace(retStr, "零零拾", "")
   retStr = Replace(retStr, "零零零万", "")
```

```
retStr = Replace(retStr, "零零零", "零")
retStr = Replace(retStr, "零零", "零")
retStr = Replace(retStr, "零元", "元")

'设置函数的返回值
NumToCHN = retStr + IIf(Right(retStr, 1) = "元", "整", "")
End Function
```

（4）在窗体 Form1 的代码窗口中编写窗体的单击事件过程，代码如下：

```
Private Sub Form_Click()
    Dim n As Double
    Dim s As String
    Dim result As String

    '输入金额的小写形式并转换为双精度浮点数
    s = InputBox("请输入金额的小写形式：", "输入小写")
    n = CDbl(s)
    result = NumToCHN(n)          '调用 NumToCHN 函数实现金额大写转换
    '清除屏幕并输出转换结果
    Cls
    Print
    Print Tab(6); "                    人民币金额大小写转换"
    Print Tab(6); "---------------------------------------------------"
    Print
    Print Tab(8); "您输入的小写形式是："; n
    Print
    Print Tab(8); "转换后的大写形式是："; result
    Print
    Print Tab(6); "---------------------------------------------------"
    Print Tab(12); "请单击窗体继续…"
End Sub
```

（5）将窗体文件保存为 Form02-11.frm，工程文件保存为工程 02-11.vbp。

程序测试

（1）按下 F5 键，以运行程序。

（2）使用鼠标单击程序窗口，在弹出的输入框中输入金额的小写形式，单击"确定"按钮后将看到转换后的大写形式的金额。

（3）做替换练习：再次单击窗口，在弹出的输入框中输入不同的小写形式的金额并查看转换结果。

（4）单击窗口右上角的关闭按钮，以结束程序运行。

相关知识

1. 常用内部函数

在程序中经常需要一些特定的运算或操作。Visual Basic 对这些运算或操作进行了封装，以函数的形式提供给用户，这些函数被称为内部函数。在编程时可以直接使用这些函数，用以简化程序设计。Visual Basic 中的内部函数可以分为数学函数、字符串函数、日期和时间函数、格式化输出函数和数据类型转换函数几类。

1）数学函数

数学函数用于处理各种数学运算。常用的数学函数如表 2.7 所示。

表 2.7　常用的数学函数

函　　数	功　　能	返回类型	示　　例
Abs(x)	绝对值	与参数 x 的数据类型相同	Abs(-3.6)=3.6
Asc(x)	字符串首字符的 ASCII 码	Integer	Asc("A")=65
Atn(x)	反正切函数	Double	4*Atn(1)=3.1415926
Cos(x)	余弦函数（x 是弧度）	Double	Cos(60*3.1415926/180)=0.5
Exp(x)	求以 e 为底的指数	Double	Exp(1)=2.71828
Fix(x)	去掉一个浮点数的小数部分	Double	Fix(123.432)=123
Int(x)	取不大于 x 的最大整数	Double	Int(5.2)=5，Int(-5.2)=-6
Log(x)	求以 e 为底的对数	Double	Log(2.71828)=1
Rnd(x)	产生随机数	Single	Rnd 函数生成 0～1 之间的随机数
Sin(x)	正弦函数（x 是弧度）	Double	Sin(30*3.1415926/180)=0.5
Sqr(x)	求平方根	Double	Sqr(25)=5
Tan(x)	正切函数（x 是弧度）	Double	Tan(45*3.1415926/180)=1

三角函数中的参数 x 是一个数值表达式。其中，Sin、Cos 和 Tan 函数的自变量是以弧度为单位的角度；Atn 函数的自变量是正切值，它返回正切值为 x 的角度（以弧度为单位）。

在一般情况下，自变量是以角度的形式给出的。在使用三角函数或反三角函数时，可以使用下面的公式将角度转换为弧度。

```
1 弧度 = 180/3.1415926 度
```

为了能产生不同的随机数序列，当使用随机函数 Rnd 时，可以在使用随机函数之前添加一条随机数生成器初始化语句 Randomize，语法格式如下：

```
Randomize [数值]
```

为了生成某个范围内的随机整数，可以使用以下表达式：

```
Int((上限 - 下限 + 1) * Rnd() + 下限)
```

例如，在生成 1～100 范围内的随机整数时，可以使用以下表达式：

```
Int((100 - 1 + 1) * Rnd() + 1)
```

也就是：

```
Int(100 * Rnd() + 1)
```

这里给出一个使用常用数学函数的示例。数学表达式 $\sin45° +\cos45° +\log_2 4$ 可以写成以下 Visual Basic 表达式：

```
sin(45*(3.1415926/180))+cos(45*(3.1415926/180))+log(4)/log(2)
```

2）字符串函数

Visual Basic 提供了大量的字符串函数，这些函数具有强大的字符串处理能力。表 2.8 所示为部分常用字符串函数。

表 2.8 部分常用字符串函数

函 数	功 能	返 回 类 型	示 例
LCase(s)	把大写字母转换为小写字母	String	LCase("AbC")="abc"
Left(s , n)	取左字符串函数	String	Left("abcdef",3) = "abc"
Len(x)	取字符长度函数	Integer 或 Variant	Len("abcdef") = 6
Ltrim(x)	去掉字符串左边的空格	String	Ltrim(" A ")="A "
Mid(s , m, n)	取中段字符串函数	String	Mid("abcdef",3,2) = "cd"
Right(s , n)	取右字符串函数	String	Right("abcdef",3) = "def"
Rtrim(s)	去掉字符串右边的空格	String	Rtrim(" A ")=" A"
Replace(s, s1, s2)	用一个子串替换另一个子串	String	Replace("This", "is", "at")="That"
Space(n)	空格重复函数	String	Space(3) =" "（包含 3 个空格）
String(n, ch)	字符重复函数	String	String(3, "*")="***"
StrReverse(s)	字符串反转函数	String	StrReverse("abc")="cba"
Trim(s)	去除前导和尾随空格	String	Trim(" abc ")="abc"
UCase(s)	把小写字母转换为大写字母	String	UCase("abC")="ABC"

3）日期和时间函数

日期和时间函数用于在程序中显示、处理日期和时间。表 2.9 所示为部分常用日期和时间函数。

表 2.9 部分常用日期和时间函数

函 数	返 回 类 型	功 能
Now()	Date	返回系统的日期和时间（yy-mm-dd hh:mm:nn）
Day(date)	Integer	返回月中第几天（1～31）
Date()	Date	返回当前日期（yy-mm-dd）
DateAdd(n1, n2, d)	Date	在一个日期加上一段时间间隔并返回一个新日期
DateDiff(n, d1, d2)	Long	返回一个数值，表示两个指定日期之间的时间间隔数目
Weekday(d, f)	Integer	返回星期几（1～7）
Month(date)	Integer	返回一年中的某月（1～12）
Year(date)	Integer	返回年份（yyyy）
Hour(time)	Integer	返回小时（0～23）
Minute(time)	Integer	返回分钟（0～59）
Second(time)	Integer	返回秒（0～59）
Timer()	Integer	返回从午夜算起已经过去的秒数
Time()	Date	返回当前时间（hh:mm:nn）

4）格式化输出函数

格式化输出函数用于将数值、日期或字符串表达式按照指定的格式输出，语法格式如下：

```
Format(表达式 [,格式字符串])
```

　　其中，"表达式"是要格式化的数值、日期或字符串表达式；"格式字符串"表示按照指定的格式输出表达式的值。格式字符串有 3 类：数值格式、日期格式和字符串格式。格式字符串需要放在引号内。数值表达式格式化常用格式字符如表 2.10 所示。

表 2.10　数值表达式格式化常用格式字符

格 式 字 符	功　　能
0	实际数字小于符号位数，数字前后加 0
#	实际数字小于符号位数，数字前后不加 0
.	加小数点
,	千分位
%	数值乘以 100，加百分号
$	在数字前加$
+	在数字前加+
−	在数字前加−
E+	用指数表示
E−	用指数表示

　　日期和时间表达式格式化常用格式化字符如表 2.11 所示。

表 2.11　日期和时间表达式格式化常用格式字符

格 式 字 符	功　　能
d	显示日期（1～31），个位前不加 0
dd	显示日期（1～31），个位前加 0
y	显示一年中的天（1～366）
yy	两位数字显示年份（00～99）
yyyy	四位数字显示年份（0100～9999）
h	显示小时（0～23），个位前不加 0
hh	显示小时（0～23），个位前加 0
m	显示月份（1～12），个位前不加 0。在 h 后显示分（0～59），个位前不加 0
mm	显示月份（1～12），个位前加 0。在 h 后显示分（0～59），个位前加 0
s	显示秒（0～59），个位前不加 0
ss	显示秒（0～59），个位前加 0

　　下面给出一个应用 Format 函数的示例：

```
Dim a As Double
a=1234.567
Print Format(a,"00000.0000"),Format(a,"##,###.####")
Print Format(a,"#####.##%"),Format(a,"$#####.##")
Print Format(a,"+#####.##"),Format(a,"0.0000E+00")
Print Format(d, "yyyy年mm月dd日 hh点mm分ss秒")
```

　　输出结果如下：

```
01234.5670        1,234.567
123456.7%      $1234.567
+1234.567      1.2346E+03
```

5）数据类型转换函数

在 Visual Basic 中，一些数据类型可以自动转换，但是多数的数据类型不能自动转换，需要使用数据类型转换函数进行转换。常用数据类型转换函数如表 2.12 所示。

表 2.12　常用数据类型转换函数

函　　数	返 回 类 型	参数的取值范围
CBool(x)	Boolean	任何有效的字符串或数值表达式
CByte(x)	Byte	0～255
CCur(x)	Currency	-922,337,203,685,477.5808～922,337,203,685,477.5807
CDate(x)	Date	任何有效的日期表达式
CDbl(x)	Double	负数为 -1.79769313486232E308～-4.94065645841247E-324；正数为 4.94065645841247E-324～1.79769313486232E308
CInt(x)	Integer	-32,768～32,767，小数部分四舍五入
CLng(x)	Long	-2,147,483,648～2,147,483,647，小数部分四舍五入
CSng(x)	Single	负数为 -3.402823E38～-1.401298E-45；正数为 1.401298E-45～3.402823E38
CStr(x)	String	依据参数的情况返回字符串
CVar(x)	Variant	若参数为数值，则取值范围与 Double 类型的取值范围相同；若参数不为数值，则取值范围与 String 类型的取值范围相同

073

数据类型转换函数的自变量 x 可以是字符串表达式或数值表达式，传递给数据类型转换函数的表达式的值不能超过转换目标数据类型的取值范围，否则将发生错误。

2. 自定义函数

自定义函数即 Function 过程。在 Visual Basic 中，可以使用 Function 语句创建用户自定义函数（简称函数），语法格式如下：

```
[Private|Public] [Static] Function <函数名>([参数列表]) [As 数据类型]
    [语句块]
    [函数名=表达式]
    [Exit Function]
    [语句块]
    [函数名=表达式]
End Function
```

Public 用于声明在所有模块中可以使用的函数；Private 用于声明只能在包含该声明的模块中使用的函数；使用 Static 关键字表示当调用函数时，保留在函数内声明的局部变量的值。如果未显式指定 Public 和 Private 关键字，则函数的默认范围为 Public。

函数名的命名遵循 Visual Basic 中标识符的命名规则。

若想要提前退出函数，则可以在函数内适当位置加入 Exit Function 语句。

函数具有返回值。As 子句用于声明函数的返回值的数据类型，数据类型可以是 Integer、Long、Single、Double、Currency、Boolean 或 String。如果省略 As 子句，则返回值的数据类型为 Variant。若想要从 Function 过程返回一个值，则可以将这个值赋给函数名。这个赋值语句可以出现在过程的任意位置。如果省略了"函数名=表达式"，则该过程返回一个默认值：数值函数过程返回 0 值；字符串函数过程返回空字符串。在通常情况下，可以在过程中为函数名赋值。

当声明自定义函数时，参数列表的用法和声明 Sub 过程时参数列表的用法相同。

自定义函数的调用方法和内部函数的调用方法相同，语法格式如下：

函数名([参数列表])

在语句中可以把函数调用作为表达式或表达式的一部分直接使用。示例如下：

```
Dim num
num = CDbl(InputBox("请输入金额的小写形式："))
Print num & "的大写形式为：" & NumToCHN(num)
```

也可以使用调用 Sub 过程的语法格式来调用函数，即在函数名后面不写括号，此时将丢弃函数的返回值。

任务 2.12　排查程序中的错误

在本任务中，将创建一个标准 EXE 应用程序，用于计算两个整数相除所得到的商和余数。在程序运行时，用户可以从键盘上输入两个整数，由程序进行除法运算并显示计算结果，分别如图 2.22 和图 2.23 所示。

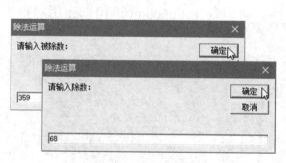

图 2.22　输入被除数和除数

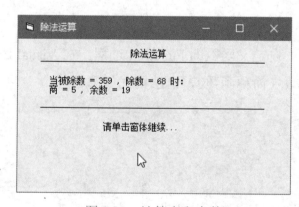

图 2.23　计算商和余数

在程序运行时，如果所输入的被除数和除数为整数，并且除数不为 0，则程序可以正常运行。如果输入两个整数时输入了非数字内容，或者输入的除数为 0，则程序将会出现实时错误，并导致应用程序中断。在本任务中，要求为应用程序添加错误捕获功能，以避免应用程序崩溃，保证应用程序能够在各种情况下正常运行。

任务目标

● 了解程序中出现的错误类型。

● 掌握在程序中处理错误的方法。

- 掌握 On Error 语句的使用方法。
- 掌握 Err 对象的常用属性。

任务分析

在程序设计过程中，程序难免会出现错误，因此程序纠错也是程序设计的一部分。对于不同类型的错误，可以使用不同的方法进行查找和处理。利用 Visual Basic 6.0 提供的查错语句和调试方法，很容易就会发现程序中存在的错误。在编写代码时，可以使用 On Error 语句激活错误捕获功能，并将错误处理程序指定为从行号位置开始的程序段，在这里对可能出现的错误进行处理。

任务实施

（1）在 Visual Basic 6.0 集成开发环境中创建一个标准 EXE 工程。

（2）将窗体 Form1 的 Caption 属性值设置为"除法运算"。

（3）在 Form1 的代码窗口中编写窗体的 Click 事件过程，代码如下：

```vb
Private Sub Form_Click()
    Dim Dividend As Long
    Dim Divisor As Long
    Dim Quotient As Long
    Dim Remainder As Long

    Dividend = CLng(InputBox("请输入被除数： ", Me.Caption))
    Divisor = CLng(InputBox("请输入除数： ", Me.Caption))

    Quotient = Dividend \ Divisor
    Remainder = Dividend Mod Divisor

    Cls
    Print
    Print Tab(26); Me.Caption
    Print Tab(6); String(50, "-")
    Print
    Print Tab(8); "当被除数 ="; Dividend; ", 除数 ="; Divisor; "时： "
    Print Tab(8); "商 ="; Quotient; ", 余数 ="; Remainder
    Print
    Print Tab(6); String(50, "-")
    Print
    Print Tab(20); "请单击窗体继续..."
End Sub
```

（4）将窗体文件保存为 Form02-12.frm，工程文件保存为工程 02-13.vbp。

程序测试

（1）按下 F5 键，以运行程序。

（2）使用鼠标单击程序窗口，当弹出输入框时输入的除数为 0，然后单击"确定"按钮，如图 2.24 所示；此时程序将出现一个实时错误，错误编号为 11，表示"除数为零"，如图 2.25 所示。

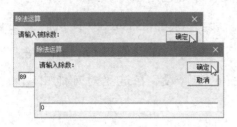

图 2.24　输入的除数为 0　　　　　　　　　　　　图 2.25　程序出现实时错误

（3）单击"调试"按钮，可以在代码窗口中找到包含错误的语句，说明变量 Divisor 的值已经超出 Long 类型的取值范围，如图 2.26 所示。

（4）在结束程序运行后，再次运行程序；在输入框中输入非数字内容（如"整数"），然后单击"确定"按钮，如图 2.27 所示。此时程序出现另一个实时错误，错误编号为 13，表示数据类型不匹配，如图 2.28 所示。

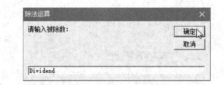

图 2.26　定位到包含错误的语句　　　　　　　　图 2.27　在输入框中输入英文单词

（5）单击"调试"按钮，此时黄色箭头将指向程序中另一个包含错误的语句，说明输入的数据不能转换为长整数，如图 2.29 所示。

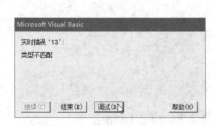

图 2.28　程序出现另一个实时错误　　　　　　　图 2.29　定位到另一个包含错误的语句

（6）在代码窗口中对窗体的单击事件处理过程进行修改，为程序添加错误捕获功能，代码如下：

```
Option Explicit

Private Sub Form_Click()
    On Error GoTo ErrorHandler          '启用错误捕获功能

    Dim Dividend As Long
    Dim Divisor As Long
    Dim Quotient As Long
    Dim Remainder As Long

    Dividend = CLng(InputBox("请输入被除数: ", Me.Caption))
    Divisor = CLng(InputBox("请输入除数: ", Me.Caption))

    Quotient = Dividend \ Divisor
    Remainder = Dividend Mod Divisor

    Cls
    Print
    Print Tab(26); Me.Caption
    Print Tab(6); String(50, "-")
    Print
    Print Tab(8); "当被除数 ="; Dividend; ", 除数 ="; Divisor; "时: "
    Print Tab(8); "商 ="; Quotient; ", 余数 ="; Remainder
    Print
    Print Tab(6); String(50, "-")
    Print
    Print Tab(20); "请单击窗体继续..."
    Exit Sub                        '执行除法运算后程序到此结束

ErrorHandler:                       '错误处理代码由此开始
    Cls
    Print
    Print Tab(26); Me.Caption
    Print Tab(6); String(50, "-")
    Print
    Print Tab(10); "程序出现运行时错误"
    Print
    Print Tab(10); "错误编号: "; Err.Number
    Print
    Print Tab(10); "错误描述: "; Err.Description
    Print
    Print Tab(6); String(50, "-")
    Print Tab(20); "请单击窗体继续..."
```

```
End Sub
```

（7）按下 F5 键运行程序；单击程序窗口，在弹出的输入框中输入一行汉字信息，然后单击"确定"按钮，如图 2.30 所示。此时可以看到程序不再被中止，而是在窗体上显示错误编号和错误描述等信息，如图 2.31 所示。

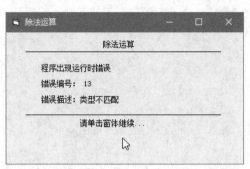

图 2.30　在输入框中输入汉字信息　　　　图 2.31　捕获到"类型不匹配"错误

（8）再次单击窗体，在弹出的输入框中输入 0 作为除数，然后单击"确定"按钮，如图 2.32 所示。此时可以看到程序不再被中止，而是在窗体上显示另一个实时错误信息，如图 2.33 所示。

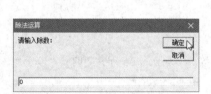

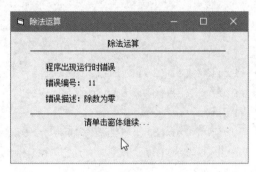

图 2.32　输入 0 作为除数　　　　　　图 2.33　捕获到"除数为零"错误

相关知识

1. 错误类型

Visual Basic 程序中的错误分为编译错误、实时错误和逻辑错误 3 种类型。

1）编译错误

编译错误也称语法错误，这种错误是由程序中的语句违反了 Visual Basic 的语法规则引起的。例如，拼错了关键字、遗漏了必需的标点符号、语句格式不正确、有 For 而无 Next 语句、有 If 而无对应的 End If 或括号不匹配等。对于这类错误，在程序输入或编译时，Visual Basic 编译器就能自动检查出来，并弹出相应的编译错误提示框，标出出错位置（高亮显示），按照提示信息就可以纠正相应错误。

2）实时错误

实时错误也称运行时错误，是指在代码正在运行时发生的错误。当一个语句要进行非法操作时就会发生实时错误，并导致应用程序中断。这一类错误在设计阶段较难发现，通常是在程序运行时发现的，一般是由在程序设计时考虑不全面、不周到造成的。

例如，在任务 2.12 中有这样一条赋值语句：

```
Quotient = Dividend \ Divisor
```

在通常情况下，这个语句执行得很好，但是当 Divisor 的值为 0 时，虽然这条语句的语法没有错误，但是程序却运行不下去，这是因为发生了"除数为零"的运行错误。

3）逻辑错误

逻辑错误是最难以处理的一种错误。程序可以正常执行，但是得不到所希望的结果。这不是程序语句的错误，而是由在设计程序时本身存在的逻辑缺陷导致的。例如，使用了不正确的变量类型、语句的次序不对、循环中起始值和终止值不正确、表达式书写不正确等。大多数逻辑错误不容易找出错误的原因，Visual Basic 系统也不能发现这类错误。因此，对于逻辑错误一般需要借助调试工具对程序进行分析、查找错误。

2. 错误处理

对于 Visual Basic 程序中潜在的错误可以采用两种方法进行解决：对于已经发现的错误，可以利用调试工具对程序的运行进行跟踪，找出并改正导致错误的语句；对于不可避免的错误或还没有发现的错误，可以设置错误捕获语句，对错误进行捕获和处理。

1）使用调试工具

Visual Basic 常用的调试工具如图 2.34 所示，该工具提供了设置断点、单步执行（包括逐语句和逐过程两种方式）、显示变量内容等功能。这些调试功能将有助于对程序中错误的查找，尤其是对逻辑错误的分析。

图 2.34　调试工具栏

2）使用错误捕获语句

在 Visual Basic 中，使用 On Error 语句激活错误捕获功能，并将错误处理程序指定为从行号位置开始的程序段，语法格式如下：

```
On Error Goto [行号]
```

以下给出常用的错误处理程序的结构：

```
Sub ErrorDemo()
    [没有错误的语句块]
    On Error Goto ErrorHandler        '启用错误捕获功能
    [可能会出现错误的语句块]
    Exit Sub

ErrorHandler:                         '错误处理由此开始
    [错误处理语句]
End Sub
```

3）使用 Err 对象获取错误信息

错误信息一般使用 Err 对象获得。Err 对象常用的属性是 Number 属性和 Description 属性。Number 属性存储当前错误的编号，Description 属性存储当前错误的描述。

Visual Basic 中的程序调试技术和错误处理技术是相当完善的，上面只是简单地介绍了程序调试和错误处理的初步知识，目的是了解调试程序的基本方法，养成良好的编程习惯，为以后的学习和工作打下良好的基础。

项目小结

本项目通过 12 个任务详细介绍了 Visual Basic 编程语言的基本内容，主要包括：数据类型；标识符命名规则；变量和常量；运算符与表达式；各种基本语句；选择语句；循环语句；数组；过程和参数传递；程序调试和错误处理等。这些内容是在使用 Visual Basic 进行可视化编程时必须掌握的内容，在实施本项目时，应当在完成各个任务的基础上理解相应的知识点，并能够在程序设计过程中熟练应用。

项目思考

一、选择题

1. 在一个语句行内写多条语句时，每个语句之间应该使用的分隔符是（   ）。

    A. 逗号   B. 分号

    C. 顿号   D. 冒号

2. 下列各个运算中，优先级别最高的是（   ）。

    A. 关系运算   B. 算术运算

    C. 逻辑运算   D. 级别相同

3. 对于以下单行形式的 If 语句，下列各种说法中正确的是（   ）。

```
If 逻辑表达式 Then 语句1 Else 语句2
```

    A. 语句 1 和语句 2 可能全被执行   B. 语句 1 和语句 2 可能全不被执行

    C. 语句 1 和语句 2 有且只有一条被执行   D. 语句 1 和语句 2 全被执行或全不被执行

4. 由 For i=1 To 100 Step 3 语句开头的循环，循环体被执行的次数为（   ）。

    A. 100   B. 50

    C. 33   D. 34

5. 使用下面语句声明的数组中的元素的个数是（   ）。

```
Dim a(4 to 6,-3 to 3) As Integer
```

    A. 24   B. 36

C. 21   D. 18

6. 假设 a="12345678"，则表达式 left(a, 4) + mid(a, 4, 2)的值是（   ）。

  A. "123456"   B. "123445"

  C. "56"   D. "78"

二、判断题

1. 在 Visual Basic 中，字符串常量需要使用双引号括起来，日期/时间型常量需要使用单引号括起来。（   ）

2. 在 Visual Basic 中，变量名必须以字母开头，最大长度不能超过 255 个字符。（   ）

3. 表达式(8 - (6 * 5 - 28) / 2) ^ 2 的值是 51。（   ）

4. 设 a=1，b=2，c=3，d=4，则表达式 Not a < = c Or 4 * c < = b ^ 2 And b <> a + c 的值是 True。（   ）

5. 将下列程序放在窗体的 Click 事件过程中，在程序运行期间单击窗口，则程序运行结果是 17。（   ）

```
Dim x As Integer
Dim y As Single
x = 4
If x ^ 2 = 16 Then y = x
If x ^ 2 < 15 Then y = 1/x
If x ^ 2 > 15 Then y = x ^ 2 + 1
Print y
```

6. 将下列程序放在窗体的 Click 事件过程中，在程序运行期间单击窗口，则程序运行结果是 40。（   ）

```
Dim k As Integer
Dim Sum As Integer
For k = 6 To 10
  Sum = Sum + k
Next k
Print Sum
```

7. 将下列程序放在窗体的 Click 事件过程中，在程序运行期间单击窗口，则程序运行结果是 14。（   ）

```
Dim i As Integer
Dim a As Integer
i = 0
While i < 10
  i = i + 1
  i = i * i + i
  a = a + i
Wend
Print a
```

8. 将下列程序放在窗体的 Click 事件过程中，在程序运行期间单击窗口，则程序运行结果是 10。（   ）

```
Dim i As Integer
i = 8
```

```
Do Until i>10
   i=i+2
   Print i;
Loop
```

9. 将下列程序放在窗体的 Click 事件过程中，在程序运行期间单击窗口，则程序运行结果是 135。（   ）

```
a(0) = 1
For i = 1 to 5
   a(i) = a(i-1) + i
   Print a(i);
Next i
```

10. 将下列程序复制到窗体的代码窗口中，在程序运行期间单击窗口，则程序运行结果是 259。（   ）

```
Dim i As Integer, n As Integer
Private Sub Form_Click()
   Dim i As Integer, s As Integer
   For i = 1 To 3
      s = Sum(i)
      Print s;
   Next i
End Sub

Private Function Sum(n As Integer)
   Static j As Integer
   j = j + n + 1
   Sum = j
End Function
```

项目实训

1. 使用 Visual Basic 语言编写一个程序，使用 Print 语句分别显示 Byte、Integer、Single、String、Date 和 Boolean 数据类型的数值，并显示数据类型的名称。

2. 使用 Visual Basic 语言编写一个程序，分别为每个基本数据类型声明一个变量，并给变量赋一个恰当的值，使用 Print 语句输出变量的值。

3. 使用 Visual Basic 语言编写一个计算梯形面积的程序。

4. 已知二次项系数 a、一次项系数 b 和常数项 c 的值，使用 Visual Basic 语言编写一个程序，利用求根公式求解一元二次方程 $ax^2 + bx + c=0$，并显示求解结果。

5. 使用 Visual Basic 语言描述下列命题：a 小于 b 或小于 c；a 或 b 都大于 c；a 和 b 中有一个小于 c；a 不能被 b 整除。

6. 使用 Visual Basic 语言编写一个程序，求一个数的绝对值。

7. 使用 Visual Basic 语言编写一个程序，其功能是从键盘上输入一个年份，然后判断该年份是否是闰年。

提示：所谓水仙花数，是指这样的三位整数，其各位上数字的立方和与这个数本身相等。例如，$1^3+5^3+3^3=153$，所以 153 是一个水仙花数。

8．使用 Visual Basic 语言编写一个程序，其功能是从键盘上输入一个整数，然后判断它是否是水仙花数。

提示：判断指定年份是否是闰年的条件为：该年份能被 4 整除但是不能被 100 整除，或者能被 400 整除。

9．使用 Visual Basic 语言编写一个程序，用于接收用户输入的 1～12 之间的数字，并返回对应的月份（"1"对应"一月"，"2"对应"二月"，以此类推）。

提示：使用 Select Case 语句。

10．使用 Visual Basic 语言编写一个程序，用于计算自然底数 e 的值。

提示：自然底数 e 的值可以利用以下公式进行计算：

$$e = \frac{1}{0!} + \frac{1}{1!} + \frac{1}{2!} + \cdots + \frac{1}{n!} + \cdots$$

其中，$n!$ 表示自然数 n 的阶乘，即 $n!=1\times2\times3\times\cdots\times n$；并且规定 $0!=1$，$1!=1$。

11．使用 Visual Basic 语言编写一个程序，用于输出 3～100 之间的奇数及奇数之和。

12．使用 Visual Basic 语言编写一个程序，用于输出 100～200 之间不能被 3 整除的数。

13．使用 Visual Basic 语言编写一个程序，用于从键盘上输入一个自然数，然后判断它是否是素数。

提示：想要判断一个自然数 n 是否是素数，可以使用 2，4，$\cdots$，$\sqrt{n}$ 去除这个数，如果都不能整除，则该自然数为素数。

14．使用 Visual Basic 语言编写一个程序，求解砖问题：36 块砖，36 人搬，男的搬 4 块，女的搬 3 块，2 个小孩抬 1 块，要求一次全部搬完，问需要男、女和小孩各多少人。

15．有一个数组，内放 10 个整数，要求找出最小的整数及其下标，然后把它和数组中最前面的元素对换。

16．17 个人围成一圈（编号为 0～16），从编号为 0 号的人开始从 1 报数，凡报到 3 的倍数的人离开圈子，然后继续数下去，直到最后只剩下一个人。问此人原来的位置号是多少号？

17．使用 Visual Basic 语言编写一个 Sub 过程，用于重复打印给定的字符 n 次。

18．使用 Visual Basic 语言编写一个 Function 过程，用于计算银行定期存款到期本金、利息之和。

提示：本金、利息之和=本金+本金*年利率*存入年限。

设计应用程序窗体

窗体是 Visual Basic 应用程序的基本构造模块，是应用程序在运行时与用户交互操作的实际窗口。窗体对象有自己的属性、方法和事件，可以由属性定义其外观，由方法定义其行为，由事件定义其与用户的交互。通过设置窗体属性并编写响应事件的 Visual Basic 代码，就能定义出满足应用程序需要的窗体对象。窗体又是其他对象的载体或容器，几乎所有的控件都可以添加在窗体上。除了窗体设计原理，还需要考虑应用程序的开始与结束，有一些技巧可以用来决定应用程序启动时的外观。熟悉应用程序卸载时进行的一些处理也是很重要的。

本项目将通过一组任务详细地介绍窗体的基本属性、常用事件和方法，以及创建标准窗体、各种对话框和 MDI 应用程序的方法。

📖 项目目标

- 掌握窗体的常用属性、方法和事件。
- 掌握使用函数创建输入框和消息框的方法。
- 掌握使用控件创建各种标准对话框的方法。
- 掌握创建 MDI 应用程序的方法。

任务 3.1　在窗体上显示色彩变化的阴影字

在项目 2 中，曾经多次使用 Print 方法在窗体上显示文本。在默认情况下，窗体总是呈现灰色的背景，而文本总是使用系统默认的字体（宋体）来显示，至于显示文本的位置则是通过在 Print 方法中使用 Tab(n) 或 Spc(n) 来控制的。在本任务中，将创建一个标准 EXE 应用程序，在程序运行时窗体背景将被设置为白色，当单击窗体时将在窗体的指定位置显示不同颜色的阴影字。程序运行结果分别如图 3.1 和图 3.2 所示。

图 3.1　在窗体上显示红色阴影字　　　　　图 3.2　在窗体上显示绿色阴影字

任务目标

- 理解窗体的 BackColor、ForeColor、FontName 和 FontSize 属性。
- 理解窗体的 CurrentX 和 CurrentY 属性。
- 掌握窗体的 Print 和 Cls 方法。
- 掌握窗体的 Load 事件和 Click 事件。

任务分析

在 Visual Basic 中，通过执行 Print 方法可以在窗体上显示文本信息。窗体的背景颜色可以使用窗体的 BackColor 属性来设置，文本颜色可以使用窗体的 ForeColor 属性来设置，显示文本所用的字体和字号可以分别使用窗体的 FontName 和 FontSize 属性来设置，对文本显示位置的控制则可以通过设置窗体的 CurrentX 和 CurrentY 属性来实现。阴影字效果是通过在相邻位置上以两种不同颜色显示文本来生成的。

任务实施

（1）在 Visual Basic 6.0 集成开发环境中创建一个标准 EXE 工程。

（2）将窗体 Form1 的 Caption 属性值设置为"在窗体上显示阴影字效果"。

（3）在窗体 Form1 的代码窗口中编写一个名为 ShowText 的通用过程，代码如下：

```
Private Sub ShowText(X As Long, Y As Long, Text As String, Color As Long)

    Me.CurrentX = X
    Me.CurrentY = Y
    Me.ForeColor = Color
    Print Text

End Sub
```

（4）在窗体 Form1 的代码窗口中编写该窗体的 Click 和 Load 事件过程，代码如下：

```
Private Sub Form_Click()
    Dim msg As String, i As Integer
    Dim Colors

    msg = "Visual Basic 程序设计"
    Colors = Array(vbRed, vbGreen, vbBlue, vbMagenta, vbCyan)
```

```
    Cls
    Me.FontName = "方正榜书行简体"
    Me.FontSize = 32
    ShowText 500, 800, msg, vb3DShadow
    Randomize              '初始化随机数生成器
    i = CInt(5 * Rnd)
    ShowText 450, 750, msg, CLng(Colors(i))

    Me.FontName = "微软雅黑"
    Me.FontSize = 16
    ShowText 1800, 2000, "请单击窗体继续...", vbBlack

End Sub


Private Sub Form_Load()
    Me.BackColor = vbWhite
End Sub
```

（5）将窗体文件保存为 Form03-01.frm，工程文件保存为工程 03-01.vbp。

程序测试

（1）按下 F5 键，以运行程序。

（2）使用鼠标单击窗体，此时显示阴影字效果；再次单击窗体，文字的颜色随机发生变化。

（3）单击窗口右上角的关闭按钮，以结束程序运行。

相关知识

1. 窗体的常用属性

窗体的属性可以在程序设计阶段通过属性窗口进行设置，也可以在程序运行阶段通过代码来改变窗体的部分属性。也有一些窗体属性（如 Name）是不能通过代码来设置的，只能在程序设计阶段通过属性窗口进行设置，而不能在程序运行阶段通过代码来改变该属性的值，这类窗体属性在程序运行阶段是只读的。在属性窗口中所做的设置在大多数情况下可以立即在窗体对象窗口中反映出来，而在代码中所做的设置只能在程序运行时才能显示设置结果。

窗体的常用属性如下所述。

- Caption：用于设置窗体的标题。在任务 3.1 中，通过属性窗口将窗体的 Caption 属性设置为"在窗体上显示阴影字效果"。

- BackColor：用于设置窗体的背景颜色，语法格式如下：

```
窗体名.BackColor = 颜色值
```

当前窗体名可以使用关键字 Me 来表示。

在程序设计阶段，可以利用系统提供的调色板进行设置。也可以在程序运行时对该属性值进行设置。表 3.1 和表 3.2 所示分别为常用的颜色常数和系统颜色。

表 3.1 常用的颜色常数

常　　数	数　　值	描　　述
vbBlack	&H0	黑色
vbRed	&HFF	红色
vbGreen	&HFF00	绿色
vbYellow	&HFFFF	黄色
vbBlue	&HFF0000	蓝色
vbMagenta	&HFF00FF	洋红色
vbCyan	&HFFFF00	青色
vbWhite	&HFFFFFF	白色

表 3.2 常用的系统颜色

常　　数	数　　值	描　　述
vbScrollBars	&H80000000	滚动条颜色
vbDesktop	&H80000001	桌面颜色
vbActiveTitleBar	&H80000002	活动窗口标题栏的颜色
vbInactiveTitleBar	&H80000003	非活动窗口标题栏的颜色
vbMenuBar	&H80000004	菜单背景颜色
vbWindowBackground	&H80000005	窗口背景颜色
vbWindowFrame	&H80000006	窗口框架颜色
vbMenuText	&H80000007	菜单上文字的颜色
vbWindowText	&H80000008	窗口内文字的颜色
vbTitleBarText	&H80000009	标题、尺寸框和滚动箭头内文字的颜色
vbActiveBorder	&H8000000A	活动窗口边框的颜色
vbInactiveBorder	&H8000000B	非活动窗口边框的颜色
vbApplicationWorkspace	&H8000000C	多文档界面（MDI）应用程序的背景颜色
vbHighlight	&H8000000D	控件内选中项的背景颜色
vbHighlightText	&H8000000E	控件内选中项的文字颜色
vbButtonFace	&H8000000F	绘在命令按钮正面的颜色
vbButtonShadow	&H80000010	绘在命令按钮边缘的颜色
vbGrayText	&H80000011	变灰的（无效的）文字
vbButtonText	&H80000012	揿压按钮上文字的颜色
vbInactiveCaptionText	&H80000013	非活动标题内文字的颜色
vb3Dhighlight	&H80000014	三维显示元素的高亮颜色
vb3DDKShadow	&H80000015	三维显示元素的最暗阴影颜色
vb3Dlight	&H80000016	低于 vb3Dhighlight 的三维次高亮颜色
vb3Dface	&H8000000F	文字表面的颜色
vb3DShadow	&H80000010	文字阴影的颜色
vbInfoText	&H80000017	提示窗内文字的颜色
vbInfoBackground	&H80000018	提示窗内背景的颜色

- ForeColor：用于设置窗体的前景颜色，该属性改变窗体中图形和文本的颜色。

- FontName：用于设置窗体中显示文本所用的字体。在属性窗口中无法对该属性进行设置，但是可以通过 Font 属性设置文本的字体、大小和样式等。

- FontSize：用于设置窗体中显示文本所用的字体的大小。在属性窗口中，可以通过 Font 属性对该属性进行设置。

- CurrentX、CurrentY：用于设置下一次打印或绘图方法的水平或垂直坐标。这些属性在 程序设计时是不可用的。在窗体中进行绘制图形或输出结果时，经常需要使用 CurrentX 和 CurrentY 属性来设置或返回当前坐标的水平坐标和垂直坐标。

在设置颜色属性时，也可以利用 RGB 函数生成颜色值，语法格式如下：

```
RGB(red, green, blue)
```

其中，参数 red、green 和 blue 分别表示颜色的红色、绿色和蓝色成分，它们的取值范围都 是 0~255。

2. 窗体的常用方法

窗体的常用方法如下所述。

- Print：用于在窗体或图片框上输出文本，语法格式如下：

```
对象.Print 输出的内容列表
```

- Cls：用于清除在程序运行时窗体或图片框中显示的文本和图形，语法格式如下：

```
对象.Cls
```

- Move：用于移动窗体或控件，语法格式如下：

```
对象.Move 左, 上, 宽, 高
```

其中，"对象"用于指定要移动的窗体或控件。"左"是必需的单精度值，用于指定对象左 边的水平坐标（x 轴）。"上"是可选的单精度值，用于指定对象上边的垂直坐标（y 轴）。"宽" 和"高"均为可选的单精度值，分别用于指定对象的新宽度和新高度。

3. 窗体的常用事件

下面介绍窗体的几个常用事件。

1）Click 事件

Click 事件是当在一个对象上按下然后释放一个鼠标按钮时发生的。该事件也会发生在一 个控件的值改变时。对于一个窗体对象来说，该事件是在单击一个空白区域或一个无效控件时 发生的，语法格式如下：

```
Private Sub Form_Click()
```

2）DlbClick 事件

当在一个对象上按下和释放鼠标按钮并再次按下和释放鼠标按钮时，DblClick 事件发生。对 窗体而言，当双击被禁用的控件或窗体的空白区域时，该事件发生，语法格式如下：

```
Private Sub Form_DblClick()
```

说明：如果在 Click 事件中有代码，则 DlbClick 事件将永远不会被触发，因为 Click 事件是两个事件中首先被触发的事件。其结果是鼠标单击被 Click 事件截断，从而使 DblClick 事件不会发生。

3）Load 事件

在一个窗体被装载时发生 Load 事件。当使用 Load 语句启动应用程序，或引用未装载的窗体属性或控件时，发生此事件，语法格式如下：

```
Private Sub Form_Load()
```

通常利用 Load 事件过程来设置窗体启动时的初始属性。在任务 3.1 中，通过 Load 事件过程设置了窗体的背景颜色。

任务 3.2　保持图片在窗体上居中

在本任务中，将创建一个标准 EXE 应用程序，其功能是在窗体上显示一幅图片，要求在改变窗体大小时该图片始终保持在窗体上居中显示，如图 3.3 所示。当关闭窗体时，弹出一个对话框，提示确认退出程序信息，如图 3.4 所示。如果单击"确定"按钮，则退出程序；如果单击"取消"按钮，则返回程序。

任务目标

- 掌握窗体的 Resize、Unload 和 QueryUnload 事件。
- 理解窗体的 ScaleHeight 和 ScaleWidth 属性。
- 掌握使用 PaintPicture 方法在窗体上绘制图片的方法。

图 3.3　保持图片在窗体上居中显示　　　　图 3.4　确认退出程序

任务分析

除了使用 Print 方法在窗体上显示文本，也可以使用 PaintPicture 方法在窗体上显示图片。如果想要在窗体上显示一幅图片，则需要声明一个 Picture 对象，并使用 LoadPicture 函数将文件中的图片加载到 Picture 对象中。如果想要保证在窗体大小发生变化时图片始终保持在窗体的中央，则需要在编写窗体的 Resize 事件过程中，使用 PaintPicture 方法在指定位置上绘制图

089

片文件的内容。如果想要在退出程序时弹出对话框，则应当编写窗体的 Unload 或 QueryUnload 事件过程。

任务实施

（1）在 Visual Basic 6.0 集成开发环境中创建一个标准 EXE 工程。

（2）将窗体 Form1 的 Caption 属性值设置为 "居中显示图片"。

（3）在窗体 Form1 的代码窗口中编写 Resize 事件过程，代码如下：

```
Private Sub Form_Resize()
    Dim pic As Picture
    Dim x As Single, y As Single
    Set pic = LoadPicture(App.Path & "\风景.jpg")

    Cls
    x = (Me.ScaleWidth - pic.Width) / 2
    y = (Me.ScaleHeight - pic.Height) / 2
    Me.PaintPicture pic, x, y, pic.Width, pic.Height

End Sub
```

（4）在窗体 Form1 的代码窗口中编写 Unload 事件过程，代码如下：

```
Private Sub Form_Unload(Cancel As Integer)
    Dim choice As Integer
    choice = MsgBox("确实要退出程序吗？", vbQuestion + vbOKCancel, "温馨提示")
    If choice = vbCancel Then
        Cancel = True
    End If
End Sub
```

（5）将窗体文件保存为 Form03-02.frm，工程文件保存为工程 03-02.vbp。

程序测试

（1）按下 F5 键，以运行程序，在窗口中央显示一幅图片。

（2）通过拖动程序窗口的边框或角来调整窗口的大小，此时可以看到图片一直保持在窗口的中央。

（3）单击窗口右上角的关闭按钮，此时将弹出一个对话框。如果单击 "确定" 按钮，则退出程序；如果单击 "取消" 按钮，则返回程序。

相关知识

1. 窗体的 ScaleHeight 和 ScaleWidth 属性

窗体的 ScaleHeight 和 ScaleWidth 属性分别用来返回窗体内部的宽度和高度。这两个属性在程序设计时是不可用的，并且在程序运行时是只读的。

ScaleWidth 和 ScaleHeight 属性给出窗体的内部尺寸，不包括边框厚度及菜单或标题等高度。而窗体的尺寸则由 Width 和 Height 属性决定。

窗体是控件的容器，控件在窗体上的位置坐标可以由其 Top 和 Left 属性决定。控件的宽度和高度则由 Width 和 Height 属性决定。

2. 窗体的 Resize、Unload 和 QueryUnload 事件

窗体的 Resize 事件发生在窗体首次显示或改变窗体大小时，Unload 和 QueryUnload 事件则发生在卸载窗体时。

1）Resize 事件

当窗体第一次显示或窗体的外观尺寸被改变时发生 Resize 事件，语法格式如下：

```
Private Sub Form_Resize()
```

当窗体调整大小时，可以使用 Resize 事件过程来移动控件或调整其大小。也可以使用此事件过程来重新计算一些变量或属性（如 ScaleHeight 和 ScaleWidth 属性等），它们取决于该窗体的尺寸。

2）Unload 事件

当窗体从内存中卸载时发生 Unload 事件。当窗体被加载时，它的所有控件的内容均被重新初始化。当使用控制菜单中的关闭命令、关闭按钮或 Unload 语句关闭该窗体时，此事件被触发，语法格式如下：

```
Private Sub Form_Unload(Cancel As Integer)
```

其中，参数 Cancel 为整数，其默认值为 0，用来确定窗体是否卸载。如果 Cancel 为 0，则窗体被卸载。将 Cancel 设置为任何一个非零的值可以防止窗体被删除。

通过将参数 Cancel 设置为任何非零的值可以防止窗体被删除，但是不能阻止其他事件发生，如从 Windows 操作环境中退出等。在任务 3.2 中，利用 Unload 事件的这一特性来实现在关闭程序时提示确认关闭操作。

3）QueryUnload 事件

在一个窗体或应用程序关闭之前发生 QueryUnload 事件，语法格式如下：

```
Private Sub Form_QueryUnload(Cancel As Integer, UnloadMode As Integer)
```

其中，参数 Cancel 是一个整数。如果将此参数设定为除 0 以外的任何值，则可以在所有已经装载的窗体中停止 QueryUnload 事件，并阻止该窗体和应用程序的关闭。UnloadMode 是一个整数值或一个常数，它用于指定引起 QueryUnload 事件的原因。UnloadMode 参数的返回值如表 3.3 所示。

表 3.3　UnloadMode 参数的返回值

常　　数	数　　值	描　　述
vbFormControlMenu	0	用户从窗体上的"控件"菜单中选择"关闭"命令
vbFormCode	1	Unload 语句被代码调用
vbAppWindows	2	当前 Microsoft Windows 操作环境会话结束
vbAppTaskManager	3	Microsoft Windows 任务管理器正在关闭应用程序
vbFormMDIForm	4	MDI 子窗体正在关闭，因为 MDI 窗体正在关闭
vbFormOwner	5	因为窗体的所有者正在关闭，所以窗体也在关闭

QueryUnload 事件的典型用法是在关闭一个应用程序之前用来确保包含在该应用程序中的窗体中没有未完成的任务。例如，如果还没有保存某一窗体中的新数据，则应用程序会提示保存该数据。

当关闭一个应用程序时，可以使用 QueryUnload 或 Unload 事件过程将 Cancel 属性设置为 True 来阻止关闭过程。当关闭窗体对象时，QueryUnload 事件先于 Unload 事件发生。

3．Picture 对象

Picture 对象可以用于将各种图片赋值给具有 Picture 属性的对象。声明 Picture 对象的语法格式如下：

```
Dim pic As Picture
```

在声明 Picture 对象后，可以使用 LoadPicture 函数将指定图片文件中的内容加载到该对象中。例如，在任务 3.2 中就是这样处理的，代码如下：

```
Set pic = LoadPicture(App.Path & "\风景.jpg")
```

其中，关键字 App 表示一个全局对象，通过它可以指定如下信息：应用程序的标题、版本信息、可执行文件和帮助文件的路径及名称，以及是否运行前一个应用程序的示例。App.Path 属性表示可执行文件的路径。

4．PaintPicture 方法

PaintPicture 方法可以用来在窗体（Form）、图片框（PictureBox）或打印机（Printer）上绘制图片文件中的内容。基本语法格式如下：

```
object.PaintPicture picture, x1, y1, width1, height1
```

其中，参数 object 是一个对象表达式，其值为窗体、图片框或打印机对象。如果省略 object，则默认为带有焦点的窗体对象。picture 用于指定要绘制的图片的来源。x1 和 y1 均为单精度值，用于指定要绘制的图片的坐标。width1 和 height1 均为单精度值，用于指定图片的目标宽度和目标高度。

5．用 MsgBox 函数显示消息框

调用 MsgBox 函数可以弹出一个对话框来显示消息，此时将等待用户单击按钮，并返回一个整数告诉用户单击的是哪个按钮。任务 3.2 中调用 MsgBox 函数传递了 3 个参数，代码如下：

```
choice = MsgBox("确实要退出程序吗？", vbQuestion + vbOKCancel, "温馨提示")
```

其中，第一个参数用于指定要显示在对话框中的消息；第二个参数用于指定在对话框中显示的图标样式、按钮的数目和形式，上述语句用于指定显示"确定"按钮、"取消"按钮和问号图标；第三个参数给出在对话框标题栏中显示的字符串。如果用户单击"确定"按钮，则 MsgBox 函数返回整数 vbOK（1）；如果用户单击"取消"按钮，则 MsgBox 函数返回整数 vbCancel（2）。

任务 3.3　使用鼠标在窗体上绘制图形

在本任务中，将创建一个简单的绘画程序。在程序运行时，可以通过拖动鼠标左键在窗体上连续画线，当释放鼠标左键时则停止画线，如图 3.5 所示；如果单击鼠标右键，则可以从上次画图位置出发画一条线段，如图 3.6 所示。

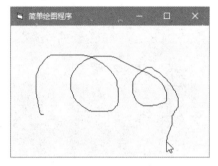
图 3.5　画任意线条

图 3.6　画连续直线

093

任务目标

● 掌握窗体的 Line 方法。
● 掌握窗体的各种鼠标事件。

任务分析

如果想要使用鼠标在窗体上绘制图形，则需要声明一些窗体级变量，用于保存在窗体上画线时的鼠标坐标。有了这些窗体级变量，无论在哪一个鼠标事件过程中，都可以获得鼠标的当前位置坐标。使用窗体的鼠标事件 MouseMove 和 MouseDown 可以完成连续画线，使用窗体的鼠标事件 MouseUp 可以结束画线，使用窗体的鼠标事件 MouseDown 和 MouseMove 可以实现从上次画图位置出发画一条线段。

任务实施

（1）在 Visual Basic 6.0 集成开发环境中创建一个标准 EXE 工程。

（2）把窗体 Form1 调整到所需大小，将其 Caption 属性值设置为"简单绘图程序"。

（3）在窗体 Form1 的代码窗口中编写以下代码：

```
'声明窗体级变量
Private mouseBX As Integer, mouseEX As Integer          '用于保存鼠标指针位置
Private mouseBY As Integer, mouseEY As Integer
Private NYcrw As Boolean                                '用于判断是否开始画线
```

（4）在窗体 Form1 的代码窗口中编写该窗体的 DblClick 事件过程，代码如下：

```
Private Sub Form_DblClick()
    Me.Cls                              '当双击窗体时清除窗体中的内容
End Sub
```

（5）在窗体 Form1 的代码窗口中编写该窗体的 Load 事件过程，代码如下：

```
Private Sub Form_Load()
    NYcrw = False                       '将画线状态设置为 False
End Sub
```

（6）在窗体 Form1 的代码窗口中编写该窗体的 MouseDown 事件过程，代码如下：

```
'当按下鼠标按钮时执行以下事件过程
Private Sub Form_MouseDown(Button As Integer, Shift As Integer, X As Single,
Y As Single)
    '按下鼠标左键开始连续画线
    If Button = 1 Then
        mouseBX = X
        mouseBY = Y
        NYcrw = True
    End If

    '按下鼠标右键画直线
    If Button = 2 Then
        Form1.Line -(X, Y)
    End If
End Sub
```

（7）在窗体 Form1 的代码窗口中编写该窗体的 MouseMove 事件过程，代码如下。

```
'当在窗体上移动鼠标时执行以下事件过程
Private Sub Form_MouseMove(Button As Integer, Shift As Integer, X As Single,
Y As Single)
    '当画线状态为 True 时，开始连续画线
    If NYcrw = True Then
        Form1.Line (mouseBX, mouseBY)-(X, Y)
        mouseBX = X
        mouseBY = Y
    End If
End Sub

'当释放鼠标按钮时执行以下事件过程
Private Sub Form_MouseUp(Button As Integer, Shift As Integer, X As Single, Y
As Single)
```

```
        NYcrw = False
End Sub
```

（8）将窗体文件保存为 Form03-03.frm，工程文件保存为工程 03-03.vbp。

程序测试

（1）按下 F5 键，以运行程序。

（2）通过拖动鼠标左键连续画线，当释放鼠标左键时停止画线.

（3）通过单击鼠标右键，可以从上次画图位置出发画一条线段。

（4）双击鼠标左键，清除当前窗体中的内容。

相关知识

1. 窗体的 MouseDown、MouseUp 和 MouseMove 事件

窗体的 MouseDown 和 MouseUp 事件是当按下（MouseDown）或释放（MouseUp）鼠标按钮时发生的事件，语法格式如下：

```
    Private Sub Form_MouseDown(Button As Integer, Shift As Integer, X As Single,
Y As Single)
    Private Sub Form_MouseUp(Button As Integer, Shift As Integer, X As Single, Y
As Single)
```

MouseMove 事件是当鼠标指针在屏幕上移动时发生的事件。当鼠标指针处在窗体和控件的边框内时，窗体和控件均能识别 MouseMove 事件，语法格式如下：

```
    Private Sub Form MouseMove(Button As Integer, Shift As Integer, X As Single,
Y As Single)
```

在上述鼠标事件过程中，参数 Button 返回一个整数，用来标识该事件的产生是按下（MouseDown）或释放（MouseUp）哪个按钮引起的。参数 Button 的值可以是 1、2 和 4，分别对应鼠标的左按钮、右按钮及中间按钮。

参数 Shift 返回一个整数，在参数 Button 指定的按钮被按下或被释放的情况下，该整数响应 Shift、Ctrl 和 Alt 键的状态。参数 Shift 的值可以是 1、2 和 4，分别代表 Shift、Ctrl 和 Alt 键被按下，参数 Shift 用于指定这些键的状态。这些键也可以组合按下。例如，如果 Ctrl 和 Alt 键都被按下，则 Shift 的值就是 6。

参数 X 和 Y 返回一个指定鼠标指针当前位置的数。

MouseDown 和 MouseUp 事件不同于 Click 和 DblClick 事件，鼠标事件被用来识别和响应各种鼠标状态，并把这些状态看作独立的事件。在按下鼠标按钮并释放时，Click 事件只能把此过程识别为一个单一的操作——单击操作，而 MouseDown 和 MouseUp 事件则能够区分出鼠标的左按钮、右按钮和中间按钮。也可以为使用 Shift、Ctrl 和 Alt 等键编写用于鼠标加键盘组

合操作的代码。这是 Click 和 DblClick 事件做不到的。

MouseDown 事件是 3 种鼠标事件中最常用的事件。例如，在程序运行时可以使用它来调整控件在窗体上的位置，也可以使用它来实现某些图形效果，在按下鼠标按钮时就可以触发此事件。在任务 3.3 中，就是使用 MouseDown 事件和 Line 方法来实现绘图的。

关于 MouseMove 事件。当鼠标指针移过屏幕时需要调用多少次 MouseMove 事件？换句话说，当鼠标指针由屏幕顶端移动到底端时将经过多少个位置？实际上并不是对鼠标指针经过的每个像素，Visual Basic 都会生成 MouseMove 事件。操作环境每秒生成有限多个鼠标消息。

为了看到实际上有多少次识别 MouseMove 事件，可以使用下述代码在每次识别 MouseMove 事件之处，应用程序都绘制一个小圆圈。

```
Private Sub Form_MouseMove(Button As Integer, Shift As Integer, X As Single, Y As Single)
    Line -(X, Y)
    Circle (X, Y), 100
End Sub
```

运行结果如图 3.7 所示。

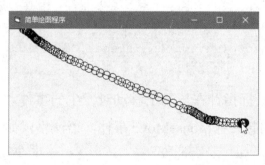

图 3.7　MouseMove 事件发生位置演示

通过测试可以知道，鼠标指针移动越快，则在任何两点之间所能识别的 MouseMove 事件越少。如果有很多圆圈挤在一起，则表明鼠标指针在这个位置移动缓慢。应用程序能够迅速识别大量的 MouseMove 事件。因此，一个 MouseMove 事件过程不应去做那些需要大量计算的工作。

2. 窗体的 Line 方法

Line 方法用于在窗体上画直线和矩形，语法格式如下：

```
窗体名.Line(x1, y1) - (x2, y2), [颜色],[B][F]
```

其中，参数(x1,y1)是可选的，其数据类型为 Single，用于指定直线或矩形的起点坐标。如果省略该参数，则线起始于由 CurrentX 和 CurrentY 属性值指定的位置。

参数(x2, y2)是必需的，其数据类型为 Single，用于指定直线或矩形的终点坐标。

参数 color 是可选的，其数据类型为 Long，在画线时使用 RGB 颜色。如果省略该参数，则使用 ForeColor 属性值。可以使用 RGB 函数或 QBColor 函数指定颜色。

B 选项是可选的。如果包括，则利用对角坐标画出矩形。

F 选项是可选的。如果使用了 B 选项，则 F 选项规定矩形以矩形边框的颜色填充。不能不使用 B 选项而使用 F 选项。如果不使用 F 选项只使用 B 选项，则矩形使用当前的 FillColor 和 FillStyle 填充。FillStyle 的默认值为 transparent。

在画连接的线时，前一条线的终点就是后一条线的起点。线的宽度取决于 DrawWidth 属性值。在背景上画线和矩形的方法取决于 DrawMode 和 DrawStyle 属性值。当执行 Line 方法时，CurrentX 和 CurrentY 属性值被参数设置为终点。

任务 3.4　设计键盘按键代码测试程序

在本任务中，将创建一个键盘按键代码测试程序。在程序运行期间，当用户在键盘上按下任意一个键时，将在窗体上显示出该键的代码和相应的字符并显示 Shift、Ctrl 和 Alt 键的状态；当按下 Esc 键时，则退出程序。程序运行结果如图 3.8 所示。

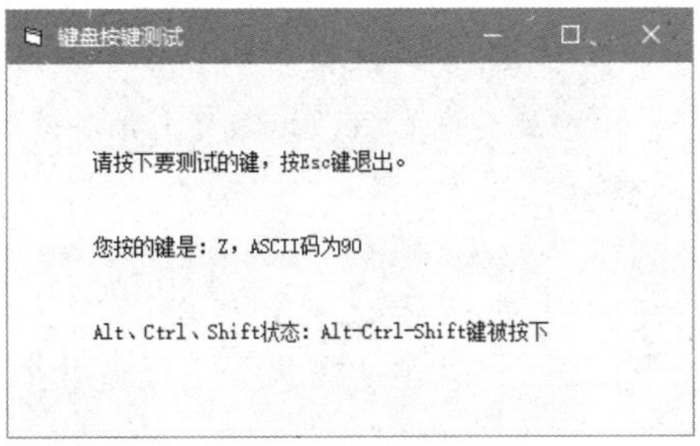

图 3.8　键盘按键代码测试程序运行结果

任务目标

● 理解窗体的 KeyPreview 属性。

● 掌握窗体的各种键盘事件。

任务分析

在程序设计过程中，获取相关按键的信息将有助于使用键盘来控制程序的运行。如果想要获取某个按键的代码和相关信息，则需要用到窗体对象的 3 个键盘事件，即 KeyDown、KeyUp 和 KeyPress 事件。利用每个事件响应不同的按键，以获得所有键盘按键的事件响应，并通过标签控件来显示相关按键的信息。

任务实施

（1）在 Visual Basic 6.0 集成开发环境中创建一个标准 EXE 工程。

（2）把窗体 Form1 调整到所需大小，将该窗体的 Caption 属性值设置为"键盘按键测试"，并将其 KeyPreview 属性值设置为 True。

（3）在窗体 Form1 上添加 3 个标签控件 Label1、Label2 和 Label3，把它们调整到合适的位置和大小，然后对它们的 Caption 属性值进行设置。

（4）在窗体 Form1 的代码窗口中编写窗体的 KeyPress 事件过程，代码如下：

```
Private Sub Form_KeyPress(KeyAscii As Integer)
    '判断是否按下了 Esc 键，若是，则结束程序
```

```
        If KeyAscii = vbKeyEscape Then
            Unload Me
        Else
            '否则，在标签 Label2 中显示所按键的字符和代码
            Label2.Caption = "您按的键是：" & Chr(KeyAscii) & "，ASCII 码为" & KeyAscii
        End If
    End Sub
```

（5）在窗体 Form1 的代码窗口中编写该窗体的 **KeyDown** 事件过程，代码如下：

```
Private Sub Form_KeyDown(KeyCode As Integer, Shift As Integer)
    '通过参数 Shift 的值来判断 Shift、Ctrl 和 Alt 键是否被按下
    Select Case Shift
        Case 1
            Label3.Caption = "Alt、Ctrl、Shift 状态：" & "Shift 键被按下"
        Case 2
            Label3.Caption = "Alt、Ctrl、Shift 状态：" & "Ctrl 键被按下"
        Case 3
            Label3.Caption = "Alt、Ctrl、Shift 状态：" & "Ctrl-Shift 键被按下"
        Case 4
            Label3.Caption = "Alt、Ctrl、Shift 状态：" & "Alt 键被按下"
        Case 5
            Label3.Caption = "Alt、Ctrl、Shift 状态：" & "Alt-Shift 键被按下"
        Case 6
            Label3.Caption = "Alt、Ctrl、Shift 状态：" & "Alt-Ctrl 键被按下"
        Case 7
            Label3.Caption = "Alt、Ctrl、Shift 状态：" & "Alt-Ctrl-Shift 键被按下"
        Case Else
            Label3.Caption = "Alt、Ctrl、Shift 状态：未按"
    End Select
End Sub
```

（6）在窗体 Form1 的代码窗口中编写该窗体的 **KeyUp** 事件过程，代码如下：

```
Private Sub Form_KeyUp(KeyCode As Integer, Shift As Integer)
    Form_KeyDown KeyCode, Shift
End Sub
```

（7）将窗体文件保存为 Form03-04.frm，工程文件保存为工程 03-04.vbp。

程序测试

（1）按下 **F5** 键，以运行程序，然后在键盘上按下任意键，此时窗体的中部标签显示所按键的字符和对应的代码。

（2）当按下键盘上的 **Shift**、**Ctrl** 和 **Alt** 键时，下方标签显示按下的具体键名，松开按键后显示"**Alt**、**Ctrl**、**Shift** 状态：未按"。

（3）单击程序窗口右上角的关闭按钮或按下 **Esc** 键，以结束程序运行。

相关知识

1. 窗体的 KeyPreview 属性

窗体的 KeyPreview 属性用来返回或设置一个值，以决定是否在控件的键盘事件之前激活窗体的键盘事件，这些键盘事件包括 KeyDown、KeyUp 和 KeyPress 事件。KeyPreview 属性可以在程序设计阶段通过属性窗口进行设置，在任务 3.4 中就是采用了这种方法。也可以在程序运行阶段通过代码来改变设置，语法格式如下：

```
窗体名.KeyPreview = boolean
```

其中，boolean 为布尔表达式，用于指定如何接收事件。如果设置为 True，则窗体首先接收键盘事件，然后是活动控件接收事件；如果设置为 False（默认值），则活动控件接收键盘事件，而窗体不接收键盘事件。

使用 KeyPreview 属性可以生成窗体的键盘事件处理程序。例如，当应用程序利用功能键时，需要在窗体级处理击键事件，而不是为每个可以接收击键事件的控件编写程序。

如果窗体中没有可见和有效的控件，则它将自动接收所有键盘事件。

当想要在窗体级处理键盘事件而不允许控件接收键盘事件时，可以在窗体的 KeyPress 事件中设置参数 KeyAscii 为 0，在窗体的 KeyDown 事件中设置参数 KeyCode 为 0。

需要注意的是，一些控件能够拦截键盘事件，导致窗体不能接收它们。例如，当命令按钮控件有焦点时的 Enter 键及焦点在列表框控件上时的方向键。

2. 窗体的 KeyPress 事件

KeyPress 事件是当用户按下和松开一个 ANSI 键时发生的（ANSI 是可见的字符，对应的 ASCII 码为 1~127），语法格式如下：

```
Private Sub Form_KeyPress(KeyAscii As Integer)
```

其中，参数 KeyAscii 是返回一个标准数字 ANSI 键代码的整数。

具有焦点的对象接收该事件。一个窗体仅在 KeyPreview 属性被设置为 True 时才能接收该事件。一个 KeyPress 事件可以引用任何可以打印的键盘字符、一个来自标准字母表的字符或少数几个特殊字符之一的字符与 Ctrl 键的组合，以及 Enter 或 Backspace 键。KeyPress 事件过程在截取击键时，可以立即测试击键的有效性或在字符输入时对其进行格式处理。在任务 3.4 中，通过 Chr(KeyAscii)函数将 KeyPress 事件获得的标准数字 ANSI 键代码转变成可以显示的字符并在标签中显示。

3. 窗体的 KeyUp 和 KeyDown 事件

KeyPress 事件处理不了的功能可以由 KeyDown 和 KeyUp 事件来处理，这些事件是当一个对象具有焦点时按下（KeyDown）或松开（KeyUp）一个键时发生的，语法格式如下：

```
Private Sub object_KeyDown(KeyCode As Integer, shift As Integer)
```

```
Private Sub object_KeyUp(KeyCode As Integer, shift As Integer)
```

其中，KeyCode 是一个键代码，如 vbKeyF1（F1 键）或 vbKeyHome（Home 键）；参数 Shift 是在该事件发生时响应 Shift、Ctrl 和 Alt 键的状态的一个整数。Shift、Ctrl 和 Alt 键在这些位分别对应值 1、2 和 4。例如，如果 Ctrl 和 Alt 键都被按下，则 Shift 的值为 6。

对于这两个事件来说，带焦点的对象都接收所有击键。一个窗体只有在不具有可视的和有效的控件时才可以获得焦点。KeyDown 和 KeyUp 事件可以应用于大多数键，通常应用于扩展的字符键，如功能键、定位键、键盘修饰键和按键的组合、区别数字小键盘和常规数字键；在需要对按下和松开一个键都响应时，可以使用 KeyDown 和 KeyUp 事件过程。

在下列情况下，不能引用 KeyDown 和 KeyUp 事件：当窗体有一个命令按钮控件且 Default 属性值被设置为 True 时的 Enter 键；当窗体有一个命令按钮控件且 Cancel 属性值被设置为 True 时的 Esc 键和 Tab 键。

任务 3.5 创建输入框和消息框

在本任务中，将创建一个应用程序。当运行程序时，首先弹出一个输入框提示输入用户名，如图 3.9 所示。在输入用户名并单击"确定"按钮后，在窗体上显示对用户的欢迎信息，如图 3.10 所示。当关闭窗口时将弹出一个消息框，如果单击"确定"按钮，则退出程序；如果单击"取消"按钮，则返回窗口，如图 3.11 所示。

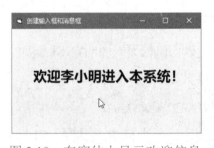

图 3.9 通过输入框输入用户名　　图 3.10 在窗体上显示欢迎信息　　图 3.11 弹出消息框

任务目标

- 掌握使用 InputBox 函数创建输入框的方法。
- 掌握使用 MsgBox 函数创建消息框的方法。
- 掌握窗体的 Activate 事件的应用。

任务分析

如果想要实现这个任务的目标，则需要在程序窗体被激活以前通过 Load 事件过程调用 InputBox 函数来获取用户输入的信息；在得到用户信息后，可以使用窗体的 Activate 事件在窗体激活时对该用户显示欢迎信息。

任务实施

（1）在 Visual Basic 6.0 集成开发环境中创建一个标准 EXE 工程。

（2）把窗体 Form1 调整到所需大小，将其 Caption 属性值设置为"创建输入框和消息框"。

（3）在窗体 Form1 的代码窗口中声明一个窗体级变量，代码如下：

```
Private Username As String
```

（4）在窗体 Form1 的代码窗口中编写该窗体的 Activate 事件过程，代码如下：

```
'当激活窗口时执行以下事件过程
Private Sub Form_Activate()
   Print: Print
   Print Tab(4); "欢迎" & Username & "进入本系统！"
End Sub
```

（5）在窗体 Form1 的代码窗口中编写该窗体的 Load 事件过程，代码如下：

```
'当加载窗体时执行以下事件过程
Private Sub Form_Load()
   Me.FontSize = 20
    '将 InputBox 函数的返回值赋给变量 Username
   Username = InputBox("请输入您的尊姓大名：", "欢迎光临")
End Sub
```

（6）在窗体 Form1 的代码窗口中编写该窗体的 Unload 事件过程，代码如下：

```
'当卸载窗体时执行以下事件过程
Private Sub Form_Unload(Cancel As Integer)
   Dim Choice As Integer
   Choice = MsgBox("您确实要关闭窗口吗？", vbQuestion + vbOKCancel, "温馨提示")
   If Choice = vbCancel Then
     Cancel = True          '不卸载窗体
   End If
End Sub
```

（7）将窗体文件保存为 Form03-05.frm，工程文件保存为工程 03-05.vbp。

程序测试

（1）按下 F5 键，以运行程序。

（2）当出现消息框提示"请输入您的尊姓大名："时，输入用户名并单击"确定"按钮。

（3）此时出现程序主画面，并在窗体上显示"欢迎 XXX 进入本系统！"。

（4）当单击窗口右上角的关闭按钮时，将弹出一个消息框，如果单击"确定"按钮则结束程序，如果单击"取消"按钮则继续程序的运行。

✎ 相关知识

1. 窗体的 Activate 事件

当一个窗体成为活动窗体时发生窗体的 Activate 事件，语法格式如下：

```
Private 窗体名_Activate()
```

一个对象通过用户单击，或使用代码中的 Show 和 SetFocus 方法等操作而变成活动的。Activate 事件仅当一个对象可见时才发生。

窗体的 Load 事件和 Activate 事件的区别。当程序载入（Load）一个窗体的 Visible 属性值为 False 的窗体时不产生 Activate 事件，只有当使用 Show 方法将该窗体的 Visible 属性值设置为 True 时才产生 Activate 事件。Load 事件在 Activate 事件之前发生，Load 事件在看不到窗体时就已经发生了，一般是对窗体进行初始化；而 Activate 事件是看到窗体时（当前窗体）才发生。

2. 用户对话框

在设计基于 Windows 的应用程序时，对话框用来提示用户应用程序继续运行所需的数据或向用户显示信息。对话框是一种特殊类型的窗体对象。创建对话框有以下 3 种方法。

- 使用 MsgBox 或 InputBox 函数的代码可以创建预定义对话框。
- 使用标准窗体或自定义已经存在的对话框创建自定义对话框。
- 使用 CommonDialog 控件可以创建标准对话框，如"打印"对话框和"打开文件"对话框等。

由于大多数对话框需要用户的交互作用，因此通常显示为模态对话框。在继续使用应用程序的其他部分以前，必须关闭（隐藏或卸载）模态对话框。例如，若在切换到其他窗体或其他对话框前必须单击"确定"或"取消"按钮，则这个对话框就是模态对话框。

非模态对话框不需要关闭就可以使焦点在该对话框和其他窗体之间移动。当对话框显示时，可以在当前应用程序的其他地方继续工作。非模态对话框很少；通常因为应用程序继续前需要响应才显示对话框。Visual Basic 中"编辑"下拉菜单中的"查找"对话框就是一个非模态对话框。使用非模态对话框显示常用的命令或信息。在任务 3.5 中介绍的是创建对话框的第一种方式。

3. MsgBox 函数

MsgBox 函数用来在对话框中显示消息，等待用户单击按钮，并返回一个整数表明用户单击了哪一个按钮，语法格式如下：

```
MsgBox(prompt[, buttons][, title][, helpfile, context])
```

其中，参数 prompt 是必需的，它是一个字符串表达式，用于指定显示在对话框中的消息。该参数的最大长度为 1024 个字符，由所用字符的宽度决定。如果该参数的内容超过一行，则可以在各行之间使用回车符（Chr(13)）、换行符（Chr(10)）或回车符与换行符的组合（Chr(13)

& Chr(10)）将各行分隔开。

参数 buttons 是可选的，该参数为数值表达式，是一些数值的总和，用于指定显示的按钮的数目及形式、使用的图标样式、默认按钮及消息框的强制回应等。如果省略参数 buttons，则其默认值为 0。参数 buttons 的设置值如表 3.3 所示。

表 3.3　参数 buttons 的设置值

符 号 常 量	数 值	描 述
vbOKOnly	0	只显示"确定"按钮
vbOKCancel	1	显示"确定"和"取消"按钮
vbAbortRetryIgnore	2	显示"终止"、"重试"和"忽略"按钮
vbYesNoCancel	3	显示"是"、"否"和"取消"按钮
vbYesNo	4	显示"是"和"否"按钮
vbRetryCancel	5	显示"重试"和"取消"按钮
vbCritical	16	显示 Critical Message 图标
vbQuestion	32	显示 Warning Query 图标
vbExclamation	48	显示 Warning Message 图标
vbInformation	64	显示 Information Message 图标
vbDefaultButton1	0	第一个按钮是默认按钮
vbDefaultButton2	256	第二个按钮是默认按钮
vbDefaultButton3	512	第三个按钮是默认按钮

参数 title 是可选的，用于指定在对话框标题栏中显示的字符串表达式。如果省略参数 title，则将应用程序名放入对话框标题栏中。

参数 helpfile 是可选的，该参数为字符串表达式，用来识别向对话框提供上下文相关帮助的帮助文件。如果提供了参数 helpfile，则必须提供参数 context。

参数 context 是可选的，该参数为数值表达式，由帮助文件的作者指定给某个帮助主题的帮助上下文编号。如果提供了参数 context，则必须提供参数 helpfile。

当提供参数 helpfile 与参数 context 时，用户可以按下 F1 键来查看与参数 context 相应的帮助主题，此时会在对话框中添加一个"帮助"按钮。

MsgBox 函数的返回值如表 3.4 所示。

表 3.4　Msgbox 函数的返回值

常 数	数 值	返回的按钮
vbOK	1	OK（"确定"）
vbCancel	2	Cancel（"取消"）
vbAbort	3	Abort（"放弃"）
vbRetry	4	Retry（"重试"）
vbIgnore	5	Ignore（"忽略"）
vbYes	6	Yes（"是"）
vbNo	7	No（"否"）

如果对话框显示"取消"按钮，则按下 Esc 键的效果与单击"取消"按钮的效果相同。如

果对话框中有"帮助"按钮，则对话框中提供与上下文相关的帮助。但是，直到其他按钮中有一个被单击之前，都不会返回任何值。

如果还要指定第一个命名参数以外的参数，则必须在表达式中使用 MsgBox 函数。为了省略某些位置参数，必须加入相应的逗号分隔符。

4. InputBox 函数

InputBox 函数用来在一个对话框中显示提示，等待用户输入文本或按下按钮，并返回包含文本框内容的字符串，语法格式如下：

```
InputBox(prompt[,title][,default][,xpos][,ypos][,helpfile,context])
```

其中，参数 prompt 是必需的，用于指定作为对话框消息出现的字符串表达式。参数 prompt 的最大长度是 1024 个字符，由所用字符的宽度决定。如果参数 prompt 包含多个行，则可以在各行之间使用回车符（Chr(13)）、换行符（Chr(10)）或回车符与换行符的组合（Chr(13) & Chr(10)）将各行分隔开。

参数 title 是可选的，用于指定显示在对话框标题栏中的字符串表达式。如果省略参数 title，则将应用程序名放入对话框标题栏中。

参数 default 是可选的，用于指定显示文本框中的字符串表达式，在没有其他输入时作为默认值。如果省略参数 default，则文本框为空。

参数 xpos 是可选的，该参数为数值表达式，与参数 ypos 一起成对出现，用于指定对话框的左边与屏幕左边的水平距离。如果省略参数 xpos，则对话框会在水平方向居中。

参数 ypos 是可选的，该参数为数值表达式，与参数 xpos 一起成对出现，用于指定对话框的上边与屏幕上边的垂直距离。如果省略参数 ypos，则对话框被放置在屏幕垂直方向距下边大约三分之一处。

参数 helpfile 是可选的，该参数为字符串表达式，用来识别为对话框提供上下文相关帮助的帮助文件。如果已经提供参数 helpfile，则必须提供参数 context。

参数 context 是可选的，该参数为数值表达式，由帮助文件的作者指定给某个帮助主题的帮助上下文编号。如果已经提供了参数 context，则必须提供参数 helpfile。

如果用户单击"确定"按钮或按下 Enter 键，则 InputBox 函数返回文本框中的内容。如果用户单击"取消"按钮，则此函数返回一个长度为零的字符串（""）。

如果还要指定第一个命名参数以外的参数，则必须在表达式中使用 InputBox 函数。如果想要省略某些位置参数，则必须加入相应的逗号分隔符。

任务 3.6　创建 Windows 通用对话框

在本任务中，将创建一个应用程序，用于演示各种 Windows 通用对话框的创建和使用。

当程序运行时，通过单击"设置图标"按钮可以显示"打开"对话框，选择图标文件后将改变窗体标题栏上的图标，并在窗体上显示图标文件的路径，如图 3.12 所示。通过单击"设置颜色"按钮可以打开"颜色"对话框，然后使用所选取的颜色改变窗体上文本的颜色，如图 3.13 所示。通过单击"设置字体"按钮可以打开"字体"对话框，可以用来设置窗体上文本的字体、样式、大小及颜色，如图 3.14 所示。

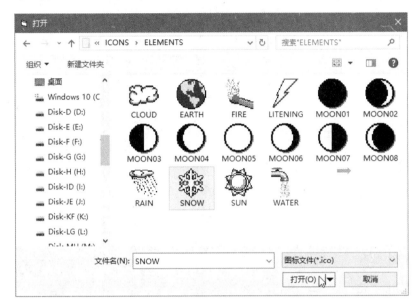

图 3.12　设置窗体的图标

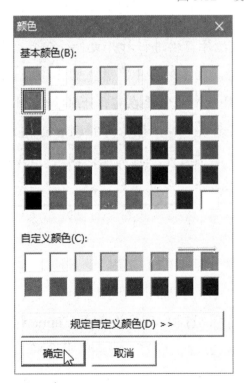

图 3.13　设置窗体上文本的颜色

图 3.14　设置窗体上文本的字体

任务目标

- 掌握添加 CommonDialog 控件的方法。
- 理解 CommonDialog 控件的常用属性。
- 掌握 CommonDialog 控件的常用方法。

任务分析

CommonDialog 控件就是通用对话框控件，该控件提供进行打开文件、保存文件、设置打印选项、选择颜色和字体等操作的一组标准对话框。在本任务中，首先需要将 CommonDialog 控件添加到工具箱窗口中。除 CommonDialog 控件外，还需要在窗体上添加 3 个命令按钮控件，通过单击这些按钮来显示相关对话框。想要显示某个对话框，调用 CommonDialog 控件的相应方法即可。例如，调用 ShowOpen 方法可以显示"打开"对话框；调用 ShowFont 方法可以显示"字体"对话框；调用 ShowColor 方法可以显示"颜色"对话框。

任务实施

（1）在 Visual Basic 6.0 集成开发环境中创建一个标准 EXE 工程。

（2）将窗体 Form1 的 Caption 属性值设置为"通用对话框应用示例"。

（3）在窗体上添加一个标签控件 Label1，调整其位置和大小，并将其 Caption 属性值清空。

（4）向工具箱窗口中添加 CommonDialog 控件。从"工程"下拉菜单中选择"部件"命令，在弹出的"部件"对话框的"控件"选项卡中勾选"Microsoft Common Dialog Control 6.0 (SP6)"复选框，将该控件添加到工具箱窗口中，如图 3.15 所示。

（5）在工具箱窗口中双击 CommonDialog 控件图标，在窗体 Form1 上添加一个 CommonDialog 控件，其名称默认为 CommonDialog1，控件大小自动调整。

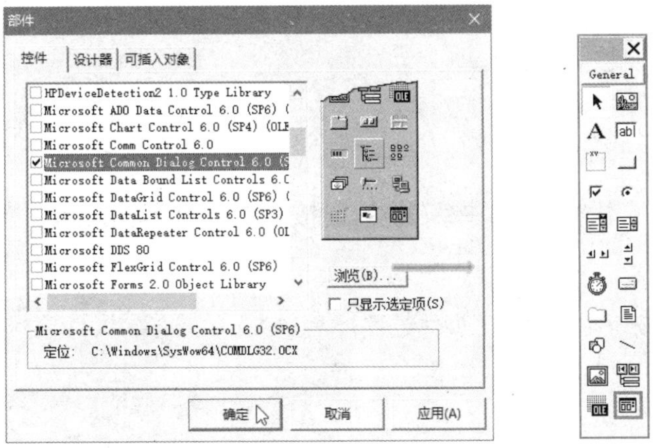

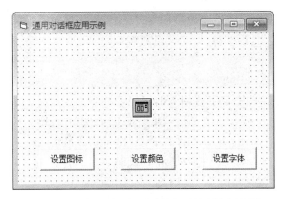

图 3.15　向工具箱窗口中添加 CommonDialog 控件

（6）在工具箱窗口中单击 CommandButton 控件图标，在窗体 Form1 上拖动鼠标以添加 3 个命令按钮控件，它们的名称分别为 Command1、Command2 和 Command3，调整控件位置及大小；在属性窗口中将它们的 Caption 属性值分别设置为"设置图标"、"设置颜色"和"设置字体"。

至此，应用程序用户界面的设计已经完成，效果如图 3.16 所示。

图 3.16　应用程序用户界面的设计效果

（7）在窗体 Form1 的代码窗口中编写命令按钮控件 Command1 的 Click 事件过程，代码如下：

```
'当单击"设置图标"按钮时执行以下事件过程
Private Sub Command1_Click()
  On Error GoTo nofile
  CommonDialog1.InitDir = "c:\"
  CommonDialog1.Filter = "图标文件(*.ico)|*.ico"
  CommonDialog1.CancelError = True

  CommonDialog1.ShowOpen
  Label1.Caption = Form1.CommonDialog1.FileName
  Form1.Icon = LoadPicture(CommonDialog1.FileName)
  Exit Sub
nofile:
  If Err.Number = 32755 Then
    Label1.Caption = "放弃操作"
```

```
      Else
         Label1.Caption = "其他错误"
      End If
   End Sub
```

（8）在窗体 Form1 的代码窗口中编写命令按钮控件 Command2 的 Click 事件过程，代码如下：

```
'当单击"设置颜色"按钮时执行以下事件过程
Private Sub Command2_Click()
   On Error GoTo nocolor
   CommonDialog1.CancelError = True
   CommonDialog1.ShowColor
   Label1.ForeColor = CommonDialog1.Color
nocolor:
End Sub
```

（9）在窗体 Form1 的代码窗口中编写命令按钮控件 Command3 的 Click 事件过程，代码如下：

```
'当单击"设置字体"按钮时执行以下事件过程
Private Sub Command3_Click()
   On Error GoTo nofont
   CommonDialog1.CancelError = True
   '设置 CommonDialog 控件中与字体相关的属性
   CommonDialog1.Flags = cdlCFEffects Or cdlCFBoth
   CommonDialog1.FontName = Label1.FontName
   CommonDialog1.FontSize = Label1.FontSize
   CommonDialog1.FontBold = Label1.FontBold
   CommonDialog1.FontStrikethru = Label1.FontStrikethru
   CommonDialog1.FontUnderline = Label1.FontUnderline
   CommonDialog1.FontItalic = Label1.FontItalic
   '显示"字体"对话框
   CommonDialog1.ShowFont
   Label1.FontName = CommonDialog1.FontName
   Label1.FontSize = CommonDialog1.FontSize
   Label1.FontBold = CommonDialog1.FontBold
   Label1.FontItalic = CommonDialog1.FontItalic
   Label1.FontUnderline = CommonDialog1.FontUnderline
   Label1.FontStrikethru = CommonDialog1.FontStrikethru
   Label1.ForeColor = CommonDialog1.Color
nofont:
End Sub
```

（10）将窗体文件保存为 Form03-06.frm，工程文件保存为工程 03-06.vbp。

程序测试

（1）按下 F5 键，以运行程序。

（2）单击"设置图标"按钮，在弹出的"打开"对话框中，可以选择所需的图标文件，从而改变窗体标题栏上的图标，并在窗体上显示图标文件的路径。

（3）单击"设置颜色"按钮，在弹出的"颜色"对话框中，可以改变窗体上文本的颜色。

（4）单击"设置字体"按钮，在弹出的"字体"对话框中，可以设置窗体上文本的字体、样式、大小及颜色。

相关知识

1. CommonDialog 控件

CommonDialog 控件提供一组标准的操作对话框，进行打开文件、保存文件、设置打印选项，以及选择颜色和字体等操作。在 Visual Basic 6.0 中，由于通用对话框控件不在标准工具箱窗口中，因此需要添加"Microsoft Common Dialog Control 6.0 (SP6)"部件。

在使用通用对话框时，可以在窗体的任何位置添加一个 CommonDialog 控件，并对其进行属性设置。工程设计阶段在窗体上显示的 CommonDialog 控件图标，在程序运行时不会显示。在程序运行时如果想要显示通用对话框，则应该调用 CommonDialog 控件的以下方法。

- ShowOpen 方法：显示"打开"对话框。
- ShowSave 方法：显示"另存为"对话框。
- ShowColor 方法：显示"颜色"对话框。
- ShowFont 方法：显示"字体"对话框。
- ShowPrinter 方法：显示"打印"对话框。
- ShowHelp 方法：显示"帮助"对话框。

1）显示"打开"对话框

通过调用通用对话框控件的 ShowOpen 方法，可以显示"打开"对话框，让用户从计算机上选择要打开的文件。

需要指出的是，"打开"对话框并不能真正打开文件，而仅仅是让用户选择要打开的文件，至于后续处理则必须通过编程来解决。

在使用"打开"对话框时，需要设置通用对话框控件的以下属性。

- FileName：用于指定在"文件名"文本框中初始显示的文件名，返回选定文件的标识符。
- FileTitle：在关闭对话框后，返回所选择的不包括路径的文件名。
- Filter：文件类型过滤器，用于设置对话框中的"文件类型"下拉列表中的项目及过滤显示的文件，Filter 属性值的格式如下：

描述 1|过滤类型 1[描述 2|]过滤类型 2[...]

其中，"描述"是指在"文件类型"下拉列表中的项目的内容，"过滤类型"是指对话框中显示的文件类型。例如，在任务 3.6 中，为了在计算机上查找图标文件，可以将 Filter 属性值设置为"图标文件(*.ico)|*.ico"。

- InitDir：用于指定对话框打开时的默认路径。

2）显示"颜色"对话框

在程序运行时，通过调用通用对话框控件的 ShowColor 方法或设置 Action 属性值为 3，可以显示"颜色"对话框。"颜色"对话框可以让用户从调色板中选择颜色，并通过 Color 属性返回用户选定的颜色值。

3）显示"字体"对话框

通过调用通用对话框控件的 ShowFont 方法，可以显示"字体"对话框。"字体"对话框可以让用户设置应用程序所需要的字体。

在使用"字体"对话框时，经常用到通用对话框控件的以下属性。

- Color：返回在对话框中选定的颜色。
- FontBold：返回在对话框中是否选定了粗体（True、False）。
- FontItalic：返回在对话框中是否选定了斜体（True、False）。
- FontStrikethru：返回在对话框中是否选定了下画线（True、False）
- FontName：返回在对话框中选定的字体名称。
- FontSize：返回在对话框中选定的字体大小。

2. 错误处理

在任务 3.6 中，在进行错误处理时用到了 On Error 语句和 Err 对象。

1）On Error 语句

On Error 语句用于设置错误处理程序，该语句有多种格式，在任务 3.6 中使用了以下格式：

```
On Error GoTo nofile
```

本格式用于启动一个错误处理程序，并指定该子程序在一个过程中的位置。也可以用来禁止一个错误处理程序。

2）Err 对象

Err 对象是一个包括关于程序运行时错误信息的对象，其主要属性是 Number 属性，该属性列出错误的序号，0 表示没有产生错误。

如果将通用对话框的 CancelError 属性值设置为 True，则单击"取消"按钮将产生 32755 号错误。在任务 3.6 中，就是使用 CancelError 属性来判断是否放弃操作的。

任务 3.7　创建 MDI 应用程序

在本任务中，将创建一个 MDI 应用程序。当启动该应用程序时首先出现一个快速显示窗体，如图 3.17 所示。当该窗体消失后出现一个 MDI 窗体，其中包含两个子窗体，如图 3.18 所示。

图 3.17　快速显示窗体

图 3.18　MDI 窗体

任务目标

- 掌握创建 MDI 窗体的方法。
- 掌握设置 MDI 子窗体的方法。
- 掌握创建快速显示窗体的方法。
- 掌握设置应用程序启动对象的方法。

任务分析

Windows 应用程序按照界面可以分为两大类：单文档界面（SDI）和多文档界面（MDI）。在 SDI 应用程序（如"记事本"）中一次只能打开一个文档，如果希望打开另一个文档，就必须关闭前一个文档。在 MDI 应用程序（如 Microsoft Office Word）中允许同时打开多个文档，每个文档单独占用一个文档窗口，并且可以在不同的文档窗口之间切换。在创建 MDI 应用程序时需要添加一个 MDI 窗体和若干个 MDI 子窗体，MDI 窗体可以使用菜单命令来添加，而如果想要创建一个 MDI 子窗体，则只需要将标准窗体的 MDIChild 属性值设置为 True 即可。本任务中的快速显示窗体其实就是一个无标题栏的标准窗体。

任务实施

（1）在 Visual Basic 6.0 集成开发环境中创建一个标准 EXE 工程。

（2）把窗体 Form1 调整到所需大小，将其 Caption 属性值设置为"MDI 子窗体之一"，将其 MDIChild 属性值设置为 True，使该窗体成为一个 MDI 子窗体。

（3）添加 MDI 窗体。在"工程"下拉菜单中选择"添加 MDI 窗体"命令，当出现"添加

MDI 窗体"对话框时，在"新建"选项卡中选择"MDI 窗体"选项，然后单击"打开"按钮，如图 3.19 所示。

（4）将新添加的 MDI 窗体的 Caption 属性值设置为"MDI 窗体"。

（5）添加另一个 MDI 子窗体。在"工程"下拉菜单中选择"添加窗体"命令，在弹出的"添加窗体"对话框中，选择"新建"选项卡中的"窗体"选项，然后单击"打开"按钮，如图 3.20 所示。

图 3.19 "添加 MDI 窗体"对话框

图 3.20 "添加窗体"对话框

（6）将窗体 Form2 的 Caption 属性值设置为"MDI 子窗体之二"，将其 MDIChild 属性值设置为 True，使之也成为一个 MDI 子窗体。

（7）将 MDI 窗体 MDIForm1 文件保存为 MDIForm03-07.frm，将两个 MDI 子窗体文件分别保存为 Form03-07a.frm 和 Form03-07b.frm，将当前工程文件保存为工程 03-07.vbp。

（8）在"工程"下拉菜单中选择"添加窗体"命令，当出现"添加窗体"对话框时，在"新建"选项卡中选择"展示屏幕"选项，然后单击"打开"按钮，如图 3.21 所示。

（9）新添加的窗体的默认名称为 frmSplash，将该窗体文件保存为 frmSplash.frm。此窗体包含框架、图像控件和标签控件，其显示效果如图 3.22 所示。

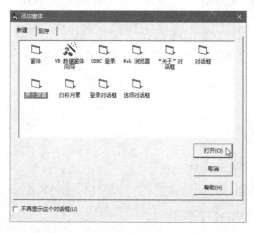

图 3.21 添加快速显示窗体

图 3.22 快速显示窗体默认外观

（10）对窗体 frmSplash 上的控件的以下属性进行设置：将标签 lblCompany 的 Caption 属性值修改为"ABC 公司"；将标签 lblCompanyProduct 的 Caption 属性值修改为"MDI 应用程序"；将标签 lblPlatform 的 Caption 属性值修改为"Windows 平台"；将标签 lblWarning 的 Caption 属性值修改为"警告：本软件受版权法和国际条约保护"。

（11）设置应用程序的启动对象。在"工程"下拉菜单中选择"属性"命令，在"工程 1-工程属性"对话框中选择"通用"选项卡，在"启动对象"下拉列表中选择"frmSplash"选项，然后单击"确定"按钮，如图 3.23 所示。

此时，可以在工程资源管理器窗口中看到应用程序包含的所有窗体，包括一个 MDI 父窗体、两个 MDI 子窗体和一个标准窗体，如图 3.24 所示。

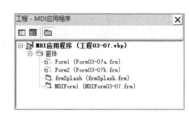

图 3.23　为应用程序设置启动对象　　　图 3.24　工程资源管理器窗口

113

（12）打开窗体 frmSplash 的代码窗口，对已有程序进行修改，代码如下：

```
'当出现快速显示窗体时，按下任意键关闭，显示 MDI 窗体
Private Sub Form_KeyPress(KeyAscii As Integer)
    Unload Me
    MDIForm1.Show
End Sub
'当加载快速显示窗体时，设置标签显示的内容
Private Sub Form_Load()
    lblVersion.Caption = "版本 " & App.Major & "." & App.Minor & "." &
App.Revision
    lblProductName.Caption = "MDI 应用程序"
End Sub
'当在快速显示窗体中单击框架 Frame1 时，关闭快速显示窗体，显示 MDI 窗体
Private Sub Frame1_Click()
    Unload Me
    MDIForm1.Show
End Sub
```

（13）在窗体 MDIForm1 的代码窗口中编写该窗体的 Activate 事件过程，代码如下：

```
'当 MDI 窗体成为活动窗体时显示两个子窗体
Private Sub MDIForm_Activate()
```

```
    '依次显示两个子窗体
    Form1.Show
    Form2.Show
End Sub
```

（14）保存所有文件。

程序测试

（1）按下 F5 键，以运行程序。

（2）当出现快速显示窗体时，按下任意键或使用鼠标单击该窗体，该窗体将被隐藏。

（3）出现一个 MDI 窗体，其中包含两个子窗体。

（4）关闭 MDI 窗体，此时两个子窗体也随之关闭。

相关知识

1. 多文档界面（MDI）应用程序

MDI 应用程序具有以下特性。

● 所有子窗体均显示在 MDI 窗体的工作空间内。与其他窗体相同，用户能移动子窗体和改变子窗体的大小，不过，它们被限制在这一工作空间内。

● 当最小化一个子窗体时，它的图标将显示在 MDI 窗体上而不是在任务栏中。当最小化 MDI 窗体时，此 MDI 窗体及其所有子窗体将由一个图标来代表。当还原 MDI 窗体时，MDI 窗体及其所有子窗体将按最小化之前的状态显示出来。

● 当最大化一个子窗体时，它的标题会与 MDI 窗体的标题组合在一起，并显示在 MDI 窗体的标题栏上。

2. MDI 窗体的特有属性

MDI 窗体拥有一些普通窗体所没有的属性。

● AutoShowChildren：通过设置该属性，子窗体可以在窗体加载时自动显示或自动隐藏。

● ActiveForm：该属性表示 MDI 窗体中的活动子窗体。

3. 创建 MDI 应用程序

创建 MDI 应用程序的步骤如下所述。

（1）从"工程"下拉菜单中选择"添加 MDI 窗体"命令。

注意：一个应用程序只能有一个 MDI 窗体。如果工程已经有了一个 MDI 窗体，则该"工程"下拉菜单中的"添加 MDI 窗体"命令就不可使用。

（2）创建应用程序的子窗体。想要创建一个 MDI 子窗体，首先创建一个新窗体（或者打开一个存在的窗体），然后把它的 MDIChild 属性值设置为 True。

（3）在程序设计时使用 MDI 子窗体。在程序设计时，子窗体不是限制在 MDI 窗体区域之内。可以添加控件、设置属性、编写代码及设计子窗体功能，就像在其他 Visual Basic 窗体中做的那样。

4. 快速显示窗体

快速显示窗体一般作为程序的封面使用，这种窗体一般没有命令按钮，也没有标题栏。当出现快速显示窗体时，按下任意键或使用鼠标单击窗体，它就会被卸载并调用应用程序主窗体。

当制作快速显示窗体时，在工程中新建一个窗体，将窗体的 BorderStyle 属性值设置为 3，ControlBox 属性值设置为 False，Caption 属性值设置为空字符串，并在该窗体中添加一些文字和图片。此外，还必须通过设置工程属性，把快速显示窗体设置为应用程序的启动对象。

5. App 对象

App 对象是通过关键字 App 访问的全局对象，通过它可以指定以下信息：应用程序的标题、版本信息、可执行文件和帮助文件的路径及名称，以及是否运行前一个应用程序的示例。

App 对象的常用属性如下所述。

- CompanyName：返回或设置一个字符串，该字符串包括运行中的应用程序的公司或创建者名称。该属性在程序运行时是只读的。
- EXEName：返回当前正在运行的可执行文件的根名（也就是应用程序的名称，不带扩展名）。如果是在开发环境下运行的，则返回该工程名。
- Major：返回或设置该工程的主要版本号。该属性在程序运行时是只读的。
- Minor：返回或设置该工程的小版本号。该属性在程序运行时是只读的。
- Path：返回或设置当前路径。该属性在程序设计时是不可用的，在程序运行时是只读的。
- PrevInstance：返回一个值，该值指示是否已经有前一个应用程序的示例在运行。
- Revision：返回或设置该工程的修订版本号。该属性在程序运行时是只读的。
- Title：返回或设置应用程序的标题，该标题将显示在 Microsoft Windows 的任务列表中。如果在程序运行时发生改变，那么发生的改变不会与应用程序一起被保存。

项目小结

本项目介绍了 Visual Basic 6.0 中的窗体的常用属性、方法和事件。

窗体的属性决定了窗体的外观。窗体的多数属性既可以在程序设计阶段通过属性窗口进行设置，也可以通过代码在程序运行阶段进行设置。常用的窗体属性有 Caption、BorderStyle、Height、Width、Top 和 Left 属性等。

通过对窗体事件的编程，可以实现在程序运行时对窗体进行控制，或者进行人机交互。常用的窗体事件有 Load 事件、Resize 事件、鼠标事件、键盘事件和 Unload 事件等。

窗体的方法是窗体固有的能力，通过窗体的方法可以对窗体进行操作。常用的窗体方法有

Show、Hide、Cls、Print 和 PaintPicture 等。

　　窗体分为对话框、标准窗体、MDI 窗体及 MDI 子窗体。对话框可以使用 InputBox 和 MsgBox 函数及通用对话框控件来创建；标准窗体可以用于创建单文档界面应用程序；MDI 窗体和 MDI 子窗体可以用于创建多文档界面应用程序。

　　通过实施本项目，读者需要熟练掌握窗体的常用属性、方法和事件。

项目思考

一、选择题

1. 当调整窗体大小时将发生（　　）事件。

    A. Load   B. Unload

    C. Resize   D. Click

2. 当用户按下和松开一个 ANSI 键时发生（　　）事件。

    A. Click   B. KeyUp

    C. KeyPress   D. KeyDown

3. 在鼠标事件中，若参数 Button 的值为 2，则说明用户按下了鼠标的（　　）。

    A. 左按钮   B. 右按钮

    C. 中间按钮   D. 左按钮和右按钮

4. 在鼠标事件中，若参数 Shift 的值为 6，则说明用户按下了（　　）。

    A. Alt 键   B. Ctrl 键

    C. Shift 键   D. Ctrl 键和 Alt 键

5. 如果用户在对话框中单击了"确定"按钮，则 MsgBox 函数的返回值为（　　）。

    A. 1   B. 2

    C. 3   D. 4

6. 在工程资源管理器窗口中，图标（　　）表示 MDI 窗体。

    A.   B.

    C.   D.

二、判断题

1. 窗体或控件的名称可以通过 Caption 属性来设置。（　　）

2. FontName 和 FontSize 属性用于设置显示文本所用的字体和字号。（　　）

3. BackColor 和 ForeColor 属性用于设置对象的背景颜色和前景颜色。（　　）

4. 若将 KeyPreview 属性值设置为 True，则活动控件接收键盘事件，而窗体不接收键盘事件。（　　）

5. CurrentX 和 CurrentY 属性用来设置下一次打印或绘图的水平坐标和垂直坐标。（　　）

6．如果想要在对话框中显示问号图标，则可以在 MsgBox 函数的第二个参数中包含符号常量 vbExclamation。（　　）

7．如果在窗体的 Click 和 DblClick 事件过程中都编写了代码，则单击窗体时依次执行这两个事件过程中的代码。（　　）

8．当关闭窗体对象时，Unload 事件先于 QueryUnload 事件发生。（　　）

9．通过调用 Move 方法可以移动窗体的位置。（　　）

10．在"工程"下拉菜单中选择"添加窗体"命令，可以在当前工程中添加 MDI 子窗体。（　　）

项目实训

1．创建一个应用程序，要求使用 Print 方法在窗体中央显示一行文字。

2．创建一个应用程序，用于测试键盘按钮，当在键盘上按下任意一个键时，在窗体上显示出该键的代码和相应的字符，并显示 Shift、Ctrl 和 Alt 键的状态，当按下 Esc 键时退出程序。

3．创建一个简单的绘画程序，可以通过拖动鼠标左键连续画线，当释放鼠标左键时停止画线；如果单击鼠标右键，则画一条从上次画图位置出发的线段。

4．创建一个应用程序，当程序运行时首先弹出一个输入框提示输入用户名，在输入用户名并单击"确定"按钮后，在窗体上显示对用户的欢迎信息。当关闭窗口时将弹出一个对话框，如果单击"确定"按钮，则退出程序；如果单击"取消"按钮，则返回窗口。

5．创建一个应用程序，在窗体上包含一些按钮和标签，通过单击这些按钮可以显示"打开"、"字体"和"颜色"对话框，并用来设置窗体的图标，以及窗体上文本的字体、样式、大小和颜色。

6．创建一个 MDI 应用程序，要求在程序运行时显示 MDI 窗体和两个 MDI 子窗体。

项目 **4**

创建图形用户界面

Visual Basic 应用程序是基于窗口形式运行的应用程序，通过在窗体上添加各种各样的控件即可构成应用程序的图形用户界面。Visual Basic 控件可以分为标准控件和 ActiveX 控件两大类。每当启动 Visual Basic 集成开发环境时，工具箱窗口中显示的那些控件都是标准控件；至于 ActiveX 控件在默认情况下是看不到的，需要在使用之前添加到工具箱窗口中。

本项目将通过一组任务来介绍如何创建应用程序的图形用户界面。通过本项目，读者将学习和掌握各种标准控件的使用方法，主要包括标签控件、文本框控件、命令按钮控件、单选按钮控件、框架控件、复选框控件、列表框控件、组合框控件、滚动条控件、计时器控件及 WebBrowser 控件等。

📁 项目目标

- 掌握标签控件和文本框控件的用法。
- 掌握单选按钮控件、复选框控件和框架控件的用法。
- 掌握列表框控件和组合框控件的用法。
- 掌握滚动条控件和计时器控件的用法。

任务 4.1　创建系统登录窗体

在本任务中，将创建一个系统登录窗体。窗体上只要有一个文本框中的内容为空，则"登录"按钮就会被禁用，如图 4.1 所示。一旦在文本框中输入用户名和密码，则"登录"按钮立即转为可用状态，如图 4.2 所示。当单击"登录"按钮时，将对所输入的用户名和密码进行验证，如果输入了正确的信息，则会显示登录成功信息窗体，如图 4.3 所示；否则将弹出对话框显示出错信息，如图 4.4 和图 4.5 所示。

图 4.1 "登录"按钮处于禁用状态

图 4.2 "登录"按钮转为可用状态

图 4.3 登录成功进入系统

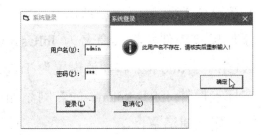
图 4.4 输入了无效用户名

图 4.5 输入密码错误登录失败

任务目标

- 掌握 Visual Basic 控件的基本操作。
- 掌握标签控件的常用属性、方法和事件。
- 掌握文本框控件的常用属性、方法和事件。
- 掌握命令按钮控件的常用属性、方法和事件。

任务分析

如果想要在窗体上显示只读的静态文本，则只需要添加标签控件即可。如果想要通过窗体输入文本信息，则可以在窗体上添加文本框控件，并通过标签说明其用途。如果想要屏蔽用户输入的密码，则需要对文本框控件的 PasswordChar 属性进行设置。命令按钮能否对用户操作做出响应，可以根据文本框是否包含内容来控制。具体来说，就是将命令按钮所在窗体的 KeyPreview 属性值设置为 True，并在该窗体的 KeyUp 事件处理过程中对文本框是否包含内容进行检测，据此来设置"登录"按钮的 Enabled 属性，以确定该按钮是否响应用户事件。

任务实施

（1）在 Visual Basic 6.0 集成开发环境中创建一个标准 EXE 工程。

（2）将窗体 Form1 命名为 frmLogin，并设置其以下属性。

● 将其 Caption 属性值设置为"系统登录"。

● 将其 BorderStyle 属性值设置为 1，即窗体边框样式为固定单线边框，没有最大化按钮和最小化按钮。

● 将其 StartUpPosition 属性值设置为 2，即窗体首次出现时位于屏幕中心。

（3）在窗体 frmLogin 上添加以下控件。

● 添加标签控件并将其命名为 lblUsername，然后将其 Caption 属性值设置为"用户名(&U)："，AutoSize 属性值设置为 True。

● 在标签控件 lblUsername 的右侧添加文本框控件并将其命名为 txtUsername，然后将其 Text 属性值清空。

● 在标签控件 lblUsername 的下方添加标签控件并将其命名为 lblPassword，然后将其 Caption 属性值设置为"密码(&P)："，AutoSize 属性值设置为 True。

● 在标签控件 lblPassword 的右侧添加文本框控件并将其命名为 txtPassword，然后将其 Text 属性值清空，PasswordChar 属性值设置为*。

● 在标签控件 lblPassword 的下方添加命令按钮控件并将其命名为 cmdLogin，然后将其 Caption 属性值设置为"登录(&L)"，Default 属性值设置为 True，Enabled 属性值设置为 False。

● 在命令按钮控件 cmdLogin 的右侧添加命令按钮控件并将其命名为 cmdCancel，然后将其 Caption 属性值设置为"取消(&C)"，Cancel 属性值设置为 True。

（4）在窗体 frmLogin 的代码窗口中声明一个全局变量 Username，程序代码如下：

```
Public Username As String
```

（5）在窗体 frmLogin 的代码窗口中编写命令按钮控件 cmdCancel 的 Click 事件过程，程序代码如下：

```
'当单击"取消"按钮时执行以下事件过程
Private Sub cmdCancel_Click()
    Unload Me
End Sub
```

（6）在窗体 frmLogin 的代码窗口中编写命令按钮控件 cmdLogin 的 Click 事件过程，程序代码如下：

```
'当单击"登录"按钮时执行以下事件过程
Private Sub cmdLogin_Click()
'此处用户名为固定值，在实际应用程序开发中应从数据库中获取
    If txtUsername.Text <> "Admin" Then
        MsgBox "此用户名不存在，请核实后重新输入！", vbOKOnly + vbInformation, Me.Caption
        txtUsername.SetFocus
```

```
      Exit Sub
   End If

'此处密码为固定值，在实际应用程序开发中应从数据库中获取
   If txtPassword.Text <> "123456" Then
      MsgBox "输入的密码不正确，登录失败！", vbOKOnly + vbInformation, Me.Caption
      txtPassword.SetFocus
      Exit Sub
   End If

   Username = txtUsername.Text        '将输入的用户名保存到全局变量 Username 中
   Unload Me                          '卸载登录窗体
   frmMain.Show                       '显示主窗体

End Sub
```

（7）在窗体 frmLogin 的代码窗口中编写该窗体的 KeyUp 事件过程，程序代码如下：

```
'当在窗体上输入字符并松开按键时执行以下事件过程
Private Sub Form_KeyUp(KeyCode As Integer, Shift As Integer)

'若用户名和密码所对应的文本框中均已输入内容
   If txtUsername.Text <> "" And txtPassword.Text <> "" Then
      cmdLogin.Enabled = True         '则激活"登录"按钮
   Else                               '否则
      cmdLogin.Enabled = False        '禁用"登录"按钮
   End If

End Sub
```

（8）在当前工程中添加一个窗体并将其命名为 frmMain，然后将其 Caption 属性值设置为"信息管理系统"，StartUpPosition 属性值设置为 2。

（9）在窗体 frmMain 上添加 3 个标签控件，并将它们分别命名为 lblSystem、lblTime 和 lblUsername，然后将标签控件 lblSystem 的 Caption 属性值设置为"信息管理系统"，将另外两个标签控件的 Caption 属性值清空。

（10）在窗体 frmMain 的代码窗口中编写该窗体的 Load 事件过程，程序代码如下：

```
Private Sub Form_Load()
   lblTime.Caption = "当前时间：" & Now
'获取在登录窗体中输入的用户名
   lblUsername.Caption = "当前用户：" & frmLogin.Username

End Sub
```

（11）将窗体 frmLogin 文件保存为 frmLogin.frm，窗体 frmMain 文件保存为 frmMain.frm，当前工程文件保存为工程 04-01.vbp。

程序测试

（1）按下 F5 键，以运行程序，打开"系统登录"对话框，此时"登录"按钮处于禁用状态。

（2）当输入用户名和密码后，"登录"按钮由禁止状态转为可用状态。

（3）当输入用户名 Admin 和密码 123456 并单击"确定"按钮时，关闭登录窗口并通过主窗体显示相关信息。

（4）如果所输入的用户名不是 Admin 或密码不是 123456，则当单击"登录"按钮时，将会弹出一个对话框，提示用户名或密码错误。

相关知识

1. 控件的基本操作

在为应用程序设计图形用户界面时，通常需要在窗体上添加各种各样的控件，并对控件的属性和布局格式进行设置。

1）添加控件

可以在工具箱窗口中单击表示某个控件的图标，然后在窗体上拖动鼠标即可绘制一个控件；也可以在工具箱窗口中双击表示某个控件的图标，此时将在窗体中央添加一个具有默认大小的控件。

2）选取控件

在工具箱窗口中单击指针图标，然后使用鼠标单击要选取的控件。如果要选取多个控件，则可以在按住 Shift 键的同时依次单击各个控件，或者在窗体上拖出一个选择框将这些控件包围起来。

3）移动控件

使用鼠标指针指向控件内部并将其拖到新位置上即可。也可以在按住 Ctrl 键的同时按下方向键来移动控件。

4）调整控件大小

使用鼠标指针拖动控件四周的控制点并向适当方向拖动鼠标，直到控件大小符合要求时释放鼠标。也可以在按住 Shift 键的同时按下方向键来调整控件的大小。

提示：也可以在窗体上选择控件，然后使用属性窗口来设置其 Left、Top、Width 和 Height 属性值，以精确地设置控件的位置和大小。

5）复制控件

有时需要在窗体上添加多个相同类型的控件，而且这些控件的外观也大致一样，此时可以首先添加一个控件并设置其属性，然后通过以下复制操作来添加其他控件。

（1）在窗体上选取要复制的一个或多个控件。

（2）在"编辑"下拉菜单中选择"复制"命令。

（3）若想要把该控件的副本粘贴到某个容器控件（如框架）中，则单击该容器控件。

（4）在"编辑"下拉菜单中选择"粘贴"命令。

（5）当出现提示已经有某控件、是否要创建控件数组时，若想要创建控件数组，则可以单击"是"按钮；若不想要创建控件数组，则可以单击"否"按钮。

6）删除控件

在窗体上选取想要删除的一个或多个控件，然后在"编辑"下拉菜单中选择"删除"命令，或者直接按下 Delete 键。

7）设置控件的格式

在设计用户界面时，往往需要使一组控件按照某种方式对齐或把它们调整成相同的尺寸。在 Visual Basic 6.0 集成开发环境中，可以使用窗体编辑器工具栏来完成这些操作。

在默认情况下，窗体编辑器工具栏是不显示的。如果想要显示窗体编辑器工具栏，则应选择"视图"→"工具栏"→"窗体编辑器"命令，使该命令项中出现复选标记，这样将使窗体编辑器工具栏显示出来，如图 4.6 所示。

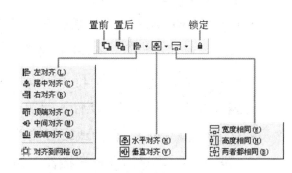

图 4.6 窗体编辑器工具栏

使用窗体编辑器工具栏可以对控件进行以下设置。

- 置前与置后。单击"置前"按钮可以将所选控件移到窗体上所有其他控件的上方；单击"置后"按钮则可以将所选控件移到窗体上所有其他控件的下方。

- 设置控件之间的对齐方式。首先选取一组控件（具有蓝色控制点的控件将作为参考控件），然后单击窗体编辑器工具栏左边的向下箭头，并从弹出的菜单中选择所需要的对齐方式。

- 设置控件相对于窗体的居中对齐方式。首先选取一组控件，然后单击窗体编辑器工具栏中间的向下箭头，并从弹出的菜单中选择"水平对齐"或"垂直对齐"命令。

- 把控件调整成相同大小。首先选取一组控件（具有蓝色控制点的控件将作为参考控件），然后单击窗体编辑器工具栏右边的向下箭头，并从弹出的菜单中选择"宽度相同"、"高度相同"或"两者都相同"命令。

- 锁定控件。当完成控件布局时，可以单击"锁定"按钮，使之处于凹陷状态，这将锁定窗体上的所有控件的当前位置。

8）设置控件间距

若想要把多于两个的控件设置相同间距，可以首先选取这些控件，然后选择"格式"→"水平间距"→"相同间距"或"格式"→"垂直间距"→"相同间距"命令。

2．使用标签控件

标签控件即 Label 控件，它是一种常用的图形控件，用于显示用户不能直接改变的文本。

1）标签控件的属性

标签控件的属性分为两部分：一部分是多数控件的通用属性，另一部分是标签控件特有的属性。以下是多数控件的一些通用属性，这些属性也适用于标签控件。

- Name：返回或设置控件的名称，在属性窗口中显示为"（名称）"，在程序运行时是只读的。
- BackColor：返回或设置控件中文本和图形的背景颜色。
- Caption：返回或设置在控件中显示的文本。
- Enabled：返回或设置一个布尔值，用于决定控件是否响应用户生成事件。
- ForeColor：返回或设置控件中文本和图形的前景颜色。
- Font：返回或设置一个 Font 对象，用于指定控件中文本的字体名称、字体样式和大小。Font.Name 属性等效于 FontName 属性，Font.Bold 属性等效于 FontBold 属性，Font.Size 属性等效于 FontSize 属性，等等。
- Height 和 Width：返回或设置控件的高度和宽度。
- Left 和 Top：返回或设置控件左边缘和上边缘与容器左边缘和上边缘之间的距离。
- Visible：返回或设置一个布尔值，用于决定控件是否可见。

除了上述通用属性，标签控件还具有以下属性。

- Alignment：返回或设置标签中文本的水平对齐方式。该属性有以下 3 个取值：0（默认值）表示左对齐，1 表示右对齐，2 表示居中对齐。
- AutoSize：返回或设置一个布尔值，用于决定控件是否自动改变大小以显示其全部内容。若该属性的值为 True，则自动改变控件大小以显示全部内容；若该属性的值为 False（默认值），则保持控件大小不变，而超出控件区域的内容则将被裁剪掉。
- BackStyle：返回或设置一个值，用于指定标签控件的背景是透明的还是非透明的。该属性有以下两个取值：0 表示透明，即在控件后的背景色和任何图片都是可见的；1（默认值）表示非透明，即使用控件的 BackColor 属性设置值填充该控件，并隐藏该控件后面的所有颜色和图片。
- BorderStyle：返回或设置一个值，用于指定标签控件的边框样式。该属性有以下两个取值：0（默认值）表示无边框，1 表示有固定单线边框。
- WordWrap：返回或设置一个布尔值，用于指定一个 AutoSize 属性值为 True 的标签控件是否要进行水平或垂直展开，以适合其 Caption 属性中指定的文本的要求。

2）标签控件的方法

标签控件具有一些方法，其中最常用的是 Move 方法，用于在窗体上移动标签控件，语法格式如下：

```
object.Move left, top, width, height
```

其中，object 表示标签控件，Move 后面的 4 个参数均为单精度值；参数 left 和参数 top 是必选参数，分别用于指定 object 左边的水平坐标（x 轴）和 object 顶边的垂直坐标（y 轴）；参数 width 和参数 height 为可选参数，分别用于指定 object 的新宽度和新高度。

3）标签控件的事件

标签控件能够响应多数鼠标事件，但是由于标签中所显示的文本不能被编辑，因此标签不能获得焦点，也不能响应与焦点相关的事件和键盘事件。以下是标签控件的常用事件。

- Change 事件：在通过代码改变 Caption 属性的设置时发生。
- Click 事件：当使用鼠标单击标签控件时发生。
- DblClick 事件：当使用鼠标双击标签控件时发生。
- MouseDown 和 MouseUp 事件：分别在按下和释放鼠标按钮时发生。
- MouseMove 事件：在移动鼠标时发生。

3. 使用文本框控件

文本框控件即 TextBox 控件，有时也称编辑字段或编辑控件，用于显示在程序设计时用户输入的或在程序运行时在代码中赋予控件的信息。

1）文本框控件的常用属性

除拥有控件的通用属性外，文本框控件还具有以下常用属性。

- MaxLength：返回或设置一个值，用于指出在文本框控件中能够输入的字符是否有一个最大数量，如果有，则指定能够输入的字符的最大数量。在 DBCS（双字节字符集）系统中，每个字符能够取两个字节而不是一个字节，以此来限制用户能够输入的字符的数量。

- MultiLine：返回或设置一个布尔值，用于决定文本框是否可以接收和显示多行文本。若属性值设置为 True，则文本框可以接收和显示多行文本，此时可以在文本框内使用 Alignment 属性设置文本的对齐方式；若属性值设置为 False（默认值），则忽略回车符并将数据限制在一行内，此时 Alignment 属性不起作用。该属性在程序运行时是只读的。

- PasswordChar：返回或设置一个值，用于指定所键入的字符或占位符在文本框控件中是否要显示出来。例如，在使用文本框输入密码时，通常将该属性的值设置为*。若将 MultiLine 属性值设置为 True，则设置 PasswordChar 属性将不起作用。

- ScrollBars：返回或设置一个值，用于指定一个对象是有水平滚动条还是有垂直滚动条。该属性有以下 4 个取值：vbSBNone（0，默认值）表示无滚动条；vbHorizontal（1）表示有水平滚动条；vbVertical（2）表示有垂直滚动条；vbBoth（3）表示同时有水平滚动条和垂直滚动条。

提示：ScrollBars 属性在程序运行时是只读的。若文本框的 MultiLine 属性值设置为 True，并且其 ScrollBars 属性值设置为 vbSBNone（0），则滚动条不会出现在文本框上。

- SelLength、SelStar 和 SelText：这些属性用于对文本框中的文本进行选定操作。其中，SelLength 属性返回或设置所选择的字符数；SelStart 属性返回或设置所选择的文本的起始点，若未选中文本，则指出插入点的位置；SelText 属性返回或设置包含当前所选择文本的字符串，若未选中字符，则为零长度字符串（""）。
- TabIndex：返回或设置文本框访问 Tab 键的顺序。
- TabStop：返回或设置一个值，用于指定用户是否可以使用 Tab 键来选定文本框。
- Text：返回或设置文本框中的文本。

2）文本框控件的常用方法

SetFocus 方法是文本框控件的一个常用方法，用于将焦点移至文本框控件，语法格式如下：

```
object.SetFocus
```

其中，参数 object 表示文本框控件。

3）文本框控件的常用事件

① Change 事件：当文本框中的内容改变时发生此事件。

② KeyDown 和 KeyUp 事件：这些事件是当一个控件具有焦点时按下（KeyDown）或松开（KeyUp）一个键时发生的。语法格式如下：

```
Private Sub object_KeyDown(keycode As Integer, shift As Integer)
Private Sub object_KeyUp(keycode As Integer, shift As Integer)
```

其中，参数 keycode 是一个键代码，例如，vbKeyF1 表示 F1 键，vbKeyHome 表示 Home 键。参数 shift 是在该事件发生时响应 Shift、Ctrl 和 Alt 键的状态的一个整数。参数 shift 的取值为：1 表示 Shift 键被按下；2 表示 Ctrl 键被按下；4 表示 Alt 键被按下。

③ KeyPress 事件：当用户按下和松开一个 ANSI 键时发生此事件，语法格式如下：

```
Private Sub object_KeyPress(keyascii As Integer)
```

其中，参数 object 表示文本框控件，参数 keyascii 表示返回一个标准数字 ANSI 键代码的整数。参数 keyascii 通过引用传递，对它进行改变可以给文本框发送一个不同的字符。若将参数 keyascii 改变为 0 时，可以取消击键，这样一来控件便接收不到字符。在任务 4.1 中就是这样做的。

4）为文本框设置访问键

为文本框设置访问键的具体方法是：首先添加一个标签控件并在其 Caption 属性中通过&字符指定一个访问键，然后添加一个文本框控件，这样标签控件的 TabIndex 属性值比文本框控件的 TabIndex 属性值小 1，而标签不能获得焦点，在这种情况下，使用访问键即可把焦点置于文本框中。

在任务 4.1 中，将窗体 frmLogin 上的标签控件 lblUsername 的 Caption 属性值设置为"用户名(&U)："，为其右侧的文本框控件 txtUsername 设置了访问键（即 U）；将标签控件 lblPassword 的 Caption 属性值设置为"密码(&P)："，为其右侧的文本框控件 txtPassword 设置了访问键（即 P）。

4. 使用命令按钮控件

命令按钮控件即 CommandButton 控件，使用它可以开始、中断或结束一个进程。在选取这个控件后，它会显示按下的形状，所以有时也将其称为下压按钮。

1）命令按钮控件的常用属性

除了具有控件的通用属性，命令按钮控件还具有以下属性。

- Cancel：返回或设置一个值，用于指定窗体中的命令按钮是否为取消按钮。如果将 Cancel 属性值设置为 True，则该命令按钮是取消按钮，此时可以通过按下 Esc 键来选中该按钮；如果将 Cancel 属性值设置为 False（默认值），则该命令按钮不是取消按钮。窗体中只能有一个命令按钮可以是取消按钮。当将某个命令按钮控件的 Cancel 属性值设置为 True 时，同一窗体中的其他命令按钮控件的 Cancel 属性值自动设置为 False。

- Default：返回或设置一个值，以确定哪一个命令按钮是窗体的默认命令按钮。若将 Default 属性值设置为 True，则该命令按钮是默认命令按钮，此时可以通过按下 Enter 键来选中该命令按钮；若将 Default 属性值设置为 False（默认值），则该命令按钮不是默认命令按钮。窗体中只能有一个命令按钮可以是默认命令按钮。当将某个命令按钮控件的 Default 属性值设置为 True 时，同一窗体中的其他命令按钮控件的 Default 属性值自动设置为 False。

- Style：返回或设置一个值，用于指定控件的显示类型和行为。该属性有以下设置值：0-vbButtonStandard（默认值）表示标准的没有相关图像命令按钮；1-vbButtonGraphical 表示图像样式按钮，可以通过 Picture 属性来设置在按钮中显示的图像。该属性在程序运行时是只读的。

- Value：返回或设置用于指定该命令按钮是否可选的值，在程序设计时不可用。如果将该属性的值设置为 True，则表示已选择该命令按钮；如果将该属性的值设置为 False（默认值），则表示没有选择该命令按钮。如果在代码中设置 Value 属性值为 True，则激活该命令按钮的 Click 事件。

- Enabled：返回或设置一个值，该值用来确定一个命令按钮控件是否能够对用户产生的事件做出反应。通过设置该属性，可以在程序运行时使命令按钮有效或无效。

- ToolTipText：返回或设置一个工具提示字符串。在程序运行时，当光标在对象上徘徊约 1 秒时，该字符串将显示在该控件下面的一个小矩形框中。

2）命令按钮控件的常用事件

Click 事件是命令按钮控件的常用事件。若想要为命令按钮控件创建 Click 事件过程，则在窗体上双击命令按钮控件即可。

任务 4.2 创建用户注册窗体

在本任务中，将创建一个用户注册窗体，其中包含文本框、单选按钮、复选框和命令按钮等控件，如图 4.7 所示。当在用户注册窗体中输入用户信息并单击"注册"按钮时，将隐藏用户注册窗体，打开另一个窗体并显示用户提交的注册信息，如图 4.8 所示。此时也可以单击"上一步"按钮返回用户注册窗体，以便对用户注册信息进行修改。

任务目标

● 掌握单选按钮控件的应用。

● 掌握框架控件的应用。

● 掌握复选框控件和命令按钮控件的应用。

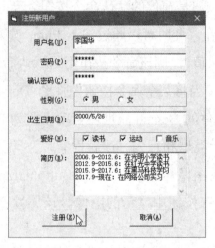

图 4.7 填写用户信息

图 4.8 确认用户信息

任务分析

文本信息通常是使用文本框来输入的。文本框分为单行文本框和多行文本框。若想要允许用户输入多行文本，则需要将文本框控件的 MultiLine 属性值设置为 True。若想要对文本框内容进行检查，则可以针对"注册"按钮编写 Click 事件过程。在填写注册信息的过程中，某些字段具有固定的内容，对于这些字段通常使用单选按钮或复选框来进行选择。在本任务中，让用户在注册时通过单选按钮来选择性别，通过复选框来选择业余爱好，与文本框相比，使用单选按钮和复选框更加方便快捷。

在本任务中，需要添加两个窗体，当单击"注册"按钮时将隐藏用户注册窗体，进入用户信息确认窗体。为了使修改后的用户信息能够显示在用户信息确认窗体中，需要在这个窗体的 Activate 事件而不是 Load 过程中编写代码。

任务实施

（1）在 Visual Basic 6.0 集成开发环境中创建一个标准 EXE 工程。

（2）将窗体 Form1 命名为 frmRegister，并将其 Caption 属性值设置为"注册新用户"，BorderStyle 属性值设置为 1，StartUpPosition 属性值设置为 2。

（3）在窗体 frmRegister 上添加以下控件。

- 添加标签控件并命名为 lblUsername，然后将其 Caption 属性值设置为"用户名(&U)："，AutoSize 属性值设置为 True。

- 在标签控件 lblUsername 的右侧添加文本框控件并命名为 txtUsername，然后将其 Text 属性值清空。

- 在标签控件 lblUsername 的下方添加标签控件并命名为 lblPassword，然后将其 Caption 属性值设置为"密码(&P)："，AutoSize 属性值设置为 True。

- 在标签控件 lblPassword 的右侧添加文本框控件并命名为 txtPassword，然后将其 PasswordChar 属性值设置为*，Text 属性值清空。

- 在标签控件 lblPassword 的下方添加标签控件并命名为 lblConfirm，然后将其 Caption 属性值设置为"确认密码(&C)："，AutoSize 属性值设置为 True。

- 在标签控件 lblConfirm 的右侧添加文本框控件并命名为 txtConfirm，然后将其 PasswordChar 属性值设置为*，Text 属性值清空。

- 在标签控件 lblConfirm 的下方添加标签控件并命名为 lblGender，然后将其 Caption 属性值设置为"性别(&G)："，AutoSize 属性值设置为 True。

- 在标签控件 lblGender 的右侧添加框架控件 Frame1，然后将其 Caption 属性值清空。在此框架控件内添加两个单选按钮控件，分别命名为 optMale 和 optFemale，并将它们的 Caption 属性值分别设置为"男"和"女"，然后将单选按钮 optMale 的 Value 属性值设置为 True。

- 在标签控件 lblGender 的下方添加标签控件并命名为 lblBirthdate，然后将其 Caption 属性值设置为"出生日期(&B)："，AutoSize 属性值设置为 True。

- 在标签控件 lblBirthdate 的右侧添加文本框控件并命名为 txtBirthdate，然后将其 Text 属性值清空。

- 在标签控件 lblBirthdate 的下方添加标签控件并命名为 lblHobby，然后将其 Caption 属性值设置为"爱好(&H)："，AutoSize 属性值设置为 True。

- 在标签控件 lblHobby 的右侧添加框架控件 Frame2，然后将其 Caption 属性值清空。在此框架内添加 3 个复选框，分别命名为 chkRead、chkSports 和 chkMusic，并将它们的 Caption 属性值分别设置为"读书"、"运动"和"音乐"。

- 在标签控件 lblHobby 的下方添加标签控件并命名为 lblResume，然后将其 Caption 属性值设置为"简历(&R)："，AutoSize 属性值设置为 True。
- 在标签控件 lblResume 的右侧添加文本框控件并命名为 txtResume，然后将其 Text 属性值清空，MultiLine 属性值设置为 True，ScrollBars 属性值设置为 2，即为其添加垂直滚动条。
- 在标签控件 lblResume 的下方添加两个命令按钮控件，分别命名为 cmdRegister 和 cmdCancel，并将它们的 Caption 属性值分别设置为"注册(&E)"和"取消(&A)"。

（4）在窗体 frmRegister 的代码窗口中编写命令按钮控件 cmdCancel 的 Click 事件过程，代码如下：

```
'当单击"取消"按钮时执行以下事件过程
Private Sub cmdCancel_Click()

    Unload Me
    Unload frmUserInfo

End Sub
```

（5）在窗体 frmRegister 的代码窗口中编写命令按钮控件 cmdRegister 的 Click 事件过程，代码如下：

```
'当单击"注册"按钮时执行以下事件过程
Private Sub cmdRegister_Click()

    If txtUsername.Text = "" Then
        MsgBox "请输入用户名!", vbInformation + vbOKOnly, Me.Caption
        txtUsername.SetFocus
        Exit Sub
    End If

    If Len(txtUsername.Text) < 3 Then
        MsgBox "用户名太短啦!", vbInformation + vbOKOnly, Me.Caption
        txtUsername.SetFocus
        Exit Sub
    End If

    If txtPassword.Text = "" Then
        MsgBox "请输入密码!", vbInformation + vbOKOnly, Me.Caption
        txtPassword.SetFocus
        Exit Sub
    End If

     If Len(txtPassword.Text) < 6 Then
        MsgBox "密码太短啦!", vbInformation + vbOKOnly, Me.Caption
```

```
        txtPassword.SetFocus
        Exit Sub
    End If

    If txtConfirm.Text = "" Then
        MsgBox "请再次输入密码！", vbInformation + vbOKOnly, Me.Caption
        txtConfirm.SetFocus
        Exit Sub
    End If

    If txtConfirm.Text <> txtPassword.Text Then
        MsgBox "两次输入的密码不匹配！", vbInformation + vbOKOnly, Me.Caption
        txtConfirm.SetFocus
        Exit Sub
    End If

    If txtBirthdate.Text = "" Then
        MsgBox "请输入出生日期！", vbInformation + vbOKOnly, Me.Caption
        txtBirthdate.SetFocus
        Exit Sub
    End If

    If Not IsDate(txtBirthdate.Text) Then
        MsgBox "输入的日期格式无效！", vbInformation + vbOKOnly, Me.Caption
        txtBirthdate.SetFocus
        Exit Sub
    End If

    If txtResume.Text = "" Then
        MsgBox "请输入个人简历！", vbInformation + vbOKOnly, Me.Caption
        txtResume.SetFocus
        Exit Sub
    End If

    Me.Hide
    frmUserInfo.Show

End Sub
```

131

（6）在当前工程中添加一个窗体并命名为 frmUserInfo，然后将其 Caption 属性值设置为
"确认用户信息"，BorderStyle 属性值设置为 1，StartUpPosition 属性值设置为 2。

（7）在窗体 frmUserInfo 上添加以下控件。

● 添加标签控件并命名为 lblUserInfo，然后将其 Caption 属性值设置为"提交的用户信息
如下："，AutoSize 属性值设置为 True。

- 在标签控件 lblUserInfo 的下方添加文本框控件并命名为 txtUserInfo，然后将其 Locked 和 MultiLine 属性值均设置为 True，ScrollBars 属性值设置为 2。

- 在文本框控件 txtUserInfo 的下方添加两个命令按钮控件，将它们分别命名为 cmdPrevious 和 cmdConfirm，并将它们的 Caption 属性值分别设置为"上一步(&P)"和"确认(&C)"。

（8）在窗体 frmUserInfo 的代码窗口中编写命令按钮控件 cmdConfirm 的 Click 事件过程，程序代码如下：

```
'当单击"确认"按钮时执行以下事件过程
Private Sub cmdConfirm_Click()

    Unload frmRegister        '卸载注册窗体
    Unload Me                 '卸载当前窗体

End Sub
```

（9）在窗体 frmUserInfo 的代码窗口中编写命令按钮控件 cmdPrevious 的 Click 事件过程，程序代码如下：

```
'当单击"上一步"按钮时执行以下事件过程
Private Sub cmdPrevious_Click()

    Me.Hide                   '隐藏当前窗体
    frmRegister.Show          '显示注册窗体

End Sub
```

（10）在窗体 frmUserInfo 的代码窗口中编写该窗体的 Activate 事件过程，程序代码如下：

```
'当该窗体成为活动窗体时执行以下事件过程
Private Sub Form_Activate()
    Dim Hobby As String

    txtUserInfo.Text = "用户名：" & frmRegister.txtUsername.Text
    txtUserInfo.Text = txtUserInfo.Text & vbCrLf & "性别：" & IIf(frmRegister.
optMale, "男", "女")
    txtUserInfo.Text = txtUserInfo.Text & vbCrLf & "出生日期：" & frmRegister.
txtBirthdate.Text
    If frmRegister.chkRead.Value = 1 Then Hobby = "爱好：" & "读书"
    If frmRegister.chkSports.Value = 1 Then Hobby = Hobby & "；运动"
    If frmRegister.chkMusic.Value = 1 Then Hobby = Hobby & "；音乐"
    txtUserInfo.Text = txtUserInfo.Text & vbCrLf & "爱好：" & Hobby
    txtUserInfo.Text = txtUserInfo.Text & vbCrLf & "个人简历：" & frmRegister.
txtResume.Text

End Sub
```

（11）将窗体 frmRegister 文件和窗体 frmUserInfo 文件分别保存为 frmRegister.frm 和

frmUserInfo.frm，将当前工程文件保存为工程 04-02.vbp。

程序测试

（1）按下 F5 键，以运行程序。

（2）通过文本框输入相关信息，通过单选按钮选择性别，通过复选框选择爱好。

（3）当单击"注册"按钮时隐藏用户注册窗体，并通过另一个窗体显示用户的注册信息。

（4）单击"上一步"按钮返回用户注册窗体，对用户注册信息进行修改，然后单击"注册"按钮，再次进入用户信息确认窗体。

（5）单击"确认"按钮，卸载所有窗体。

相关知识

1. 单选按钮控件

单选按钮（OptionButton）控件用于显示一个可以打开或关闭的选项。在单选按钮组中使用一些单选按钮显示选项，用户只能选择其中的一项。在 Frame 控件、PictureBox 控件或窗体这样的容器中绘制单选按钮控件，就可以把这些控件分组。

在窗体上添加单选按钮控件后，通常需要对其以下属性进行设置。

- Alignment：返回或设置单选按钮的提示文本的对齐方式，0 表示文本显示在左边，1 表示文本显示在右边。
- Caption：返回或设置单选按钮旁边的提示文本。
- Value：返回或设置单选按钮的状态，用于指定单选按钮是否被选中。如果属性值为 True，则表明单选按钮被选中；如果属性值为 False，则表明单选按钮未被选中。

Click 事件是单选按钮控件的常用事件，在以下情况下都会发生该事件。

- 使用鼠标左键单击单选按钮控件。
- 当单选按钮控件具有焦点时按下空格键。
- 将单选按钮控件的 Value 属性值设置为 True。

2. 框架控件

框架（Frame）控件用于为其他控件提供可标识的分组，可以在功能上进一步分割一个窗体，如把单选按钮控件分成几组。为了在 Frame 控件或 PictureBox 控件中将单选按钮控件分组，首先绘制 Frame 控件或 PictureBox 控件，然后在其内部绘制单选按钮控件。同一容器中的单选按钮控件为一个组。

为了将控件分组，首先需要绘制一个框架控件，然后绘制框架里面的控件，这样就可以把框架和里面的控件同时移动。如果在框架外部绘制了一个控件并试图把它移到框架内部，那么控件将在框架的上部，这时需要分别移动框架和控件。

为了在框架中选择多个控件，需要在使用鼠标在控件周围绘制框的同时按住 Ctrl 键。

框架控件的常用属性是 Caption 属性，用于设置显示在框架左上方的文本。

3. 复选框控件

复选框（CheckBox）控件可以用来提供 True/False 或 Yes/No 选项。在选择复选框控件后，该控件将呈现为☑，而在清除复选框控件后，对号（✓）消失。使用复选框控件构成一个控件组可以显示多项选择，可以选择其中的一项或多项。

复选框与单选按钮的区别在于：在一个窗体中可以同时选择任意数量的复选框，但是在一个单选按钮组中任何时候都只能选择一个单选按钮。

在窗体上添加复选框控件后，通常需要设置以下属性。

- Alignment：返回或设置复选框控件的提示文本的对齐方式，0 表示文本显示在左边，1 表示文本显示在右边。
- Caption：返回或设置复选框控件旁边显示的文本。
- Value：返回或设置复选框控件的状态，0 表示未选中，1 表示已选中，2 表示不可用。

Click 事件是复选框控件的常用事件，在以下情况下都会发生该事件。

- 使用鼠标左键单击复选框控件。
- 当复选框控件具有焦点时按下空格键。
- 将复选框控件的 Value 属性值设置为 True。

4. 窗体的 Activate 和 Deactivate 事件

当一个窗体对象成为活动窗体时发生 Activate 事件；而当一个窗体对象不再是活动窗体时发生 Deactivate 事件。这两个事件的语法格式如下：

```
Private Sub Form_Activate()
Private Sub Form_Deactivate()
```

一个窗体对象可以通过用户操作而变成活动的，如使用鼠标单击窗体或在代码中对窗体调用 Show 方法等。Activate 事件只有当一个窗体对象可见时才会发生。除非使用 Show 方法显示窗体，或者将窗体的 Visible 属性值设置为 True，否则一个使用 Load 语句加载的窗体是不可见的。在任务 4.2 中利用用户信息确认窗体的 Activate 事件而不是 Load 事件来获取提交的用户注册信息，如果单击"上一步"按钮返回用户注册窗体修改了用户注册信息，则可以更新所提交的用户注册信息。

Activate 和 Deactivate 事件仅当焦点在一个应用程序内移动时才发生。在另一个应用程序中将焦点移向或移离一个对象时，不会触发任何一个事件。当一个对象卸载时，不会发生 Deactivate 事件。

任务 4.3　创建简单选课系统

在本任务中，将创建一个简单的选课系统。当从顶部的组合框中选择不同专业时，左侧列表框将自动列出相关的课程，可以从中选择所需要的课程并添加到右侧列表框中；也可以从右侧列表框中移除已经选定的课程，如图 4.9 所示。当完成课程选择并单击"确定"按钮时，将会弹出另一个窗体，在此窗体中列出选课结果，如图 4.10 所示。

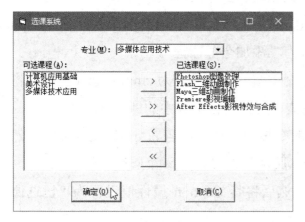

图 4.9　选择专业和课程

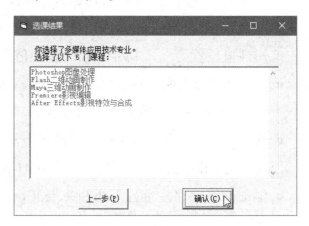

图 4.10　查看选课结果

任务目标

- 掌握列表框控件的应用。
- 掌握组合框控件的应用。

任务分析

列表框和组合框都可以用于显示项目列表。在本任务中，通过组合框来显示专业名称列表，当从该组合框中选择某个专业时，会在左侧列表框中显示与该专业相关的可选课程。想要实现这一点，可以对"专业"组合框的 Click 事件进行编程，通过 ListIndex 属性来获取当前所选择的专业，并根据专业不同调用 AddItem 方法动态加载项目。通过模块级数组来存储这些项目，并在选课窗体的 Load 事件过程中将字符串拆分成一个数组，然后把每个数组元素添加到列表框中。

任务实施

（1）在 Visual Basic 6.0 集成开发环境中创建一个标准 EXE 工程。

（2）将窗体 Form1 命名为 frmSelect，然后将其 Caption 属性值设置为"选课系统"。

（3）在窗体 frmSelect 上添加以下控件。

135

- 添加标签控件并命名为 lblMajor，然后将其 Caption 属性值设置为"专业(&M)："。
- 在工具箱窗口中单击 ComboBox 控件图标▦，在标签控件 lblMajor 的右侧绘制一个组合框控件，然后将其命名为 cmbMajor。
- 添加标签控件并命名为 lblCourse，将其 Caption 属性值设置为"可选课程(&A)："。
- 在工具箱窗口中单击 ListBox 控件图标▦，在标签控件 lblCourse 的下方绘制一个列表框控件，然后将其命名为 lstCourse。
- 在列表框控件 lstCourse 的右侧添加命令按钮控件并命名为 cmdAdd，然后将其 Caption 属性值设置为>，ToolTipText 属性值设置为"添加选中的课程"。
- 在命令按钮控件 cmdAdd 下方添加命令按钮控件并命名为 cmdAddAll，然后将其 Caption 属性值设置为>>，ToolTipText 属性值设置为"添加全部课程"。
- 在命令按钮控件 cmdAddAll 的下方添加命令按钮控件并命名为 cmdRemove，然后将其 Caption 属性值设置为<，ToolTipText 属性值设置为"移除选中的课程"。
- 在命令按钮控件 cmdRemove 的下方添加命令按钮控件并命名为 cmdRemoveAll，然后将其 Caption 属性值设置为<<，ToolTipText 属性值设置为"移除全部课程"。
- 添加标签控件并命名为 lblSelectedCourse，然后将其 Caption 属性值设置为"已选课程(&S)："。
- 在标签控件 lblSelectedCourse 的下方添加列表框控件并命名为 lstSelectedCourse。
- 在窗体底部添加命令按钮控件并命名为 cmdOK，然后将其 Caption 属性值设置为"确定(&O)："，Default 属性值设置为 True。
- 在命令按钮控件 cmdOK 的右侧添加命令按钮控件并命名为 cmdCancel，然后将其 Caption 属性值设置为"取消"，Cancel 属性值设置为 True。

（4）在窗体 frmSelect 的代码窗口中声明一些窗体级变量，程序代码如下：

```
'声明窗体级变量
Private sMajor As String, sCourse1 As String, sCourse2 As String, sCourse3 As
String
    Private aMajor() As String, aCourse1() As String, aCourse2() As String,
aCourse3() As String
```

（5）在窗体 frmSelect 的代码窗口中编写一个名称为 ListFill 的通用过程，程序代码如下：

```
''''''''''''''''''''''''''''''''''''''''''''''''''
'过程名：ListFill
'参数：oName 用于指定一个列表框或组合框，aItem 用于指定一个数组名
'功能：使用数组 aItem 中的元素来填充由 oName 指定的列表框或组合框
''''''''''''''''''''''''''''''''''''''''''''''''''
Sub ListFill(ByVal oName As Control, aItem() As String)

    Dim i As Integer
```

```
    For i = 0 To UBound(aItem)
        oName.AddItem aItem(i)
    Next

End Sub
```

（6）在窗体 frmSelect 的代码窗口中编写该窗体的 Load 事件过程，程序代码如下：

```
'当加载窗体 Form1 时执行以下事件过程
Private Sub Form_Load()

    sMajor = "计算机应用技术,多媒体应用技术,计算机网络技术"
    sCourse1 = "计算机应用基础,计算机网络基础,计算机组装与维护,Visual Basic 程序设
计,Dreamweaver 网页制作,Access 数据库应用基础,SQL Server 数据库,信息管理系统开发实训"
    sCourse2 = "计算机应用基础,美术设计,多媒体技术应用,Photoshop 图像处理,Flash 二维动画
制作,Maya 三维动画制作,Premiere 影视编辑,After Effects 影视特效与合成"
    sCourse3 = "计算机应用基础,计算机网络基础,操作系统与网络服务器管理,网络综合布线技术,路
由器交换机配置与管理,小型局域网搭建,ASP 动态网站开发,中小型网站建设与管理"

    '利用 Split 函数将字符串拆分成数组
    aMajor = Split(sMajor, ",")
    ListFill cmbMajor, aMajor
    cmbMajor.Text = cmbMajor.List(0)
    aCourse1 = Split(sCourse1, ",")
    aCourse2 = Split(sCourse2, ",")
    aCourse3 = Split(sCourse3, ",")

    '使用数组 aCourse1 中的元素来填充"可选课程"列表框
    ListFill lstCourse, aCourse1

End Sub
```

（7）在窗体 frmSelect 的代码窗口中编写组合框控件 cmbMajor 的 Click 事件过程，程序
代码如下：

```
'当从"专业"组合框中选择一个专业时执行以下事件过程
Private Sub cmbMajor_Click()

    '清除"可选课程"列表框
    lstCourse.Clear
    '清除"已选课程"列表框
    lstSelectedCourse.Clear
    '根据选择的专业不同,使用不同的课程来填充"可选课程"列表框
    Select Case cmbMajor.ListIndex
    Case 0
        ListFill lstCourse, aCourse1
    Case 1
```

```
        ListFill lstCourse, aCourse2
    Case 2
        ListFill lstCourse, aCourse3
    End Select

End Sub
```

（8）在窗体 frmSelect 的代码窗口中编写命令按钮控件 cmdAdd 的 Click 事件过程，程序代码如下：

```
'当单击 ">" 按钮时执行以下事件过程
Private Sub cmdAdd_Click()

    If lstCourse.ListCount > 0 And lstCourse.ListIndex <> -1 Then
        lstSelectedCourse.AddItem lstCourse.List(lstCourse.ListIndex)
        lstCourse.RemoveItem lstCourse.ListIndex
    ElseIf lstCourse.ListCount > 0 And lstCourse.ListIndex = -1 Then
        MsgBox "请选择要添加的课程！", vbInformation + vbOKOnly, Me.Caption
    End If

End Sub
```

（9）在窗体 frmSelect 的代码窗口中编写命令按钮控件 cmdAddAll 的 Click 事件过程，程序代码如下：

```
'当单击 ">>" 按钮时执行以下事件过程
Private Sub cmdAddAll_Click()
    Dim i As Integer

    If lstCourse.ListCount > 0 Then
        For i = lstCourse.ListCount - 1 To 0 Step -1
            lstSelectedCourse.AddItem lstCourse.List(0)
            lstCourse.RemoveItem 0
        Next
    End If

End Sub
```

（10）在窗体 frmSelect 的代码窗口中编写命令按钮控件 cmdRemove 的 Click 事件过程，程序代码如下：

```
'当单击 "<" 时执行以下事件过程
Private Sub cmdRemove_Click()

    If lstSelectedCourse.ListCount > 0 And lstSelectedCourse.ListIndex <> -1
Then
        lstCourse.AddItem lstSelectedCourse.List(lstSelectedCourse.ListIndex)
        lstSelectedCourse.RemoveItem lstSelectedCourse.ListIndex
```

```
    End If

End Sub
```

（11）在窗体 frmSelect 的代码窗口中编写命令按钮控件 cmdRemove 的 Click 事件过程，程序代码如下：

```
'当单击 "<<" 按钮时执行以下事件过程
Private Sub cmdClear_Click()
    Dim i As Integer

    If lstSelectedCourse.ListCount > 0 Then
        For i = lstSelectedCourse.ListCount - 1 To 0 Step -1
            lstCourse.AddItem lstSelectedCourse.List(0)
            lstSelectedCourse.RemoveItem 0
        Next
    End If

End Sub
```

（12）在窗体 frmSelect 的代码窗口中编写命令按钮控件 cmdCancel 的 Click 事件过程，程序代码如下：

```
'当单击 "取消" 按钮时执行以下事件过程
Private Sub cmdCancel_Click()
    '卸载选课结果窗体和选课窗体
    Unload frmResults
    Unload Me

End Sub
```

（13）在窗体 frmSelect 的代码窗口中编写命令按钮控件 cmdOK 的 Click 事件过程，程序代码如下：

```
'当单击 "确定" 按钮时执行以下事件过程
Private Sub cmdOK_Click()

    If lstSelectedCourse.ListCount > 0 Then          '如果已经选择了一些课程
        Me.Hide                                      '则隐藏当前窗体
        frmResults.Show                              '显示选课结果窗体
    Else                                             '否则弹出对话框
        MsgBox "你还没有选择任何课程！", vbInformation + vbOKOnly, "提示信息"
    End If

End Sub
```

（14）在窗体 frmSelect 的代码窗口中编写列表框控件 lstCourse 的 DblClick 事件过程，程序代码如下：

```
'当在"可选课程"列表框中双击一门课程时执行以下事件过程
Private Sub lstCourse_DblClick()
    '调用命令按钮控件 cmdAdd 的 Click 事件过程
    cmdAdd_Click

End Sub
```

（15）在窗体 frmSelect 的代码窗口中编写列表框控件 lstSelectedCourse 的 DblClick 事件过程，程序代码如下：

```
'当在"已选课程"列表框中双击一门课程时执行以下事件过程
Private Sub lstSelectedCourse_DblClick()
    '调用命令按钮控件 cmdRemove 的 Click 事件过程
    cmdRemove_Click

End Sub
```

（16）在当前工程中添加一个新窗体并命名为 frmResults，然后将该窗体的 Caption 属性值设置为"选课结果"。

（17）在窗体 frmResults 上添加以下控件。

- 添加标签控件并命名为 lblResult，然后将其 Caption 属性值清空。
- 在标签控件 lblResult 的下方添加文本框控件并命名为 txtResult，然后将其 MultiLine 属性值设置为 True，Enabled 属性值设置为 False，ScrollBars 属性值设置为 3。
- 添加命令按钮控件并命名为 cmdPrevious，然后将其 Caption 属性值设置为"上一步 (&P)"。
- 添加命令按钮控件并命名为 cmdConfirm，然后将其 Caption 属性值设置为"确认(&C)"。

（18）在窗体 frmResults 的代码窗口中编写命令按钮控件 cmdConfirm 的 Click 事件过程，程序代码如下：

```
'当单击"确认"按钮时执行以下事件过程
Private Sub cmdConfirm_Click()

    Unload frmSelect          '卸载选课窗体
    Unload Me                 '卸载当前窗体

End Sub
```

（19）在窗体 frmResults 的代码窗口中编写命令按钮控件 cmdPrevious 的 Click 事件过程，程序代码如下：

```
'当单击"上一步"按钮时执行以下事件过程
Private Sub cmdPrevious_Click()

    Me.Hide                   '隐藏当前窗体
    frmSelect.Show            '显示选课窗体
```

```
End Sub
```

（20）在窗体 frmResults 的代码窗口中编写该窗体的 Activate 事件过程，程序代码如下：

```
'当窗体 frmResults 成为活动窗体时执行以下事件过程
Private Sub Form_Activate()
  Dim i As Integer, sResult As String

  lblResults = "你选择了" & frmSelect.cmbMajor.Text & "专业。" & vbCrLf & _
  "选择了以下 " & frmSelect.lstSelectedCourse.ListCount & " 门课程: "
  For i = 0 To frmSelect.lstSelectedCourse.ListCount - 1
    sResult = sResult & frmSelect.lstSelectedCourse.List(i) & vbCrLf
  Next
  txtResult.Text = sResult

End Sub
```

（21）将窗体 frmSelect 文件和窗体 frmResults 文件分别保存为 frmSelect.frm 和 frmResults.frm，当前工程文件保存为工程 04-03.vbp。

程序测试

（1）按下 F5 键，以运行程序。

（2）从"专业"组合框中选择一个专业，此时"可选课程"列表框包含的项目将随之发生变化。

（3）在"可选课程"列表框中单击一门课程并单击">"按钮或双击想要选择的课程，使之加入"已选课程"列表框中。也可以单击">>"按钮以选取全部课程。

（4）若想要从"已选课程"列表框中移除某门课程，可以在该列表框中单击该课程并单击"<"按钮或双击该课程。也可以单击"<<"按钮以移除已经选择的全部课程。

（5）单击"确定"按钮，此时将显示另一个窗体并列出选课结果。

相关知识

1. 列表框控件

列表框（ListBox）控件用于显示项目列表，从中可以选择一项或多项。如果项目总数超过了可以显示的项目数，就自动在列表框控件上添加滚动条。

1）列表框控件的常用属性

列表框控件的常用属性如下所述。

- List：返回或设置列表框控件的列表部分的项目。该属性的值是一个字符串数组，数组的每个元素都是一个列表项目，列表框控件在程序设计时可以通过属性窗口来设置。
- ListCount：返回列表框控件的列表部分项目的个数。

- ListIndex：返回或设置列表框控件中当前选择项目的索引值，该属性在程序设计时不可用。当选定列表的第一项时，ListIndex 属性值为 0；如果未选定项目，则 ListIndex 属性值是-1。ListCount 属性包含项目数，其值总是比最大的 ListIndex 属性值大 1。

- SelCount：返回在列表框控件中被选中项目的数量。

- Selected：返回或设置在列表框控件中的一个项目的选择状态。该属性的值是一个布尔值数组，其项数与 List 属性值相同。在程序设计时是不可用的。

- Sorted：用于指定列表框控件中的元素是否自动按照字母表顺序进行排序。

- Style：用于指定列表框的样式。如果该属性的值为 0，则呈现为标准列表框；如果该属性的值为 1，则呈现为复选框式列表框，每一个文本项的边上都有一个复选框，可以选择多项。

2）列表框控件的常用方法

在程序设计时可以利用 List 属性将项目添加到列表框控件的列表中，按下 Ctrl+Enter 组合键换行添加一个新项目，按下 Enter 键完成项目添加。在程序运行时可以通过调用以下方法来添加或删除项目。

① AddItem：将项目添加到列表框控件中，语法格式如下：

```
oList.AddItem item, index
```

其中，oList 表示列表框控件；参数 item 为字符串表达式，用来指定添加到该列表框控件中的项目；参数 index 为整数，用来指定新项目在该列表框控件中的位置。对于列表框控件中的首项，参数 index 的值为 0。

如果所给出的参数 index 的值有效，则 item 将被放置在列表框控件中对应的位置。如果省略参数 index，则当将 Sorted 属性值设置为 True 时，item 将被添加到恰当的排序位置；当将 Sorted 属性值设置为 False 时，item 将被添加到列表的末尾。

② RemoveItem：从列表框控件中删除一个项目，语法格式如下：

```
oList.RemoveItem index
```

其中，oList 表示列表框控件；参数 index 是一个整数，表示想要删除的项目在列表框控件中的位置。对于列表框控件中的首项，参数 index 的值为 0。

2. 组合框控件

组合框（ComboBox）控件将文本框控件和列表框控件的特性结合在一起，既可以在控件的文本框部分输入信息，也可以在控件的列表框部分选择一项。

组合框控件的常用属性如下所述。

- Style：用于设置组合框控件的样式。如果该属性的值为 0（默认值），则呈现为下拉式组合框，包括一个下拉式列表和一个文本框，可以从列表中选择项目或在文本框中输入信息。如果该属性的值为 1，则得到一个简单组合框，包括一个文本框和一个不能下拉的列表，可以从列表中选择项目或在文本框中输入信息。如果该属性的值为 2，则呈现为下拉式列表，这种样式仅允许从下拉式列表中选择项目。

- Text：对于将 Style 属性值设置为 0 的下拉式组合框或将 Style 属性值设置为 1 的简单组合框，返回或设置编辑域中的文本；对于将 Style 属性值设置为 2 的下拉式列表框，返回在列表框中选择的项目，返回值总与表达式 List(ListIndex) 的返回值相同。

与列表框控件相同，在程序设计时可以使用 List 属性将项目添加到组合框控件的列表中。

若想要在程序运行时添加或删除组合框控件中的项目，则需要使用 AddItem 或 RemoveItem 方法。利用 List、ListCount 和 ListIndex 属性可以实现对组合框控件中项目的访问。

3. Split 函数

Split 函数返回一个下标从零开始的一维数组，它包含指定数目的子字符串，语法格式如下：

```
Split(expression[, delimiter[, count[, compare]]])
```

其中，参数 expression 是必选参数，是包含子字符串和分隔符的字符串表达式。如果参数 expression 是一个长度为零的字符串（""），则 Split 函数返回一个空数组，即没有元素和数据的数组。

参数 delimiter 是可选参数，用于标识子字符串边界的字符串字符。如果忽略该参数，则使用空格字符（" "）作为分隔符。如果参数 delimiter 是一个长度为零的字符串（""），则返回的数组仅包含一个元素，即完整的 expression 字符串。

参数 count 是可选参数，用于指定要返回的子字符串数，-1 表示返回所有的子字符串。

参数 compare 是可选参数，其值是一个数字，表示在判别子字符串时使用的比较方式，-1 表示使用 Option Compare 语句中的设置值执行比较；0 表示执行二进制比较；1 表示执行文字比较；2 仅用于 Microsoft Access，表示基于数据库中的信息执行比较。

任务 4.4　创建颜色编辑器

在本任务中，将创建一款颜色编辑器，通过滚动条或文本框来设置颜色中红色、绿色和蓝色 3 种成分的比例，从而生成一个颜色值，并用于设置标签的前景颜色，如图 4.11 所示。

图 4.11　颜色编辑器

任务目标

- 掌握滚动条的常用属性。
- 掌握滚动条的常用事件。
- 掌握控件数组的用法。

任务分析

根据颜色混合原理，任何一种颜色都可以由红色、绿色和蓝色 3 种成分混合而成，而这 3 种颜色值的取值范围都是 0~255。在本任务中，使用滚动条来设置红色、绿色和蓝色这 3 种成分的大小，为此将滚动条的 Min 和 Max 属性值分别设置为 0 和 255 即可。另外，为了实现滚动条与文本框的同步，需要对滚动条和文本框的 Change 事件进行编程。

任务实施

（1）在 Visual Basic 6.0 集成开发环境中创建一个标准 EXE 工程。

（2）将窗体 Form1 命名为 frmColorEditor，并将其 Caption 属性设置为"颜色编辑器"，BorderStyle 属性值设置为 1。

（3）在窗体 frmColorEditor 上添加以下控件。

- 添加标签控件并命名为 lblSample，然后将其 Caption 属性值设置为"宁静致远"，BorderStyle 属性值设置为 1，BackColor 属性值设置为白色，Alignment 属性值设置为 2，并对其 Font 属性进行设置。

- 添加 3 个标签控件并分别命名为 lblColor(0)、lblColor(1)和 lblColor(2)，然后将它们的 Caption 属性值分别设置为"红色(&R)："、"绿色(&G)："和"蓝色(&B)："，这些名称相同的控件构成了一个控件数组。

- 在工具箱窗口中单击 HScrollBar 控件图标，然后通过拖动鼠标在窗体上绘制一个水平滚动条控件并命名为 hsbColor，将其 Min 属性值设置为 0，Max 属性值设置为 255，SmallChange 属性值设置为 1，LargeChange 属性值设置为 10。

- 通过复制控件 hsbColor 生成一个控件数组，这个控件数组由 3 个水平滚动条控件组成，数组元素分别为 hsbColor(0)、hsbColor(1)和 hsbColor(2)。

- 在 3 个滚动条控件的右侧分别添加一个文本框控件并命名为 txtColor(0)、txtColor(1)和 txtColor(2)，然后将它们的 Text 属性值清空，这些文本框控件组成了一个控件数组。

（4）在窗体 frmColorEditor 的代码窗口中编写一个名称为 SetColor 的通用过程，程序代码如下：

```
'通用过程，用于设置标签控件 lblSample 的前景颜色
Private Sub SetColor()
    '调用 RGB 函数生成一个 RGB 颜色值
    lblSample.ForeColor = RGB(hsbColor(0).Value, hsbColor(1).Value, hsbColor(2).Value)

End Sub
```

（5）在窗体 frmColorEditor 的代码窗口中编写该窗体的 Load 事件过程，程序代码如下：

```vb
'当加载窗体时执行以下事件过程
Private Sub Form_Load()

  Dim i As Integer
  For i = 0 To 2
    txtColor(i) = 0 : hsbColor(i) = 0
  Next
  SetColor          '调用通用过程，以设置标签的前景颜色

End Sub
```

（6）在窗体 frmColorEditor 的代码窗口中编写控件数组 hsbColor 的 Change 事件过程，程序代码如下：

```vb
'当滚动条的值发生变化时执行以下事件过程
Private Sub hsbColor_Change(Index As Integer)  '参数 Index 为控件的索引值

  '同步文本框和滚动条的值
  txtColor(Index).Text = hsbColor(Index).Value
  SetColor

End Sub
```

（7）在窗体 frmColorEditor 的代码窗口中编写控件数组 txtColor 的 Change 事件过程，程序代码如下：

```vb
'当文本框中的内容发生变化时执行以下事件过程
Private Sub txtColor_Change(Index As Integer)

  If CInt(txtColor(Index).Text) > 255 Then txtColor(Index).Text = 255
  If CInt(txtColor(Index).Text) < 0 Then txtColor(Index).Text = 0
  hsbColor(Index).Value = txtColor(Index).Text
  SetColor

End Sub
```

（8）将窗体文件保存为 frmColorEditor.frm，工程文件保存为工程 04-04.vbp。

程序测试

（1）按下 F5 键，以运行程序。

（2）拖动滚动条上的滑块或单击滚动条两端的箭头，此时对应的文本框中显示出指定颜色分量的值，由红色、绿色、蓝色三基色合成的颜色自动应用于样本标签。

（3）在文本框中输入指定颜色分量的值，此时对应的滚动条上的滑块将移动到由该值确定的位置，由红色、绿色、蓝色三基色合成的颜色自动应用于样本标签。

（4）如果在文本框中输入的颜色分量值小于 0，则被设置为 0；如果在文本框中输入的颜

色分量值大于 255，则被设置为 255。

相关知识

1. 滚动条控件概述

在项目列表很长或信息量很大时，可以使用水平滚动条（HScrollBar）或垂直滚动条（VScrollBar）控件来提供简便的定位，还可以模拟当前所在的位置。滚动条可以作为输入设备，或者速度、数量的指示器来使用。例如，可以用它来控制计算机游戏的音量，或者查看计时处理中已用的时间。

2. 滚动条控件的常用属性

滚动条控件的常用属性如下所述。

- LargeChange：返回或设置当用户单击滚动条和滚动箭头之间的区域时滚动条控件的 Value 属性值的改变量。
- SmallChange：返回或设置当用户单击滚动箭头时滚动条控件的 Value 属性值的改变量。
- Max：返回或设置当滚动框处于底部或最右位置时，一个滚动条控件的 Value 属性的最大设置值。
- Min：返回或设置当滚动框处于顶部或最左位置时，一个滚动条控件的 Value 属性的最小设置值。
- Value：返回或设置滚动条的当前位置，其返回值始终介于 Max 和 Min 属性值之间，包括这两个值。

当使用滚动条作为数量或速度的指示器或作为输入设备时，可以利用 Max 和 Min 属性来设置滚动条控件的适当变化范围。

为了指定滚动条内所示变化量，在单击滚动条时需要使用 LargeChange 属性，在单击滚动条两端的箭头时，需要使用 SmallChange 属性。滚动条控件的 Value 属性值或递增，或递减，增和减的量分别是通过 LargeChange 和 SmallChange 属性设置的值。

3. 滚动条控件的常用事件

Change 事件是水平滚动条和垂直滚动条控件的常用事件。该事件在进行滚动或通过代码改变 Value 属性的设置时发生。

4. 控件数组

控件数组是由一些相同类型的控件所构成的数组，数组元素就是这些控件。同一个控件数组中的各个控件拥有一个相同的名称，可以使用 Index 属性来标识数组中的控件。

如果想要创建控件数组，则可以使用以下两种方法来实现。

- 复制并粘贴一个控件，当提示创建控件数组时，单击"是"按钮。

● 将一个控件命名为已有控件的名称，当提示创建控件数组时，单击"是"按钮。

在编程过程中，可以针对控件数组创建事件过程，该事件过程由数组内每个控件共享，通过该事件过程包含的参数 Index 可以引用指定的控件。

在任务 4.4 中，创建了 3 个控件数组，它们分别由标签控件、水平滚动条控件和文本框控件组成。根据需要，针对水平滚动条控件数组和文本框控件数组编写了事件处理程序。

5. RGB 函数

RGB 函数返回一个长整型数字，用来表示一个 RGB 颜色值，该颜色值指定红色、绿色、蓝色三基色的相对亮度，生成一个用于显示的特定颜色。语法格式如下：

```
RGB(red, green, blue)
```

其中，参数 red 表示颜色的红色成分，参数 green 表示颜色的绿色成分，参数 blue 表示颜色的蓝色成分。这些参数均为必选参数，数据类型为 Variant（Integer），数值范围为 0～255。如果传给 RGB 函数的参数值超过 255，则会被设置为 255。

任务 4.5　创建简单文字动画

147

在本任务中，利用计时器控件的 Timer 事件来移动标签控件在窗体上的位置，使标签文字向上方移动，从而生成文字动画效果，并允许通过复选框来
开启或停止动画，如图 4.12 所示。

任务目标

● 掌握计时器控件的常用属性。
● 掌握计时器控件的常用事件。

图 4.12　简单文字动画

任务分析

如果想要使标签文字在窗体上移动，则可以使用计时器控件的 Timer 事件在预定的时间间隔后重复执行一段代码，用来改变标签控件的 Top 属性。如果想要控制标签文字移动或停止，则可以使用复选框控件的 Click 事件来设置计时器控件的 Enabled 属性。如果想要调整标签文字移动速度的快慢，则可以使用垂直滚动条控件来设置计时器控件的 Interval 属性。

任务实施

（1）在 Visual Basic 6.0 集成开发环境中创建一个标准 EXE 工程。

（2）将窗体 Form1 命名为 frmAnimation，然后将其 Caption 属性值设置为"简单文字动画"，BorderStyle 属性值设置为 1。

（3）在窗体 frmAnimation 上添加以下控件。

● 添加一个标签控件并命名为 lblPoetry，然后将其 Caption 属性值设置为"红军不怕远征难 万水千山只等闲 五岭逶迤腾细浪 乌蒙磅礴走泥丸 金沙水拍云崖暖 大渡桥横铁索寒 更喜岷山千里雪 三军过后尽开颜"，Font 属性值设置为"华文新魏楷"、二号，ForeColor 属性值设置为红色。

● 添加一个垂直滚动条控件并命名为 VScroll1，然后将其 Max 属性值设置为 30，Min 属性值设置为 10，SmallChange 属性值设置为 1，LargeChange 属性值设置为 2。

● 添加两个标签控件并分别命名为 lblFast 和 lblSlow，然后将它们的 Caption 属性值分别设置为"快"和"慢"。

● 添加一个复选框控件并命名为 chkMove，然后将其 Caption 属性值设置为"移动"，Value 属性值设置为 1。

● 在工具箱窗口中双击 Timer 控件图标 ⏱，添加计时器控件并保留其默认名称 Timer1，然后将其 Interval 属性值设置为 30。

（4）在窗体 frmAnimation 的代码窗口中编写复选框控件 chkMove 的 Click 事件过程，程序代码如下：

```
'当单击复选框时执行以下事件过程
Private Sub chkMove_Click()
    '根据复选框的值设置是否启用计时器
    Timer1.Enabled = chkMove.Value
End Sub
```

（5）在窗体 frmAnimation 的代码窗口中编写该窗体的 Load 事件过程，程序代码如下：

```
'当加载窗体时执行以下事件过程
Private Sub Form_Load()
    '根据计时器的 Interval 属性设置垂直滚动条的 Value 属性
    VScroll1.Value = Timer1.Interval
End Sub
```

（6）在窗体 frmAnimation 的代码窗口中编写计时器控件 Timer1 的 Timer 事件过程，程序代码如下：

```
'每当经过预定的时间间隔后执行以下事件过程
Private Sub Timer1_Timer()
    If lblPoetry.Top + lblPoetry.Height < 0 Then
        lblPoetry.Top = Me.ScaleHeight
    End If
    lblPoetry.Top = lblPoetry.Top - 5
End Sub
```

（7）在窗体 frmAnimation 的代码窗口中编写垂直滚动条控件 VScroll1 的 Change 事件过程，程序代码如下：

```
'当垂直滚动条的值发生变化时执行以下事件过程
```

```
Private Sub VScroll1_Change()
    '根据垂直滚动条的 Value 属性设置计时器的 Interval 属性
    Timer1.Interval = VScroll1.Value
End Sub
```

（8）将窗体文件命名为 frmAnimation.frm，工程文件命名为工程 04-05.vbp。

程序测试

（1）按下 F5 键，以运行程序，此时标签文字将按照预先设定的速度自下而上移动。

（2）将滚动条的滑块向下移动，则标签文字的移动速度变慢；将滚动条的滑块向上移动，则标签文字的移动速度变快。

（3）取消对"移动"复选框的勾选，则标签文字停止移动；再次勾选"移动"复选框，则标签文字恢复移动。

相关知识

计时器（Timer）控件用于背景进程中，它是不可见的。通过引发 Timer 事件，计时器控件可以有规律地隔一段时间执行一次代码。在一个窗体上可以添加多个计时器控件。

1. 计时器控件的常用属性

计时器控件的常用属性如下所述。

- Enabled：返回或设置计时器控件的有效性，该属性的值为布尔值，如果将属性值设置为 True，则每经过指定的时间间隔将触发 Timer 事件。通过把 Enabled 属性值设置为 False 可以使计时器控件无效，将取消由计时器控件的 Interval 属性所建立的倒计数。

- Interval：返回或设置对计时器控件的计时事件各调用之间的毫秒数。语法格式如下：

```
oTimer.Interval [= milliseconds]
```

其中，oTimer 表示计时器控件；参数 milliseconds 为数值表达式，用于指定毫秒数，如果将其设置为 0（默认值），则计时器控件无效。如果将其设置为 1～65,535 之间的数值，则对计时器控件设置一个时间间隔（以毫秒计），在计时器控件的 Enabled 属性值设置为 True 时开始有效。例如，10,000 毫秒等于 10 秒；最大值为 65,535 毫秒，等于 1 分钟多一些。

提示：可以在程序设计时或在程序运行时设置计时器控件的 Interval 属性。在使用 Interval 属性时，应当记住：计时器控件的 Enabled 属性决定该控件是否对时间的推移做出响应。将 Enabled 属性值设置为 False 会关闭计时器控件，将 Enabled 属性值设置为 True 则会打开计时器控件。当计时器控件设置为有效时，倒计时总是从其 Interval 属性的设置值开始的。

2. 计时器控件的事件

计时器控件有一个 Timer 事件，通过对该事件创建事件过程可以告诉 Visual Basic 在每次 Interval 到时该做什么。在任务 4.5 中，通过 Timer 事件过程包含的代码对标签控件的 Top 属性进行修改，从而实现文字动画效果。

任务 4.6　创建简单 Web 浏览器

在本任务中，将创建一款简单的 Web 浏览器，可以在"网址:"文本框中输入一个网址并单击"转到"按钮，此时将打开目标网站，如图 4.13 所示。也可以单击"编写 HTML 代码…"按钮打开"编写 HTML 代码"窗口，在填写网页标题和网页内容后单击"提交"按钮，即可看到网页的显示效果，如图 4.14 和图 4.15 所示。

图 4.13　使用简单 Web 浏览器打开目标网站

图 4.14　编写 HTML 代码

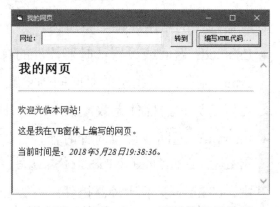

图 4.15　查看 HTML 网页的显示效果

任务目标

- 掌握 WebBrowser 控件的添加方法。
- 掌握 WebBrowser 控件的使用方法。

任务分析

在本任务中，需要创建两个窗体，分别用于制作 Web 浏览器和 HTML 编辑器。想要创建 Web 浏览器，首先需要将 WebBrowser 控件添加到 Visual Basic 6.0 集成开发环境的工具箱窗口中，并在工程中引用 Microsoft HTML Object Library。通过调用 WebBrowser 控件的 Navigate 方法，可以在该控件中打开目标网站。想要在 WebBrowser 控件中显示自己编写的 HTML 网页，需要调用 WebBrowser.Document 对象的 open、write 和 close 方法。

任务实施

（1）在 Visual Basic 6.0 集成开发环境中创建一个标准 EXE 工程。

（2）将窗体 Form1 命名为 frmWebBrowser，然后将其 Caption 属性设置为"Web 浏览器"。

（3）在"工程"下拉菜单中选择"部件"命令，在"部件"对话框的"控件"选项卡中勾选"Microsoft Internet Controls"复选框，然后单击"确定"按钮，将 WebBrowser 控件添加到工具箱窗口中，如图 4.16 所示。

（4）在"工程"下拉菜单中选择"引用"命令，在如图 4.17 所示的"引用-工程 04-06.vbp"对话框中勾选"Microsoft HTML Object Library"复选框，然后单击"确定"按钮。

图 4.16　向工具箱窗口中添加 WebBrowser 控件　　　图 4.17　在工程中引用 HTML 对象库

（5）在窗体 frmWebBrowser 上添加以下控件。

● 添加一个标签控件并命名为 lblURL，然后将其 Caption 属性值设置为"网址："。

● 添加一个文本框控件并命名为 txtURL，然后将其 Text 属性值清空。

● 添加一个命令按钮控件并命名为 cmdGo，然后将其 Caption 属性值设置为"转到"。

● 添加一个命令按钮控件并命名为 cmdWriteHTML，然后将其 Caption 属性值设置为"编写 HTML 代码..."。

● 在工具箱窗口中单击 WebBrowser 控件图标，在窗体上添加一个 WebBrowser 控件，保留其默认名称 WebBrowser1。

（6）在窗体 frmWebBrowser 的代码窗口中编写命令按钮控件 cmdGo 的 Click 事件过程，代码如下：

```vb
'当单击"转到"按钮时执行以下事件过程
Private Sub cmdGo_Click()

    If txtURL.Text = "" Then
        MsgBox "请输入目标网址！", vbInformation + vbOKOnly, Me.Caption
    Else
        Me.Caption = "Web 浏览器"
        WebBrowser1.Navigate txtURL
```

```
        End If

End Sub
```

（7）在窗体 frmWebBrowser 的代码窗口中编写命令按钮控件 cmdWriteHTML 的 Click 事件过程，程序代码如下：

```
'当单击"编写 HTML 代码…"按钮时执行以下事件过程
Private Sub cmdWriteHTML_Click()

    Me.Hide
    frmHtmlCode.Show

End Sub
```

（8）在窗体 frmWebBrowser 的代码窗口中编写该窗体的 Activate 事件过程，代码如下：

```
'当该窗体成为活动窗体时执行以下事件过程
Private Sub Form_Activate()

    Dim sHtml As String

    If frmHtmlCode.txtTitle.Text <> "" And frmHtmlCode.txtContent.Text <> "" Then
        Me.Caption = frmHtmlCode.txtTitle.Text
        sHtml = "<doctype html>"
        sHtml = sHtml & vbCrLf & "<html>"
        sHtml = sHtml & vbCrLf & "<head>"
        sHtml = sHtml & vbCrLf & "<meta charset='utf-8'>"
        sHtml = sHtml & vbCrLf & "<title>" & frmHtmlCode.txtTitle.Text & "</title>"
        sHtml = sHtml & vbCrLf & "</head>"
        sHtml = sHtml & vbCrLf & "<body>"
        sHtml = sHtml & vbCrLf & frmHtmlCode.txtContent.Text
        sHtml = sHtml & vbCrLf & "</body>"
        sHtml = sHtml & vbCrLf & "</html>"
        WebBrowser1.Document.open
        WebBrowser1.Document.write sHtml
        WebBrowser1.Document.Close
    End If

End Sub
```

（9）在窗体 frmWebBrowser 的代码窗口中编写该窗体的 Load 事件过程，代码如下：

```
'当加载该窗体时执行以下事件过程
Private Sub Form_Load()

    WebBrowser1.Navigate "about:blank"

End Sub
```

（10）在窗体 frmWebBrowser 的代码窗口中编写该窗体的 Resize 事件过程，代码如下：

```
'当首次显示该窗体或调整其大小时执行以下事件过程
Private Sub Form_Resize()

  WebBrowser1.Left = 0
  WebBrowser1.Width = Me.ScaleWidth
  WebBrowser1.Height = Me.ScaleHeight - WebBrowser1.Top

End Sub
```

（11）在窗体 frmWebBrowser 的代码窗口中编写该窗体的 Unload 事件过程，代码如下：

```
'当卸载该窗体时执行以下事件过程
Private Sub Form_Unload(Cancel As Integer)

  Unload frmHtmlCode

End Sub
```

（12）在当前工程中添加一个新窗体并命名为 frmHtmlCode，然后将其 Caption 属性值设置为"编写 HTML 代码…"。

（13）在窗体 frmHtmlCode 上添加以下控件。

- 添加一个标签控件并命名为 lblTitle，然后将其 Caption 属性值设置为"网页标题："。
- 添加一个文本框控件并命名为 txtTitle，然后将其 Text 属性值清空。
- 添加一个标签控件并命名为 lblContent，然后将其 Caption 属性值设置为"网页内容："。
- 添加一个文本框控件并命名为 txtContent，然后将其 Text 属性值清空，Multiline 属性值设置为 True，ScrollBars 属性值设置为 3，同时显示水平滚动条和垂直滚动条。
- 添加两个命令按钮控件，分别命名为 cmdSubmit 和 cmdReset，并将它们的 Caption 属性值分别设置为"提交(&S)"和"重置(&R)"。

（14）在窗体 frmHtmlCode 的代码窗口中编写命令按钮控件 cmdReset 的 Click 事件过程，代码如下：

```
'当单击"重置"按钮时执行以下事件过程
Private Sub cmdReset_Click()

  txtTitle.Text = ""
  txtContent.Text = ""

End Sub
```

（15）在窗体 frmHtmlCode 的代码窗口中编写命令按钮控件 cmdSubmit 的 Click 事件过程，代码如下：

```
'当单击"提交"按钮时执行以下事件过程
```

```
Private Sub cmdSubmit_Click()

  If txtTitle.Text = "" Or txtContent.Text = "" Then
    MsgBox "网页标题和内容不能为空！", vbInformation + vbOKOnly, Me.Caption
  Else
    Me.Hide
    frmWebBrowser.Show
  End If

End Sub
```

（16）在窗体 frmHtmlCode 的代码窗口中编写该窗体的 Unload 事件过程，代码如下：

```
'当卸载该窗体时执行以下事件过程
Private Sub Form_Unload(Cancel As Integer)

  frmWebBrowser.Show

End Sub
```

（17）将窗体文件分别保存为 frmWebBrowser.frm 和 frmHtmlCode.frm，将当前工程文件保存为工程 04-06.vbp。

程序测试

（1）按下 F5 键，以运行程序。

（2）在"Web 浏览器"窗口的"网址："文本框中输入一个网址并单击"转到"按钮，此时可以查看目标网页的显示结果。

（3）在"Web 浏览器"窗口中单击"编写 HTML 代码…"按钮，此时将打开"编写 HTML 代码"窗口。

（4）在"编写 HTML 代码"窗口中填写网页标题和网页内容，然后单击"提交"按钮，此时可以返回"Web 浏览器"窗口查看 HTML 代码的解析结果。

相关知识

在 Visual Basic 6.0 中，WebBrowser 控件也称 Microsoft Internet 控件，它是一种 ActiveX 控件，可以在应用程序内承载 Internet Explorer 浏览器。

1. WebBrowser 控件的常用属性

WebBrowser 控件的常用属性如下所述。

- Application：如果该对象有效，则返回掌管 WebBrowser 控件的应用程序实现的自动化对象（IDispatch）。如果在宿主对象中自动化对象无效，则这个程序将返回 WebBrowser 控件的自动化对象。

- Parent：返回 WebBrowser 控件的父自动化对象，通常是一个容器，如宿主或 IE 窗口。

- Container：返回 WebBrowser 控件容器的自动化对象。通常该值与 Parent 属性返回的值相同。

- Document：为活动的文档返回自动化对象。如果 HTML 文档当前正被显示在 WebBrowser 控件中，则 Document 属性提供对 DHTML Object Model 的访问途径。

- TopLevelContainer：返回一个 Boolean 值，表明 IE 窗口是否是 WebBrowser 控件顶层容器，如果是，就返回 True。

- Type：返回已经被 WebBrowser 控件加载的对象的类型。

- Left：返回或设置 WebBrowser 控件窗口的内部左边与容器窗口左边的距离。

- Top：返回或设置 WebBrowser 控件窗口的内部上边与容器窗口顶边的距离。

- Width：返回或设置 WebBrowser 控件窗口的宽度，以像素为单位。

- Height：返回或设置 WebBrowser 控件窗口的高度，以像素为单位。

- LocationName：返回一个字符串，该字符串包含 WebBrowser 控件当前显示的资源的名称。如果资源是网页，则为网页的标题；如果资源是文件或文件夹，则为文件或文件夹的名称。

- LocationURL：返回 WebBrowser 控件当前正在显示的资源的 URL。

- Busy：返回一个 Boolean 值，说明 WebBrowser 控件当前是否正在加载 URL，如果返回 True，则可以使用 stop 方法来撤销正在执行的访问操作。

2．WebBrowser 控件的常用方法

WebBrowser 控件的常用方法如下所述。

- GoBack：相当于 IE 窗口中的"后退"按钮，使用户在当前历史列表中后退一项。

- GoForward：相当于 IE 窗口中的"前进"按钮，使用户在当前历史列表中前进一项。

- GoHome：相当于 IE 窗口中的"主页"按钮，连接用户默认的主页。

- GoSearch：相当于 IE 窗口中的"搜索"按钮，连接用户默认的搜索页面。

- Navigate：连接到指定的 URL。

- Refresh：刷新当前页面。

- Stop：相当于 IE 窗口中的"停止"按钮，停止当前页面及其内容的载入。

3．WebBrowser 控件的常用事件

WebBrowser 控件的常用事件如下所述。

- BeforeNavigate2：在导航发生前激活，当刷新时不激活。

- CommandStateChange：当命令的激活状态改变时激活。它表明何时激活或关闭 Back 和 Forward 菜单项或按钮。

- DocumentComplete：当整个文档完成时激活，刷新页面不激活。
- DownloadBegin：当某项下载操作已经开始后激活，刷新也可以激活此事件。
- DownloadComplete：当某项下载操作已经完成后激活，刷新也可以激活此事件。
- NavigateComplete2：在导航完成后激活，当刷新时不激活。
- NewWindow2：在创建新窗口以前激活。
- OnFullScreen：当 FullScreen 属性改变时激活。
- OnQuit：无论是用户关闭浏览器还是开发者调用 Quit 方法，当 IE 退出时就会激活。
- OnStatusBar：与 OnMenuBar 调用方法相同，用于指定状态栏是否可见。
- OnToolBar：调用方法同上，用于指定工具栏是否可见。
- OnVisible：用于控制窗口的可见或隐藏。
- StatusTextChange：如果想要改变状态栏中的文字，这个事件就会被激活，但是它并不理会程序是否有状态栏。
- TitleChange：当 Title 属性有效或改变时激活。

4. 向 WebBrowser 控件中写入 HTML 内容

如果想要向 WebBrowser 控件中写入 HTML 内容，则首先需要在 Form_Load 事件过程中添加以下语句：

```
WebBrowser1.Navigate "about:blank"
```

这样可以确保 WebBrowser1 控件是可用的。

然后需要依次调用 WebBrowser1.Document 对象的 open、write 和 close 方法。示例如下：

```
Dim sHtml As String

sHtml = "<h1>我的网页</h1>"
sHtml = sHtml & "<hr>"
sHtml = sHtml & "<p>欢迎光临！</p>"

WebBrowser1.Document.open
WebBrowser1.Document.write sHtml
WebBrowser1.Document.close
```

项目小结

在 Visual Basic 应用程序中，图形用户界面就是通过在窗体上添加各种控件来实现的。控件分为标准控件和 ActiveX 控件两大类。

每当启动 Visual Basic 6.0 集成开发环境时，标准控件便自动出现在工具箱窗口中。本项目介绍了大多数标准控件的使用方法，主要包括标签控件、文本框控件、命令按钮控件、框架控件、复选框控件、单选按钮控件、列表框控件、组合框控件、滚动条控件、计时器控件及

WebBrowser 控件等。ActiveX 控件用于扩展 Visual Basic 应用程序的功能，这一类控件需要使用"工程"下拉菜单中的"部件"命令添加到工具箱窗口中，而且仅对当前工程有效。

通过实施本项目，读者不仅需要着重掌握各个标准控件的常用属性、方法和事件，还需要掌握添加和使用 ActiveX 控件的方法。

项目思考

一、选择题

1. 如果想要使标签控件中的文本水平居中对齐，则应将其 Alignment 属性值设置为（　　）。

 A. 0　　　　　　　　　　　　　　　　B. 1

 C. 2　　　　　　　　　　　　　　　　D. 3

2. 如果想要使文本框同时包含两种滚动条，则应将其 ScrollBars 属性值设置为（　　）。

 A. 0　　　　　　　　　　　　　　　　B. 1

 C. 2　　　　　　　　　　　　　　　　D. 3

3. 在文本框的 KeyDown 事件中，如果参数 Shift 的值为 6，则表示（　　）。

 A. Shift 键被按下　　　　　　　　　　B. Ctrl 键被按下

 C. Alt 键被按下　　　　　　　　　　　D. Ctrl 键和 Alt 键同时被按下

4. 在以下情况中，不会发生复选框控件的 Click 事件的情况是（　　）。

 A. 使用鼠标左键单击复选框控件　　　　B. 当复选框控件具有焦点时按下空格键

 C. 当复选框控件具有焦点时按下 Enter 键　D. 将复选框控件的 Value 属性值设置为 1

5. 如果在程序运行时想要向列表框中添加项目，则应调用（　　）方法。

 A. Add　　　　　　　　　　　　　　　B. AddItem

 C. Fill　　　　　　　　　　　　　　　D. FillItem

6. 如果想要创建一个下拉式组合框（包括一个下拉式列表和一个文本框），则应将 Style 属性值设置为（　　）。

 A. 0　　　　　　　　　　　　　　　　B. 1

 C. 2　　　　　　　　　　　　　　　　D. 3

7. 使用 WebBrowser 控件的（　　）属性可以为活动的文档返回自动化对象。

 A. Application　　　　　　　　　　　　B. Parent

 C. Container　　　　　　　　　　　　D. Document

8. 如果想要使用 WebBrowser 控件连接到指定的网址，就调用该控件的（　　）方法。

 A. GoForward　　　　　　　　　　　　B. GoHome

 C. GoSearch　　　　　　　　　　　　D. Navigate

二、判断题

1. 按住 Shift 键的同时按下方向键可以移动控件的位置。（　　）

2. 按住 Ctrl 键的同时按下方向键可以调整控件的大小。（　　）

3. 将标签控件的 AutoSize 属性值设置为 True，可以保持标签大小不变。（　　）

4. 若想要在文本框中接收多行文本，则应将其 MultiLine 属性值设置为 True。（　　）

5. 使用 Caption 属性可以返回或设置文本框控件中的文本内容。（　　）

6. 若想要屏蔽用户在文本框中输入的密码，则应设置文本框控件的 PasswordChar 属性。（　　）

7. 在同一个窗体上可以设置多个默认按钮。（　　）

8. 若将某个命令按钮控件的 Cancel 属性值设置为 True，则可以使用 Esc 键选中该命令按钮。（　　）

9. 若想要将单选按钮控件和复选框控件设置为选中状态，则应将它们的 Value 属性值设置为 True。（　　）

10. 在创建复选框式列表框时，应将列表框控件的 Style 属性值设置为 1。（　　）

11. 如果列表框控件的 ListIndex 属性值为 0，则说明当前没有选中任何项目。（　　）

12. 滚动条控件的 LargeChange 属性返回或设置当单击滚动箭头时该控件的 Value 属性值的改变量。（　　）

13. 当将计时器控件的 Enabled 属性值设置为 True 时，该控件每经过指定的时间间隔就触发 Timer 事件。（　　）

项目实训

1. 创建一个应用程序，要求当使用鼠标指针指向窗体上的标签文字时出现阴影效果，当鼠标指针离开标签文字时阴影效果消失。

2. 创建一个系统登录窗体，要求输入用户名和密码，当单击"登录"按钮时对输入的用户名和密码进行检查，如果用户名和密码与预先设置的内容匹配，则显示登录成功信息，否则显示登录失败信息。

3. 创建一个用户注册窗体，要求窗体上包含文本框控件、单选按钮控件、复选框控件和命令按钮控件等，当在用户注册窗体中输入用户信息并单击"注册"按钮时，隐藏用户注册窗体，打开另一个窗体并显示用户的注册信息。

4. 创建一个简单的选课系统，当在组合框中选择不同专业时，通过列表框列出相关的课程，可以从中选择所需要的课程，并允许添加或删除课程。当选择一些课程并单击"确定"按钮时，通过另一个窗体列出选课结果。

5. 创建一款颜色编辑器，通过滚动条或文本框来设置红色、绿色、蓝色三基色的比例，以生成所需的RGB 颜色值，并用于设置标签的前景颜色。要求实现滚动条的值与文本框中的内容同步。

6. 创建一个应用程序，利用计时器的计时事件来移动标签控件在窗体上的位置，以生成文字动画效果，并允许通过复选框来开启或停止动画。要求在窗体上显示一个数字时钟。

7. 创建一款简单的 Web 浏览器，可以通过输入网址来打开指定的网站，也可以解析和显示自己编写的HTML 代码。

项目 5 设计多媒体程序

多媒体（Multimedia）是多种媒体的综合，一般包括文本、图像、声音、动画和视频等媒体形式。Visual Basic 6.0 具有很强的多媒体处理控制功能，可以用于处理文本、图像、动画、声音等多媒体数据。Visual Basic 6.0 为开发者提供了一系列基本的绘图方法，支持在窗体上绘制几何图形，并允许设置颜色、线型及填充样式，还允许在窗体上加载各种流行的图像文件格式。此外，通过调用 Windows API 函数或添加 ActiveX 控件，还可以在应用程序中播放声音、动画和视频，从而使应用程序具有引人入胜的多媒体表现能力。

本项目将通过一组任务来介绍如何使用 Visual Basic 6.0 制作多媒体应用程序，主要内容包括在窗体上绘制图形、使用图像框控件和图像控件、处理图像、播放音乐、播放 Flash 动画，以及播放视频等。

项目目标

- 掌握在窗体上绘制图形的相关方法。
- 掌握图像框控件和图像控件的使用方法。
- 掌握播放音乐、动画和视频的方法。

任务 5.1 绘制正弦曲线

在进行多媒体教学时，经常需要动态地画出各种曲线进行教学演示，以加深学生对知识的理解。本任务实现的是在窗体上动态绘制一条正弦曲线。程序运行效果如图 5.1 所示。

任务目标

- 理解 Visual Basic 6.0 窗体坐标系。
- 掌握颜色的使用方法。

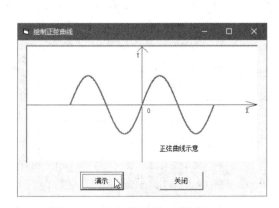

图 5.1 正弦曲线演示效果

● 掌握使用 PSet 方法绘制点的方法。

● 掌握使用 Line 方法绘制直线的方法。

任务分析

在绘图时首先需要建立坐标系，为此可以使用 Scale 方法设定用户坐标系，将坐标原点设置在图像框控件的中心，并通过执行 Line 方法分别绘出蓝色的坐标系的 X 轴、Y 轴及箭头线。在绘制正弦曲线时可以使用 For 循环语句来实现，使用 PSet 方法绘出红色的点，使点的坐标按照正弦规律变化，并通过设置很小的步长值来形成动画效果。

任务实施

（1）在 Visual Basic 6.0 集成开发环境中创建一个标准 EXE 工程。

（2）将窗体 Form1 命名为 frmSineCurve，然后将其 Caption 属性值设置为"绘制正弦曲线"，StartUpPosition 属性值设置为 2。

（3）在工具箱窗口中单击 PictureBox 控件图标，然后在窗体 frmSineCurve 上绘制一个图像框控件，保留其默认名称 Picture1，将其 BackColor 属性值设置为白色。

（4）在图像框控件 Picture1 的下方添加两个命令按钮控件，分别命名为 cmdIllustrate 和 cmdClose，并将它们的 Caption 属性值分别设置为"演示"和"关闭"。

（5）在窗体 frmSineCurve 的代码窗口中编写命令按钮控件 cmdIllustrate 的 Click 事件过程，程序代码如下：

```
'当单击"演示"按钮时执行以下事件过程
Private Sub cmdIllustrate_Click()

    Const PI = 3.14159
    Dim x As Single

    '清除图像框控件 Picture1 中包含的内容
    Picture1.Cls
    '使用 Scale 方法设定用户坐标系，坐标原点在图像框控件 Picture1 的中心
    Picture1.ScaleMode = 0
    Picture1.ScaleMode = 3
    Picture1.Scale (-10, 10)-(10, -10)
    '设置绘线宽度
    Picture1.DrawWidth = 1
    '绘出坐标系的 X 轴及箭头线
    Picture1.Line (-10, 0)-(10, 0), QBColor(9)
    Picture1.Line (9, 0.5)-(10, 0), QBColor(9)
    Picture1.Line -(9, -0.5), QBColor(9)
    Picture1.ForeColor = QBColor(9)
    Picture1.Print "X"
```

```
'绘出坐标系的 Y 轴及箭头线
Picture1.Line (0, 10)-(0, -10), QBColor(9)
Picture1.Line (0.5, 9)-(0, 10), QBColor(9)
Picture1.Line -(-0.5, 9), QBColor(9)
Picture1.Print "Y"
'指定位置显示原点 O
Picture1.CurrentX = 0.5
Picture1.CurrentY = -0.5
Picture1.Print "O"


'重新设置绘线宽度
Picture1.DrawWidth = 2
'使用 For 循环绘点，使其按照正弦规律变化。步长值很小，以形成动画效果
For x = -2 * PI To 2 * PI Step PI / 6000
  Picture1.PSet (x, Sin(x) * 5), QBColor(12)
Next


'指定位置显示描述文字
Picture1.CurrentX = PI / 2
Picture1.CurrentY = -7
Picture1.ForeColor = QBColor(0)
Picture1.Print "正弦曲线示意"

End Sub
```

（6）在窗体 frmSineCurve 的代码窗口中编写命令按钮控件 cmdClose 的 Click 事件过程，程序代码如下：

```
'当单击"关闭"按钮时执行以下事件过程
Private Sub cmdClose_Click()

    Unload Me

End Sub
```

（7）将窗体文件和工程文件分别保存为 frmSineCurve.frm 和工程 05-01.vbp。

程序测试

（1）按下 F5 键，以运行程序。

（2）单击"演示"按钮，此时将绘制出一条红色的正弦曲线。

（3）单击"关闭"按钮，以退出程序。

相关知识

Visual Basic 6.0 提供了一些在控件上绘制图形的方法。在编写绘图程序之前，首先需要了解窗体坐标系和颜色的应用，并掌握相关的绘图方法。

1. 窗体坐标系

坐标描述一个像素在屏幕上的位置或打印纸上的点的位置。窗体上的任何一点都可以使用 X 坐标和 Y 坐标表示。Visual Basic 6.0 中的窗体坐标系如图 5.2 所示。

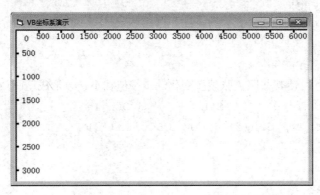

图 5.2　Visual Basic 6.0 中的窗体坐标系

窗体的 ScaleMode 属性返回或设置一个值，用于指定坐标的度量单位，其值如表 5.1 所示。

表 5.1　窗体的 ScaleMode 属性的返回或设置值

符 号 常 量	数 值	说 明	大 小
vbUser	0	用户定义坐标系	
vbTwips	1	Twips（缇）	1440 twips/inch
vbPoints	2	Points（点）	72 dots/inch
vbPixels	3	Pixels（像素）	
vbCharacters	4	字符数	宽 120 twips，高 240 twips
vbInches	5	英寸	
vbMillimeters	6	毫米	
vbCentimeters	7	厘米	

如果想要改变默认的坐标系，则设置 ScaleMode 属性即可。如果设置 ScaleMode 属性值为 vbInches，则控件上的距离的单位必须指定为英寸，这时相距 1 个单位的两个点就表示相距 1 英寸。还可以指定小数形式的距离，如 0.1，对应于 1/10 英寸。改变 ScaleMode 属性并不影响控件的大小，只是改变控件上点的网格分布密度。

如果想要建立用户自定义坐标系，则可以使用 Scale 方法或 Scale 方法的相关属性来实现。Scale 方法的语法格式如下：

```
Scale (X1, Y1) - (X2, Y2)
```

其中，(X1, Y1)是绘图区域左上角的坐标；(X2, Y2)是绘图区域右下角的坐标。

例如，Scale (-320, 240) - (320, -240) 定义了绘图区域的大小为 640 像素×480 像素，坐标

原点(0,0)在绘图区域中心。

Visual Basic 设置坐标的方式有绝对坐标与相对坐标两种。绝对坐标是相对于原点（对象左上角）的横向距离与纵向距离。相对坐标则是相对于最后参照点（在调用绘图方法后停留的位置）的横向距离与纵向距离。在坐标前面加 Step 表示相对坐标，在坐标前面没有加 Step 就是绝对坐标，当使用相对坐标时有延续效果。

2. 使用 Visual Basic 颜色

Visual Basic 6.0 提供了两个选择颜色函数 QBColor 和 RGB，其中，QBColor 函数能够选择 16 种颜色。表 5.2 所示为 QBColor 函数能够选择的颜色。

表 5.2　QBColor 函数能够选择的颜色

代　号	颜　色	代　号	颜　色	代　号	颜　色	代　号	颜　色
0	黑色	4	暗红色	8	灰色	12	红色
1	暗蓝色	5	暗紫色	9	蓝色	13	紫色
2	暗绿色	6	暗黄色	10	绿色	14	黄色
3	暗青色	7	亮灰色	11	青色	15	白色

RGB 函数返回一个 Long 整数，用来表示一个 RGB 颜色值，语法格式如下：

```
RGB(red, green, blue)
```

其中，参数 red、green 和 blue 分别用于指定三基色中红色、绿色和蓝色的比例，它们的取值范围均为 0～255。

BackColor 属性用于设置对象的背景颜色，ForeColor 属性用于设置对象的前景颜色，对窗体而言，前景颜色表示输出文字或图形的颜色。在程序设计时，可以利用属性窗口来设置颜色。在程序代码中，可以利用语句来设置颜色。

3. PSet 方法

PSet 方法将对象上的点设置为指定颜色，语法格式如下：

```
object.PSet [Step] (x, y), [color]
```

其中，参数 object 是可选参数，其值为绘图的对象，可以是窗体、图像框或打印机的名称。如果省略参数 object，则以当前具有焦点的窗体作为对象。关键字 Step 是可选的，用于指定相对于由 CurrentX 和 CurrentY 属性提供的当前图形位置的坐标。

参数(x, y)是必需的，其值为单精度浮点数，用于指定点的水平（x 轴）坐标和垂直（y 轴）坐标。

参数 color 是可选的，其值是长整型数，为该点指定的 RGB 颜色。如果它被省略，则使用当前的 ForeColor 属性值。可以使用 RGB 函数或 QBColor 函数来指定颜色。

使用 PSet 方法所画点的尺寸取决于 DrawWidth 属性值。当 DrawWidth 属性值为 1 时，PSet 方法将一个像素的点设置为指定颜色。当 DrawWidth 属性值大于 1 时，则点的中心位于指定坐标。

画点的方法取决于 DrawMode 和 DrawStyle 属性值。

在执行 PSet 方法时，CurrentX 和 CurrentY 属性被设置为参数指定的点。

如果想要使用 PSet 方法清除单一像素，则可以设置该像素的坐标，并使用 BackColor 属性值作为参数 color。

4. Line 方法

Line 方法用于在窗体或图像框中画直线和矩形，语法格式如下：

```
object.Line [Step] (x1, y1) [Step] (x2, y2), [color], [B][F]
```

其中，参数 object 是可选参数，用于指定执行 Line 方法的对象。如果省略此参数，则以当前具有焦点的窗体作为对象。

两个 Step 关键字都是可选参数，第一个 Step 关键字用于指定相对于当前绘图位置 (CurrentX,CurrentY)的起点坐标；第二个 Step 关键字用于指定相对于直线起点的终点坐标。

参数(x1,y1)是可选参数，其值为单精度浮点数，用于指定直线或矩形的起点坐标。窗体的 ScaleMode 属性决定了使用的度量单位。当省略参数(x1,y1)时，直线起始于由 CurrentX 和 CurrentY 属性所指定的位置。

参数(x2,y2)是必选参数，用于指定直线或矩形的终点坐标。

参数 color 是可选参数，其值是一个长整型数，用于指定画线时使用的 RGB 颜色。如果省略参数 color，则使用窗体的 ForeColor 属性值画线。在程序中可以使用 Visual Basic 预定义的符号常量来设置颜色值，也可以使用 RGB 函数或 QBColor 函数来设置颜色值。

B 和 F 都是可选项。如果同时使用 B 和 F 选项，则利用对角坐标画出一个矩形，此时 F 选项规定矩形内部以其边框的颜色来填充。如果仅使用 B 选项而不使用 F 选项，则矩形内部按照窗体的 FillColor 和 FillStyle 属性值指定的填充颜色和填充样式来填充。FillStyle 属性的默认值为 transparent（透明的），此时不填充矩形内部。只有在使用 B 选项的前提下才能使用 F 选项。

在使用 Line 方法时，应注意以下几点。

- 当画两条相连的直线时，前一条直线的终点就是后一条直线的起点。
- 线宽取决于 DrawWidth 属性值，其取值范围为 1～32,767，以像素为单位，默认线宽为 1 像素。
- 在背景上画线和矩形的方法取决于 DrawMode 和 DrawStyle 属性值，前者的取值范围为 1～16，后者的取值范围为 0～6。其中，0 表示实线（默认值），1 表示虚线，2 表示点线，3 表示点画线，4 表示双点画线，5 表示无线，6 表示内收实线。
- 在执行 Line 方法时，将以线的终点坐标来设置 CurrentX 和 CurrentY 属性。

任务 5.2　绘制几何图形

本任务演示的是如何在窗体上绘制几何图形，包括圆、椭圆、扇形和矩形等。程序运行效果分别如图 5.3~图 5.6 所示。

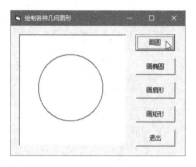

图 5.3　绘制圆

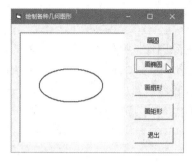

图 5.4　绘制椭圆

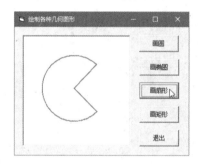

图 5.5　绘制扇形

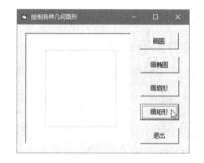

图 5.6　绘制矩形

任务目标

● 理解 Circle 方法的语法格式。

● 掌握使用 Circle 方法绘制圆、椭圆和扇形的方法。

● 掌握使用 Line 方法绘制矩形的方法。

任务分析

想要在窗体上绘制圆、椭圆或扇形，可以通过调用 Circle 方法并修改其参数设置来实现。

任务实施

（1）在 Visual Basic 6.0 集成开发环境中创建一个标准 EXE 工程。

（2）将窗体 Form1 命名为 frmGeometry，然后将其 Caption 属性值设置为"绘制各种几何图形"，StartUpPosition 属性值设置为 2。

（3）在窗体 frmGeometry 上添加以下控件。

● 添加一个图像框控件，保留其默认名称 Picture1，然后将其 BackColor 属性值设置为白色。

● 在图像框控件 Picture1 的右侧添加 5 个命令按钮控件，分别命名为 cmdDrawCircle、cmdDrawEllipse、cmdDrawFan、cmdDrawRectangle 和 cmdQuit，然后将它们的 Caption 属性值分别设置为"画圆"、"画椭圆"、"画扇形"、"画矩形"和"退出"。

（4）在窗体 frmGeometry 的代码窗口中编写命令按钮控件 cmdDrawCircle 的 Click 事件过程，程序代码如下：

```
'当单击"画圆"按钮时执行以下事件过程
Private Sub cmdDrawCircle_Click()

    '清除图像框控件 Picture1 内的图形
    Picture1.Cls
    '设置绘线宽度
    Picture1.DrawWidth = 2
    Picture1.Circle (1567, 1567), 1000, QBColor(12)

End Sub
```

（5）在窗体 frmGeometry 的代码窗口中编写命令按钮控件 cmdDrawEllipse 的 Click 事件过程，程序代码如下：

```
'当单击"画椭圆"按钮时执行以下事件过程
Private Sub cmdDrawEllipse_Click()

    '清除图像框控件 Picture1 内的图形
    Picture1.Cls
    '设置绘线宽度
    Picture1.DrawWidth = 2
    Picture1.Circle (1567, 1567), 1000, QBColor(9), , , 0.5

End Sub
```

（6）在窗体 frmGeometry 的代码窗口中编写命令按钮控件 cmdDrawFan 的 Click 事件过程，程序代码如下：

```
'当单击"画扇形"按钮时执行以下事件过程
Private Sub cmdDrawFan_Click()

    Const PI = 3.14159
    Picture1.Cls
    '设置绘线宽度
    Picture1.DrawWidth = 2
    Picture1.Circle (1567, 1567), 1000, QBColor(13), -PI / 4, -PI * 7 / 4

End Sub
```

（7）在窗体 frmGeometry 的代码窗口中编写命令按钮控件 cmdDrawRectangle 的 Click 事件过程，程序代码如下：

```
'当单击"画矩形"按钮时执行以下事件过程
Private Sub cmdDrawRectangle_Click()

    Picture1.DrawWidth = 2
    Picture1.Cls
    Picture1.Line (600, 500)-(2800, 2800), QBColor(10), B

End Sub
```

（8）在窗体 frmGeometry 的代码窗口中编写命令按钮控件 cmdQuit 的 Click 事件过程，程序代码如下：

```
'单击"退出"按钮时执行以下事件过程
Private Sub cmdQuit_Click()
    Unload Me
End Sub
```

（9）将窗体文件和工程文件分别保存为 frmGeometry.frm 和工程 05-02.vbp。

程序测试

（1）按下 F5 键，以运行程序。

（2）单击"画圆"按钮，在窗体上绘制一个圆。

（3）单击"画椭圆"按钮，在窗体上绘制一个椭圆。

（4）单击"画扇形"按钮，在窗体上绘制一个扇形。

（5）单击"画矩形"按钮，在窗体上绘制一个矩形。

（6）单击"退出"按钮，以结束程序运行。

相关知识

在任务 5.2 中，使用 Circle 方法在图像框中绘制了圆、椭圆和扇形，使用 Line 方法在图像框中绘制了矩形，其中 Line 方法在任务 5.1 中已经介绍过了。这里着重讲解一下 Circle 方法的语法格式和使用方法。

Circle 方法用于在对象上画圆、椭圆或弧，语法格式如下：

```
object.Circle [Step] (x, y), radius, [color, start, end, aspect]
```

其中，参数 object 是一个可选参数，用于指定执行 Circle 方法的对象，如果省略该参数，则以当前具有焦点的窗体作为执行对象。

Step 关键字是一个可选项，使用此选项可以将圆、椭圆或弧的中心指定为相对坐标，参照点的坐标即当前对象的 CurrentX 和 CurrentY 属性值。

参数(x, y)和 radius 都是必选参数，它们的值为单精度浮点数。参数(x,y)用于指定圆、椭圆或弧的中心坐标。参数 radius 用于指定圆、椭圆或弧的半径。圆心坐标和半径所使用的度量单位由对象的 ScaleMode 属性决定，默认值为 1，此时的度量单位是缇（twip）。

参数 color 是一个可选参数，其值是一个长整型数，用于指定圆周的 RGB 颜色，可以使用 Visual Basic 预定义的符号常量来设置参数 color，也可以使用 RGB 函数或 QBColor 函数来指定颜色。如果省略参数 color，则使用窗体的 ForeColor 属性值。

参数 start、end 和 aspect 也都是可选参数，它们的值为单精度浮点数。参数 start 和 end 以弧度为单位，取值范围为-2π～2π。当弧、部分圆或椭圆画完以后，这两个参数指定弧的起点和终点的位置。起点的默认值是 0，终点的默认值是 2π。参数 aspect 用于指定圆的纵横尺寸比，其默认值为 1.0（标准圆），当该参数不等于 1 时，将画出椭圆。

在使用 Circle 方法时，应注意以下几点。

- 如果想要填充圆或椭圆，则应把所属对象的 FillStyle 属性值设置为除 1（透明）以外的其他值，并选择适当的 FillColor 属性。只有封闭图形才能填充，这里所说的封闭图形包括圆、椭圆和扇形。

- 当画部分圆或椭圆时，如果参数 start 为负数，则 Circle 方法画一个半径到由参数 start 指定的角度，并将该角度处理为正值；如果参数 end 为负，则 Circle 画一个半径到由参数 end 指定的角度，也将该角度处理为正值。Circle 方法总是按照逆时针方向绘图。

- 当画圆、椭圆或弧时，线宽取决于 DrawWidth 属性值。在背景上画圆的方法则取决于 DrawMode 和 DrawStyle 属性值。

- 当画角度为 0 的扇形时，需要画出一个半径（即向右画一条水平线段），这时应给参数 start 指定一个很小的负值，不要取 0。

- 在 Circle 方法中可以省略语法中间的某个参数，但是不能省略分隔参数的逗号。最后一个参数后面的逗号可以省略。

- 在执行 Circle 方法时，将以中心点坐标来设置 CurrentX 和 CurrentY 属性。

任务 5.3 制作图形变换效果

在本任务中，将创建一个应用程序，通过单击相应的命令按钮，可以改变图形的形状、线型或填充样式。程序运行效果如图 5.7 所示。

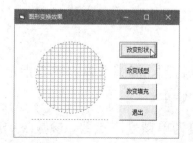

图 5.7 图形变换的演示效果

任务目标

- 掌握 Line 控件的使用方法。
- 掌握 Shape 控件的使用方法。

任务分析

Visual Basic 6.0 提供了两个图形控件，即 Line 控件和 Shape 控件，用于在设计模式下在窗体上绘制图形。通过修改这些控件的 BorderStyle 属性，可以使它们呈现出不同的线型。对 Shape 控件而言，通过修改 Shape 属性值可以使其呈现为不同的形状，包括矩形、正方形、椭圆、圆、圆角矩形和圆角正方形；通过修改其 FillStyle 属性值则可以得到不同的填充样式。为了使图形控件的属性值重复不断地变化，可以使用 Static 关键字来声明静态变量，这样事件过程每次运行后变量值就会保留下来，从而实现图形不断变换的效果。

任务实施

（1）在 Visual Basic 6.0 集成开发环境中创建一个标准 EXE 工程。

（2）将窗体 Form1 命名为 frmGraphicControls，然后将其 Caption 属性值设置为"图形变换效果"，在属性窗口中将其 BackColor 属性值设置为白色，StartUpPosition 属性值设置为 2。

（3）在窗体 frmGraphicControls 上添加以下控件。

- 在工具箱窗口中单击 Line 控件图标，然后在窗体上绘制一个 Line 控件，保留其默认名称 Line1，将其 BorderColor 属性值设置为红色。

- 在工具箱窗口中单击 Shape 控件图标，然后在窗体上绘制一个 Shape 控件，保留其默认名称 Shape1，将其 BorderColor 属性值设置为红色，FillColor 属性值设置为绿色。

- 添加 4 个命令按钮控件，将它们分别命名为 cmdChangeShape、cmdChangeLineStyle、cmdChangeFillStyle 和 cmdQuit，然后将它们的 Caption 属性值分别设置为"改变形状"、"改变线型"、"改变填充"和"退出"。

（4）在窗体 frmGraphicControls 的代码窗口中编写命令按钮控件 cmdChangeShape 的 Click 事件过程，程序代码如下：

```
'当单击"改变形状"按钮时执行以下事件过程
Private Sub cmdChangeShape_Click()
    Static i As Integer

    Shape1.Shape = i
    i = i + 1
    If i = 5 Then i = 0
End Sub
```

（5）在窗体 frmGraphicControls 的代码窗口中编写命令按钮控件 cmdChangeLineStyle 的

Click 事件过程，程序代码如下：

```
'当单击"改变线型"按钮时执行以下事件过程
Private Sub cmdChangeLineStyle_Click()
    Static i As Integer

    Shape1.BorderStyle = i
    Line1.BorderStyle = i
    i = i + 1
    If i = 6 Then i = 0
End Sub
```

（6）在窗体 frmGraphicControls 的代码窗口中编写命令按钮控件 cmdChangeFillStyle 的 Click 事件过程，程序代码如下：

```
'当单击"改变填充"按钮时执行以下事件过程
Private Sub cmdChangeFillStyle_Click()
    Static i As Integer

    Shape1.FillStyle = i
    i = i + 1
    If i = 8 Then i = 0
End Sub
```

（7）在窗体 frmGraphicControls 的代码窗口中编写命令按钮控件 cmdQuit 的 Click 事件过程，程序代码如下：

```
'当单击"退出"按钮时执行以下事件过程
Private Sub cmdQuit_Click()
    Unload Me
End Sub
```

（8）将窗体文件和工程文件分别命名为 frmGraphicControls.frm 和工程 05-03.vbp。

程序测试

（1）按下 F5 键，以运行程序。

（2）每单击一次"改变形状"按钮，变换一次上面图形的形状。

（3）每单击一次"改变线型"按钮，变换一次两个图形的线型。

（4）每单击一次"改变填充"按钮，变换一次上面图形的填充样式。

（5）单击"退出"按钮，以结束程序运行。

相关知识

1. Line 控件

Line 控件是一个图形控件，用于在窗体上显示水平线、垂直线或对角线。

在程序设计时，可以使用 Line 控件在窗体上绘制线。在程序运行时，除了使用 Line 方法，还可以使用 Line 控件，或者使用后者代替前者。即使将 AutoRedraw 属性值设置为 False，Line 控件绘制的线也仍会保留在窗体上。可以在窗体、图像框和框架中显示 Line 控件。在程序运行时不能使用 Move 方法移动 Line 控件，但是可以通过改变 X1、X2、Y1 和 Y2 属性值来移动它或调整它的大小。

Line 控件的常用属性如下所述。

- BorderColor：返回或设置对象的边框颜色。
- BorderStyle：返回或设置对象的边框样式。BorderStyle 属性有以下设置值：0 表示透明，1（默认值）表示实线，2 表示虚线，3 表示点线，4 表示点画线，5 表示双点画线，6 表示内收实线。
- BorderWidth：返回或设置控件边框的宽度。
- X1、Y1、X2、Y2：返回或设置 Line 控件的起始点(X1, Y1)和终止点(X2, Y2)的坐标。水平坐标是 X1 和 X2；垂直坐标是 Y1 和 Y2。

设置 BorderStyle 属性的效果取决于 BorderWidth 属性的设置。如果 BorderWidth 属性值不是 1，并且 BorderStyle 属性值不是 0 或 6，则将 BorderStyle 属性值设置为 1。

171

2. Shape 控件

Shape 控件是图形控件，可以用于显示矩形、正方形、椭圆、圆、圆角矩形或圆角正方形。

除 BorderColor、BorderStyle 和 BorderWidth 属性外，Shape 控件还具有以下属性。

- Shape：用于设置所显示的形状，该属性有 6 个可选值：0 表示矩形，1 表示正方形，2 表示椭圆，3 表示圆，4 表示圆角矩形，5 表示圆角正方形。
- FillColor：用于设置 Shape 控件的填充颜色。
- FillStyle：用于设置填充效果。FillStyle 属性有以下设置值：0 表示实心，1 表示透明，2 表示水平线，3 表示垂直线，4 表示左上对角线，5 表示右下对角线，6 表示交叉线，7 表示对角交叉线。

在容器中可以绘制 Shape 控件，但是不能把该控件当作容器。设置 BorderStyle 属性产生的效果取决于 BorderWidth 属性的设置。如果 BorderWidth 属性值不是 1，并且 BorderStyle 属性值不是 0 或 6，则将 BorderStyle 属性值设置为 1。

任务 5.4 创建简单图像处理程序

在本任务中，将创建一个简单的图像处理程序，通过单击相应的命令按钮，可以对图像进行放大、缩小、水平翻转或垂直翻转处理。程序运行效果分别如图 5.8～图 5.11 所示。

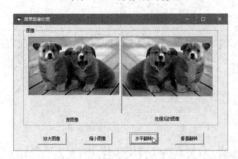

图 5.8　放大图像

图 5.9　缩小图像

图 5.10　水平翻转图像

图 5.11　垂直翻转图像

任务目标

● 掌握图像框控件的常用属性。
● 掌握图像框控件的常用方法。

任务分析

在本任务中，可以使用图像框控件来加载图像并对图像进行放大、缩小和翻转处理。通过将图像框控件的 AutoRedraw 属性值设置为 True，可以使图像储存在内存中。利用 PaintPicture 方法可以把一个源图像资源任意复制到指定的区域，并通过改变参数 destWidth 与 destHeight 的值来改变复制后的图像的尺寸，以实现图像的放大或缩小；也可以将这两个属性的值设置为负值，以实现目标图像的翻转。

任务实施

（1）在 Visual Basic 6.0 集成开发环境中创建一个标准 EXE 工程。

（2）将现有的窗体 Form1 命名为 frmImageProcessing，并将其 Caption 属性值设置为"简单图像处理"。

（3）在窗体 frmImageProcessing 上添加以下控件。

● 添加一个框架控件，保留其默认名称 Frame1，将其 Caption 属性值设置为"图像"。

● 在框架控件 Frame1 内添加两个图像框控件，保留它们的默认名称 Picture1 和 Picture2，然后将它们的 AutoSize 属性值均设置为 True。

● 在图像框控件 Picture1 和 Picture2 的下方各添加一个标签控件，然后将它们的 Caption

属性值分别设置为"原图像"和"处理后的图像"。

- 在框架控件 Frame1 的下方添加 4 个命令按钮控件，将它们分别命名为 cmdMagnify、cmdReduce、cmdHorizontalFlip 和 cmdVerticalFlip，并将它们的 Caption 属性值分别设置为"放大图像"、"缩小图像"、"水平翻转"和"垂直翻转"。

（4）在窗体 frmImageProcessing 的代码窗口中编写该窗体的 Load 事件过程，代码如下：

```
'当加载窗体时执行以下事件过程
Private Sub Form_Load()
    Picture1.Picture = LoadPicture(App.Path & "\dogs.jpg")
End Sub
```

（5）在窗体 frmImageProcessing 的代码窗口中编写命令按钮控件 cmdMagnify 的 Click 事件过程，代码如下：

```
'当单击"放大图像"按钮时执行以下事件过程
Private Sub cmdMagnify_Click()

    Picture2.Cls
    Picture2.PaintPicture Picture1.Picture, 0, 0, Picture1.Width * 1.2,
Picture1.Height * 1.2

End Sub
```

（6）在窗体 frmImageProcessing 的代码窗口中编写命令按钮控件 cmdReduce 的 Click 事件过程，代码如下：

```
'当单击"缩小图像"按钮时执行以下事件过程
Private Sub cmdReduce_Click()

    Picture2.Cls
    Picture2.PaintPicture Picture1.Picture, 0, 0, Picture1.Width * 0.6,
Picture1.Height * 0.6

End Sub
```

（7）在窗体 frmImageProcessing 的代码窗口中编写命令按钮控件 cmdHorizontalFlip 的 Click 事件过程，代码如下：

```
'当单击"水平翻转"按钮时执行以下事件过程
Private Sub cmdHorizontalFlip_Click()

    Picture2.Cls
    Picture2.PaintPicture Picture1.Picture, Picture1.Width, 0, -Picture1.Width,
Picture1.Height

End Sub
```

（8）在窗体 frmImageProcessing 的代码窗口中编写命令按钮控件 cmdVerticalFlip 的 Click

事件过程，代码如下：

```
'当单击"垂直翻转"按钮时执行以下事件过程
Private Sub cmdVerticalFlip_Click()

    Picture2.Cls
    Picture2.PaintPicture Picture1.Picture, 0, Picture1.Height, Picture1.Width,
-Picture1.Height

End Sub
```

（9）将窗体文件和工程文件分别保存为 frmImageProcessing.frm 和工程 05-04.vbp。

程序测试

（1）按下 F5 键，以运行程序。

（2）单击"放大图像"按钮，右边的图像框中的图像被放大。

（3）单击"缩小图像"按钮，右边的图像框中的图像被缩小。

（4）单击"水平翻转"按钮，图像在水平方向上翻转 180°。

（5）单击"垂直翻转"按钮，图像在垂直方向上翻转 180°。

相关知识

1. 图像框控件概述

图像框（PictureBox）控件可以显示来自位图、图标或图元文件，以及来自增强的图元文件、JPEG 或 GIF 文件的图形。如果控件不足以显示整幅图像，则裁剪图像以适应控件的大小。

也可以使用图像框控件将单选按钮控件分组，并使用该控件显示图形方法的输出和 Print方法写入的文本。为了使图像框控件能够自动调整大小以显示整幅图像，将其 AutoSize 属性值设置为 True 即可。

与窗体相同，图像框控件也是容器对象，可以在此控件中放置其他控件。

2. 图像框控件的常用属性

图像框控件的常用属性如下所述。

- AutoRedraw：返回或设置从图形方法到持久图形的输出。如果将其属性值设置为 True，则使图像框控件的自动重绘有效，图形和文本输出到屏幕并存储在内存的图像中，在必要时使用存储在内存中的图像进行重绘；如果将其属性值设置为 False（默认值），则使对象的自动重绘无效，并且将图形或文本只写到屏幕上。

- AutoSize：返回或设置一个值，用于决定控件是否自动改变大小以显示其全部内容。

- Height、Width：返回或设置图像的高度和宽度。

- Picture：返回或设置图像框控件中要显示的图像。

3. 图像框控件的常用方法

图像框控件有以下两个常用方法。

1）PaintPicture **方法**

PaintPicture 方法用于在图像框控件上绘制图形文件（如.bmp、.wmf、.emf、.cur、.ico 或.dib）中的内容，语法格式如下：

```
object.PaintPicture picture, x1, y1, width1, height1, x2, y2, width2, height2,
opcode
```

其中，参数 object 表示图像框控件或窗体。如果省略参数 object，则当前带有焦点的窗体默认为 object。

参数 picture 是必需的，用于指定要绘制到 object 上的图形源。可以是窗体或图像框控件的 Picture 属性。

参数 x1 和 y1 是必需的，均为单精度值，用于指定在 object 上绘制 picture 的目标坐标（x 轴和 y 轴）。object 的 ScaleMode 属性决定使用的度量单位。

参数 width1 是可选的，为单精度值，用于指定 picture 的目标宽度。object 的 ScaleMode 属性决定使用的度量单位。如果目标宽度比源宽度（width2）大或小，则将适当地拉伸或压缩 picture。如果省略该参数，则使用源宽度。

参数 height1 是可选的，为单精度值，用于指定 picture 的目标高度。object 的 ScaleMode 属性决定使用的度量单位。如果目标高度比源高度（height2）大或小，则将适当地拉伸或压缩 picture。如果省略该参数，则使用源高度。

参数 x2 和 y2 是可选的，均为单精度值，用于指定 picture 内剪贴区的坐标（x 轴和 y 轴）。object 的 ScaleMode 属性决定使用的度量单位。如果省略这些参数，则默认值为 0。

参数 width2 是可选的，为单精度值，用于指定 picture 内剪贴区的源宽度。object 的 ScaleMode 属性决定使用的度量单位。如果省略该参数，则使用整个源宽度。

参数 height2 是可选的，为单精度值，用于指定 picture 内剪贴区的源高度。object 的 ScaleMode 属性决定使用的度量单位。如果省略该参数，则使用整个源高度。

参数 opcode 是可选的，是长整型值或仅由位图使用的代码，用于定义在将 picture 绘制到 object 上时对 picture 执行的位操作。

在任务 5.4 中，通过使用负的目标宽度值（width1）和目标高度值（height1）实现了图像的水平翻转或垂直翻转。

2）LoadPicture **方法**

LoadPicture 方法用于将图像加载到图像控件、图像框控件或窗体中，语法格式如下：

```
object.Picture = LoadPicture([filename])
```

其中，参数 filename 用于指定要加载的图像文件，如果省略该参数，则清除窗体、图像框控件及图像控件中的图像。

4. 通过 App 对象访问程序路径

App 对象是通过 App 关键字访问的全局对象，通过它可以获取以下信息：应用程序的标题、版本信息、可执行文件和帮助文件的路径及名称，以及是否运行前一个应用程序的示例。

利用 App 对象的 Path 属性可以返回或设置当前程序所在的路径。该属性在程序设计时是不可用的，在程序运行时是只读的。在任务 5.4 中，通过 App.Path 来获取位于当前程序文件夹中一个图像文件的路径。

任务 5.5　创建简单动画程序

在本任务中，将创建一个简单的动画程序，有一只豹子在窗体上由左向右奔跑。如果单击"暂停"按钮，则豹子停止运动，此时该按钮的标题变成"运动"；如果单击"运动"按钮，则豹子恢复运动状态。程序运行效果分别如图 5.12 和图 5.13 所示。

图 5.12　奔跑中的豹子

图 5.13　豹子暂停下来

任务目标

- 掌握图像控件的使用方法。
- 掌握计时器控件的使用方法。
- 初步掌握创建用户控件的方法。

任务分析

在本任务中，需要创建一个用户控件，在该控件中利用计时器控件的 Timer 事件过程来使图像控件反复更换显示不同形态的豹子，从而形成豹子奔跑的效果。在窗体上添加这个用户控件，利用计时器控件的 Timer 事件过程来改变该控件的位置，从而形成豹子运动的效果，此外还可以通过计时器控件的 Enabled 属性来设置是否启用 Timer 事件，以控制图像的运动和停止。

任务实施

（1）在 Visual Basic 6.0 集成开发环境中创建一个标准 EXE 工程。

（2）将窗体 Form1 命名为 frmAnimation，然后将其 Caption 属性值设置为"简单动画程序"，StartUpPosition 属性值设置为 2。

（3）在"工程"下拉菜单中选择"添加用户控件"命令，在弹出的"添加用户控件"对话框中选择"新建"选项卡，单击"用户控件"选项，然后单击"打开"按钮，如图 5.14 所示。

（4）将新添加的用户控件 UserControl1 命名为 ucAnimation，调整该控件的大小，然后在该控件上添加以下控件。

● 添加图像（Image）控件，保留其默认名称 Image1。

● 添加计时器（Timer）控件，保留其默认名称 Timer1，并将其 Interval 属性值设置为 100。此时，用户控件的设计效果如图 5.15 所示。

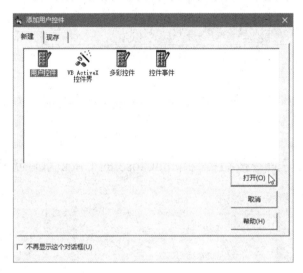

图 5.14　"添加用户控件"对话框

图 5.15　用户控件的设计效果

（5）在用户控件 ucAnimation 上双击计时器控件 Timer1，然后在该控件的代码窗口中编写该控件的 Timer 事件过程，程序代码如下：

```
'每经过 100ms 执行一次下面的事件过程
Private Sub Timer1_Timer()
    Static i As Integer          '声明静态变量

    '在图像控件中加载一张图片（其内容为某种形态的豹子）
    Set Image1.Picture = LoadPicture(App.Path & _
"\images\" & i + 1 & ".gif")
    i = i + 1
    If i = 8 Then i = 1
End Sub
```

（6）关闭用户控件设计器窗口，使工具箱窗口中的用户控件 ucAnimation 的状态变为可用，如图 5.16 所示。

（7）在窗体 frmAnimation 上添加以下控件。

● 添加用户控件并命名为 ucLeopard。

- 添加计时器控件并命名为 Timer1，然后将其 Interval 属性值设置为 200。
- 添加两个命令按钮控件，分别命名为 cmdPause 和 cmdClose，并将它们的 Caption 属性值分别设置为"暂停"和"关闭"，将命令按钮控件 cmdPause 的 Tag 属性值设置为 Pause。此时窗体 frmAnimation 的设计效果如图 5.17 所示。

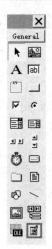

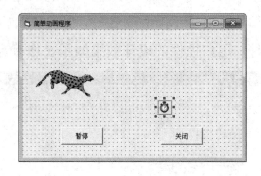

图 5.16　工具箱窗口中的用户控件　　　　　图 5.17　窗体 frmAnimation 的设计效果

（8）在窗体 frmAnimation 的代码窗口中编写命令按钮控件 cmdClose 的 Click 事件过程，程序代码如下：

```
'当单击"关闭"按钮时执行以下事件过程
Private Sub cmdClose_Click()

    Unload Me

End Sub
```

（9）在窗体 frmAnimation 的代码窗口中编写命令按钮控件 cmdPause 的 Click 事件过程，程序代码如下：

```
'当单击"暂停"/"运动"按钮时执行以下事件过程
Private Sub cmdPause_Click()

    If cmdPause.Tag = "Pause" Then
        Timer1.Enabled = False          '禁用计时器
        cmdPause.Caption = "运动"        '修改按钮标题
        cmdPause.Tag = "Move"
    ElseIf cmdPause.Tag = "Move" Then
        Timer1.Enabled = True           '启用计时器
        cmdPause.Caption = "暂停"        '修改按钮标题
        cmdPause.Tag = "Pause"
    End If

End Sub
```

（10）在窗体 frmAnimation 的代码窗口中编写计时器控件 Timer1 的 Timer 事件过程，程序代码如下：

```
'在启用 Timer 事件的情况下每隔 200ms 执行一次以下事件过程
Private Sub Timer1_Timer()

    ucLeopard.Move ucLeopard.Left + 150
    If ucLeopard.Left > Me.ScaleWidth Then
        ucLeopard.Left = -ucLeopard.Width
    End If

End Sub
```

（11）将窗体文件保存为 frmAnimation.frm，用户控件文件保存为 ucAnimation.ctl，工程文件保存为工程 05-05.vbp。

程序测试

（1）按下 F5 键，以运行程序，显示有一只豹子在窗体上由左向右奔跑。

（2）单击"暂停"按钮，豹子进入原地运动状态，"暂停"按钮同时变成"运动"按钮。

（3）单击"运动"按钮，豹子恢复运动状态，由左向右奔跑。

（4）单击"关闭"按钮，以退出程序。

相关知识

1. 图像控件

图像（Image）控件是 Visual Basic 6.0 提供的一种显示图像的控件，它可以从文件中装入并显示以下几种格式的图形：位图、图标、图元文件、增强型图元文件、JPEG 和 GIF 文件。除此之外，图像控件还可以响应 Click 事件，并可以使用图像控件代替命令按钮或作为工具条的内容。此外，它还可以用来制作简单动画。

图像控件的主要属性如下所述。

- Picture：返回或设置控件中显示的图片。
- Stretch：返回或设置一个值，用于指定一个图形是否需要调整大小，以适应图像控件的大小。如果将其属性值设置为 True，则表示图形需要调整大小以与图像控件相适应；如果将其属性值设置为 False（默认值），则图像控件需要调整大小以与图形相适应。
- Tag：返回或设置一个表达式，用来存储程序中需要的额外数据。与其他属性不同，Tag 属性值不被 Visual Basic 使用；可以使用该属性来标识对象。

2. Move 方法

在任务 5.5 中，还可以通过调用图像控件的 Move 方法来移动该控件，语法格式如下：

```
object.Move left, top, width, height
```

其中，参数 object 是一个可选的对象表达式。若省略参数 object，则当前带有焦点的窗体默认为 object。

参数 left 是必需的，为单精度值，用于指定 object 左边的水平坐标（x 轴）。

参数 top 为可选参数，其值为单精度类型，用于指定 object 顶边的垂直坐标（y 轴）。

参数 width 和 height 都是可选参数，均为单精度值，用于指定 object 新的宽度和新的高度。

3. 创建用户控件

在 Visual Basic 6.0 中，除了使用固有的标准控件和现有的 ActiveX 控件，还可以创建用户控件。在工具箱窗口和工程资源管理器窗口中，用户控件使用图标 表示，其文件扩展名为.ctl。

创建用户控件有以下 3 种模式。

- 由零开始制作控件。
- 改进现有的控件。
- 把现有的几个控件组装成一个新的控件。

第二种和第三种模式是相似的，因为它们都需要把子控件放到用户控件 UserControl 对象上。不过，每种模式都有自己的特殊要求。在任务 5.5 中，通过组合图像控件和计时器控件创建了一个新的控件，其功能是按照指定的时间间隔更改图像框中显示的图片，从而生成动画效果。

任务 5.6 创建音乐播放器

在本任务中，将创建一款音乐播放器，用于播放 MP3、MIDI 和 WAV 文件并对播放过程进行控制，结果如图 5.18 所示。

图 5.18 音乐播放器

任务目标

- 掌握声明 Windows API 函数的方法。
- 掌握 mciSendString 函数的使用方法。

任务分析

Visual Basic 6.0 的核心语言和控件没有直接提供播放声音文件的功能。如果想要在应用程序中播放各种声音文件，则可以通过调用 Windows API 函数 mciSendString 函数来实现。这个 API 函数是一个 DLL 函数，它存储在 Windows 媒体库 winmm.dll 中。想要在程序中调用该函数，首先需要使用 Declare 语句对它进行声明，然后才可以在代码中调用它。

任务实施

（1）在 Visual Basic 6.0 集成开发环境中创建一个标准 EXE 工程。

（2）将窗体 Form1 命名为 frmMusicPlayer，然后将其 Caption 属性值设置为"音乐播放器"。

（3）在窗体 frmMusicPlayer 上添加以下控件。

● 添加一个标签控件并命名为 lblFilename，然后将其 Caption 属性值清空。

● 添加 4 个命令按钮控件，分别命名为 cmdOpen、cmdPlay、cmdPause 和 cmdEnd，并将它们的 Caption 属性值分别设置为"打开(&O)…"、"播放(&P)"、"暂停(&A)"和"结束(&E)"。

● 添加一个通用对话框控件（CommonDialog）并命名为 cdlOpen，然后将该控件的 DialogTitle 属性值设置为"打开文件"，Filter 属性值设置为"MP3 文件(*.mp3)|*.mp3|MIDI 文件(*.mid)|*.mid|波形文件(*.wav)|*.wav"。

（4）在窗体 frmMusicPlayer 的代码窗口中，声明对 DLL 动态链接库中外部过程的引用并声明一个模块级变量，程序代码如下：

```
'在模块级别中声明对 DLL 动态链接库中外部过程的引用
Private Declare Function mciSendString Lib "winmm.dll" Alias "mciSendStringA"
(ByVal lpstrCommand As String, ByVal lpstrReturnString As String, ByVal
uReturnLength As Long, ByVal hwndCallback As Long) As Long

'声明模块级变量，用于保存打开的音乐文件名
Private sFilename As String
```

（5）在窗体 frmMusicPlayer 的代码窗口中编写命令按钮控件 cmdEnd 的 Click 事件过程，程序代码如下：

```
'当单击"结束"按钮时执行以下事件过程
Private Sub cmdEnd_Click()

  mciSendString "Stop " & sFilename, 0, 0, 0
  mciSendString "Close " & sFilename, 0, 0, 0
  Unload Me

End Sub
```

（6）在窗体 frmMusicPlayer 的代码窗口中编写命令按钮控件 cmdOpen 的 Click 事件过程，程序代码如下：

```
'当单击"打开"按钮时执行以下事件过程
Private Sub cmdOpen_Click()
  On Error GoTo ErrorHandler
  cdlOpen.ShowOpen

  If cdlOpen.FileName <> "" Then
```

```
        sFilename = cdlOpen.FileName
    End If

    Me.Caption = cdlOpen.FileTitle & " - 音乐播放器"
    lblFilename.Caption = "当前播放文件: " & cdlOpen.FileTitle
    mciSendString "Play " & sFilename, 0, 0, 0

ErrorHandler:

End Sub
```

（7）在窗体 frmMusicPlayer 的代码窗口中编写命令按钮控件 cmdPause 的 Click 事件过程，程序代码如下：

```
'当单击"暂停"按钮时执行以下事件过程
Private Sub cmdPause_Click()

    If sFilename = "" Then
        MsgBox "请选择要播放的音乐文件! ", vbInformation + vbOKOnly, "提示信息"
        Exit Sub
    End If

    mciSendString "Pause " & sFilename, 0, 0, 0

End Sub
```

（8）在窗体 frmMusicPlayer 的代码窗口中编写命令按钮控件 cmdPlay 的 Click 事件过程，程序代码如下：

```
'当单击"播放"按钮时执行以下事件过程
Private Sub cmdPlay_Click()

    If sFilename = "" Then
        cmdOpen_Click
    End If

    mciSendString "Play " & sFilename, 0, 0, 0

End Sub
```

（9）将窗体文件和工程文件分别保存为 frmMusicPlayer.frm 和工程 05-06.vbp。

程序测试

（1）按下 F5 键，以运行程序。

（2）当单击"打开"按钮时，会弹出"打开"对话框，选择要播放的音乐文件。

（3）单击"播放"按钮，开始播放音乐。

（4）单击"暂停"按钮，音乐的播放过程会暂时停止，当再次单击"播放"按钮时，音乐会从暂停位置开始继续播放。

（5）单击"结束"按钮，以结束音乐播放并退出程序。

相关知识

在任务 5.6 中，通过声明和调用 Windows API 函数 mciSendString 函数实现了声音文件的播放。

1. Declare 语句

Declare 语句用于在模块级别中声明对 DLL 动态链接库中外部过程的引用。该语句有以下两种语法格式。

语法格式 1：

```
[Public | Private] Declare Sub name Lib "libname" [Alias "aliasname"]
[([arglist])]
```

语法格式 2：

```
[Public | Private] Declare Function name Lib "libname" [Alias "aliasname"]
[([arglist])] [As type]
```

其中，Public 和 Private 关键字是可选的，Public 关键字用于声明对所有模块中的所有其他过程都可以使用的过程，Private 关键字用于声明只能在包含该声明的模块中使用的过程。

Sub 或 Function 关键字二者需选其一，Sub 关键字用于表示该过程没有返回值，Function 关键字用于表示该过程会返回一个可用于表达式的值。

参数 name 是必需的，可以是任何合法的过程名。需要注意的是，动态链接库的入口处区分大小写。

Lib 关键字是必需的，用于指定包含所声明过程的动态链接库或代码资源。所有声明都需要使用 Lib 子句。

参数 libname 是必需的，用于指定包含所声明过程的动态链接库名或代码资源名。

Alias 关键字是可选的，表示将被调用的过程在动态链接库中还有另外的名称。

参数 aliasname 是可选的，用于指定动态链接库或代码资源中的过程名。如果首字符不是数字符号（#），则 aliasname 是动态链接库中该过程的入口处的名称。如果首字符是数字符号（#），则随后的字符必须指定该过程的入口处的顺序号。

参数 arglist 是可选的，表示当调用该过程时需要传递的参数的变量表。

参数 type 是可选的，用于指定 Function 过程返回值的数据类型，可以是 Byte、Boolean、Integer、Long、Currency、Single、Double、Decimal（目前尚不支持）、Date、String（只支持变长）、Variant、用户定义类型或对象类型。

参数 arglist 的语法格式如下：

```
[Optional] [ByVal | ByRef] [ParamArray] varname[( )] [As type]
```

其中，Optional 关键字是可选的，表示参数不是必需的。如果使用该选项，则参数 arglist 中的后续参数都必须是可选的，而且必须都使用 Optional 关键字声明。如果使用了 ParamArray 关键字，则任何参数都不能使用 Optional 关键字。

ByVal 关键字是可选的，表示该参数按值传递。

ByRef 关键字表示该参数按地址传递。ByRef 关键字是 Visual Basic 的默认选项。

ParamArray 关键字是可选的，只用于 arglist 的最后一个参数，表示最后的参数是一个 Variant 类型的 Optional 的数组。使用 ParamArray 关键字可以提供任意数目的参数。ParamArray 关键字不能与 ByVal、ByRef 或 Optional 关键字一起使用。

参数 varname 是必需的，表示传递给该过程的参数的变量名，变量名的命名应遵循标准的变量命名规则。

( )对数组变量是必需的，用于指明参数 varname 是一个数组。

参数 type 是可选的，用于指定传递给该过程的参数的数据类型，可以是 Byte、Boolean、Integer、Long、Currency、Single、Double、Decimal（目前尚不支持）、Date、String（只支持变长）、Object、Variant、用户自定义的类型或对象类型。

2. Windows API 函数 mciSendString 函数

Windows API 函数 mciSendString 函数使用字符串作为操作命令来控制媒体的设置。常用的操作命令如下所述。

- Open：打开媒体设备。
- Close：关闭媒体设备。
- Play：播放媒体文件。
- Pause：暂停播放媒体文件。
- Stop：停止播放媒体文件。
- Seek：设置播放位置。
- Set：设置媒体设备的状态。
- Status：确定媒体设备当前的状态。

在任务 5.6 中，使用 Open、Close、Play 和 Pause 命令来打开和播放音乐文件并对播放过程进行控制。

任务 5.7　创建 Flash 动画播放器

在本任务中，将创建一款 Flash 动画播放器，用于打开 Flash 动画文件（.swf）并对播放过程进行控制（播放、暂停、重播），运行效果如图 5.19 所示。

任务目标

● 掌握在窗体上动态添加 ShockwaveFlash 控件的方法。

● 掌握 ShockwaveFlash 控件的常用属性。

● 掌握 ShockwaveFlash 控件的常用方法。

任务分析

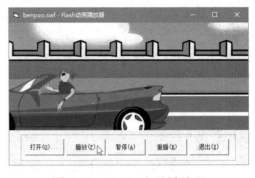

图 5.19　Flash 动画播放器

Visual Basic 6.0 的核心语言和控件没有直接提供播放 Flash 动画文件的功能。如果想要在应用程序中播放 Flash 动画文件（.swf），则可以通过 ShockwaveFlash 控件（Flash.ocx）来实现。但是由于存在版本兼容性问题，因此在 VB 窗体上添加 ShockwaveFlash 控件后，可能无法保存文件。对于这个问题，目前通常有两种解决方案：一种方案是下载并注册版本较低的 ShockwaveFlash 控件；另一种方案是通过编写代码动态添加所需要的 ShockwaveFlash 控件。在本任务中，采用后一种解决方案。

任务实施

（1）在 Visual Basic 6.0 集成开发环境中创建一个标准 EXE 工程。

（2）将窗体 Form1 命名为 frmFlashPlayer，然后将其 Caption 属性设置为"Flash 动画播放器"，将其 StartUpPosition 属性值设置为 2。

（3）在工具箱窗口中添加通用对话框控件。在"工具"下拉菜单中选择"部件"命令，在"部件"对话框的"控件"选项卡中，勾选"Microsoft Common Dialog Control 6.0"复选框，然后单击"确定"按钮。

（4）在窗体 frmFlashPlayer 上添加以下控件。

● 添加一个通用对话框控件并命名为 cdlOpen，然后将其 DialogTitle 属性值设置为"选择要播放的 Flash 动画文件"，Filter 属性值设置为"Flash 动画文件(*.swf)|*.swf"。

● 添加一个框架控件，保留其默认名称 Frame1，然后将其 Caption 属性值清空。

● 在框架控件 Frame1 内部添加 5 个命令按钮控件，分别命名为 cmdOpen、cmdPlay、cmdPause、cmdReplay 和 cmdExit，并将它们的 Caption 属性值分别设置为"打开(&O)..."、"播放(&P)"、"暂停(&A)"、"重播(&R)"和"退出(&X)"。

（5）在窗体 frmFlashPlayer 的代码窗口中声明一个模块级变量，程序代码如下：

```
Private Flash1 As Object
```

（6）在窗体 frmFlashPlayer 的代码窗口加载窗体的 Load 事件过程，程序代码如下：

```
'当加载窗体时执行以下事件过程
Private Sub Form_Load()
```

185

```
'添加 ShockwaveFlash 控件
Set Flash1 = Me.Controls.Add("ShockwaveFlash.ShockwaveFlash", "Flash")

Flash1.Width = Me.Width
Flash1.Height = Me.ScaleHeight - Frame1.Height - 150
Flash1.Visible = True

End Sub
```

（7）在窗体 frmFlashPlayer 的代码窗口中编写命令按钮控件 cmdExit 的 Click 事件过程，程序代码如下：

```
'当单击"退出"按钮时执行以下事件过程
Private Sub cmdExit_Click()

    Flash1.object.Stop
    Unload Me

End Sub
```

（8）在窗体 frmFlashPlayer 的代码窗口中编写命令按钮控件 cmdOpen 的 Click 事件过程，程序代码如下：

```
'当单击"打开"按钮时执行以下事件过程
Private Sub cmdOpen_Click()
  On Error GoTo ErrorHandler

    cdlOpen.ShowOpen

    If cdlOpen.FileName <> "" Then
      Flash1.object.LoadMovie 0, cdlOpen.FileName
      Me.Caption = cdlOpen.FileTitle & " - Flash 动画播放器"
    End If

ErrorHandler:
End Sub
```

（9）在窗体 frmFlashPlayer 的代码窗口中编写命令按钮控件 cmdPause 的 Click 事件过程，程序代码如下：

```
'当单击"暂停"按钮时执行以下事件过程
Private Sub cmdPause_Click()

    Flash1.object.Stop

End Sub
```

（10）在窗体 frmFlashPlayer 的代码窗口中编写命令按钮控件 cmdPlay 的 Click 事件过程，

程序代码如下：

```
'当单击"播放"按钮时执行以下事件过程
Private Sub cmdPlay_Click()

    If Flash1.object.Movie = "" Then
      cmdOpen_Click
    End If

    Flash1.object.Play

End Sub
```

（11）在窗体 frmFlashPlayer 的代码窗口中编写命令按钮控件 cmdReplay 的 Click 事件过程，程序代码如下：

```
'当单击"重播"按钮时执行以下事件过程
Private Sub cmdReplay_Click()

    Flash1.object.Rewind
    Flash1.object.Play

End Sub
```

（12）将窗体文件和工程文件分别保存为 frmFlashPlayer.frm 和工程 05-07.vbp。

程序测试

（1）按下 F5 键，以运行程序。

（2）单击"打开"按钮，然后在"打开"对话框中选择要播放的 Flash 动画文件。

（3）单击"播放"按钮，开始播放 Flash 动画。

（4）单击"暂停"按钮，Flash 动画的播放会被暂停；如果单击"播放"按钮，则从暂停位置开始继续播放 Flash 动画。

（5）单击"重播"按钮，重新播放 Flash 动画。

（6）单击"退出"按钮，以退出程序。

相关知识

在任务 5.7 中，通过 ShockwaveFlash 控件来实现 Flash 动画的播放。

1. ShockwaveFlash 控件的常用属性

ShockwaveFlash 控件的常用属性如下所述。

● Movie：指定要播放的 Flash 动画文件。

● TotalFrames：返回动画的总帧数。

● CurrentFrame：返回当前帧的编号。

2. ShockwaveFlash 控件的常用方法

ShockwaveFlash 控件的常用方法如下所述。

● Play：开始播放动画。

● Back：跳到动画的上一帧。

● Forward：跳到动画的下一帧。

● Rewind：返回动画的第一帧。

● Stop 方法：暂停 Flash 动画的播放。

3. 在窗体上动态添加控件

窗体上的所有控件组成了一个集合，这个集合使用 Controls 表示。

如果希望程序运行期间在窗体上动态添加一个控件，则可以调用 Controls 集合的 Add 方法来实现，语法格式如下：

```
Me.Controls.Add (ProgID, name, container)
```

其中，参数 Me 表示当前窗体；Me.Controls 表示窗体上的所有控件组成的一个集合。

参数 ProgID 是必选参数，它是一个用来标识控件的字符串。大多数控件的 ProgID 都可以通过查看对象浏览器来决定。控件的 ProgID 是由控件的库和类组成的。例如，CommandButton 控件的 ProgID 是 VB.CommandButton。在任务 5.7 中，在添加 ShockwaveFlash 控件时所使用的 ProgID 是 ShockwaveFlash.ShockwaveFlash。

参数 name 是必选参数，它是一个字符串，用来标识集合的成员。

参数 container 是可选参数，表示一个对象引用，用于指定控件的容器。如果没有指定或为 NULL，则默认值为 Controls 集合所属的容器。通过指定该参数，可以把一个控件放置在任何现存的容器控件（如 Frame 控件）中。用户控件也可以作为一个容器来使用。

如果希望在窗体启动时动态添加一个命令按钮控件，并使其对 Click 事件做出响应，则可以通过编写以下代码来实现：

```
'使用 WithEvents 关键字声明一个变量来引用可以引发事件的对象
Private WithEvents cmdObject As CommandButton

'当加载窗体时执行以下事件过程
Private Sub Form_Load()

  Set cmdObject = Form1.Controls.Add("VB.CommandButton", "cmdOne")
  cmdObject.Visible = True
  cmdObject.Caption = "动态按钮"

End Sub
```

```
'当单击动态按钮时执行以下事件过程
Private Sub cmdObject_Click()

    Print "这是动态添加的控件哦！"

End Sub
```

任务 5.8　创建视频播放器

在本任务中，将创建一款视频播放器，用于播放 Windows 视频文件和电影文件并对播放过程进行控制，运行结果如图 5.20 所示。

图 5.20　视频播放器

任务目标

- 掌握添加 Windows Media Player 控件的方法。
- 掌握 Windows Media Player 控件的常用属性。

任务分析

Visual Basic 6.0 的核心语言和控件没有直接提供播放视频文件的功能。播放视频最简捷的方法是使用 Windows Media Player 控件，该控件具有强大的多媒体播放功能，通过它可以制作出类似于 Windows 系统附带的媒体播放器。

任务实施

（1）在 Visual Basic 6.0 集成开发环境中创建一个标准 EXE 工程。

（2）将窗体 Form1 命名为 frmMediaPlayer，然后将其 Caption 属性值设置为"视频播放器"，

StartUpPosition 属性值设置为 2。

（3）在工具箱窗口中添加两个 ActiveX 控件。在"工具"下拉菜单中选择"部件"命令，在"部件"对话框中选择"控件"选项卡，然后依次勾选"Microsoft Common Dialog Control 6.0 (SP6)"和"Windows Media Player"复选框，单击"确定"按钮。

（4）在窗体 frmMediaPlayer 上添加以下控件。

- 添加一个 Windows Media Player 控件并命名为 wmp。

- 添加一个通用对话框控件并命名为 cdlOpen，然后将其 DialogTitle 属性值设置为"选择要播放的视频文件"，Filter 属性值设置为"视频文件(*.avi;*.wmv;*.mpg)|*.avi;*.wmv *.mpg"。

- 在窗体上添加一个命令按钮控件并命名为 cmdOpen，然后将其 Capion 属性值清空，Style 属性值设置为 1，为 Picture 属性设置一个图片 open.bmp，ToolTipText 属性值设置为"打开"。

（5）在窗体 frmMediaPlayer 的代码窗口中编写命令按钮控件 cmdOpen 的 Click 事件过程，程序代码如下：

```vb
'当单击"打开"按钮时执行以下事件过程。
Private Sub cmdOpen_Click()
  On Error GoTo ErrorHandler


  cdlOpen.ShowOpen
  If cdlOpen.FileName <> "" Then
    wmp.URL = cdlOpen.FileName
    Me.Caption = cdlOpen.FileTitle & " - 视频播放器"
  End If
ErrorHandler:


End Sub
```

（6）在窗体 frmMediaPlayer 的代码窗口中编写该窗体的 Resize 事件过程，代码如下：

```vb
'当改变窗体大小时执行以下事件过程
Private Sub Form_Resize()


  wmp.Left = 0
  wmp.Top = 0
  wmp.Width = Me.ScaleWidth
  wmp.Height = Me.ScaleHeight
  cmdOpen.Left = wmp.Width - cmdOpen.Width - 120
  cmdOpen.Top = wmp.Height - cmdOpen.Height - 120


End Sub
```

（7）将窗体文件和工程文件分别保存为 frmMediaPlayer.frm 和工程 05-08.vbp。

程序测试

（1）按下 F5 键，以运行程序。

（2）单击"打开"按钮📂，然后在"打开"对话框中选择要播放的视频文件，在单击"确定"按钮后，自动开始播放视频文件。

（3）单击窗体右上角的"关闭"按钮，以结束程序运行。

相关知识

媒体播放器控件即 Windows Media Player 控件。在任务 5.8 中，利用该控件制作了一款视频播放器。

1. 媒体播放器控件的主要属性

媒体播放器控件的主要属性如下所述。

- URL：指定媒体文件的位置。
- enableContextMenu：设置是否显示播放位置的右键菜单。
- fullScreen：设置是否处于全屏显示状态。
- stretchToFit：设置在非全屏状态时是否伸展到最佳大小。
- uiMode：设置播放器的用户界面模式。如果设置为 full，则包含控制条；如果设置为 none，则只有播放部分而没有控制条。
- playState：返回当前控件状态。其中，1 表示已停止，2 表示暂停，3 表示正在播放。

2. 媒体播放器控件的主要对象

媒体播放器控件包含一些对象，通过这些对象的属性和方法可以对播放器进行控制并获取相关信息。

1）controls 相关属性和方法

利用 WindowsMediaPlayer.controls 的以下属性和方法可以对播放器进行控制并取得相关信息。

- controls.currentPosition 属性：返回当前播放进度。
- controls.currentPositionString 属性：返回时间格式的字符串，如"0:32"。
- controls.play 方法：播放媒体。
- controls.stop 方法：停止播放。
- controls.pause 方法：暂停播放。

2）currentMedia 相关属性

利用 WindowsMediaPlayer.currentMedia 的以下属性可以取得当前媒体的信息。

- currentMedia.duration 属性：返回媒体的总长度 。

● currentMedia.durationString 属性：返回时间格式的字符串，如"4:34"。

3）settings 相关属性

利用 WindowsMediaPlayer.settings 的以下属性可以对播放器进行设置，包括设置音量、左声道和右声道等。

● settings.volume 属性：设置音量，音量的取值范围为 0～100。

● settings.balance 属性：设置立体声的左声道和右声道的音量。

项目小结

本项目通过 8 个任务介绍了利用 Visual Basic 6.0 设计多媒体程序的基本知识，主要内容包括以下 3 个方面。

在窗体上绘制几何图形。利用 Visual Basic 6.0 提供的绘图方法可以在窗体或图像框控件上绘制点、线段和矩形、弧线、圆、椭圆及扇形等基本几何图形，也可以使用 Line 控件在窗体或图像框控件上创建简单的线段，或者使用 Shape 控件来创建矩形、正方形、椭圆和圆等几何图形。

在窗体上显示图像。Visual Basic 6.0 提供了图像框（PictureBox）控件和图像（Image）控件，用于在窗体上显示图像，其中图像框控件也可以作为其他控件的容器来使用，或者使用 Line、Circle 和 Print 方法来显示图形和文本。

在应用程序中播放声音（如 MP3、MIDI）、Flash 动画和视频等媒体文件。由于 Visual Basic 6.0 的核心语言和控件没有提供直接播放这些媒体文件的功能，因此可以通过调用 Windows API 函数或加载相关 ActiveX 控件来实现媒体文件的播放和控制。如果在窗体上添加 ShockwaveFlash 控件后无法保存文件，则可以考虑在程序运行时动态添加该控件。

项目思考

一、选择题

1. Visual Basic 6.0 中的窗体坐标系默认的度量单位是（   ）。

    A. 厘米   B. 缇

    C. 像素   D. 英寸

2. 在窗体或图像框中画直线的方法是（   ）。

    A. Line   B. Circle

    C. Scale   D. PSet

3. 在窗体或图像框中画点的方法是（   ）。

    A. Line   B. Circle

    C．Scale   D．PSet

4．使用 Circle 方法可以绘制（　　）。

    A．圆弧   B．椭圆

    C．圆   D．以上都是

5．若将 Shape 控件的 FillStyle 属性值设置为 3，则图形的填充效果为（　　）。

    A．水平线   B．垂直线

    C．左上对角线   D．交叉线

6．如果想要使 Shape 控件呈现为圆角矩形，则应将其 Shape 属性值设置为（　　）。

    A．1   B．2

    C．3   D．4

7．调用 ShockwaveFlash 控件的（　　）方法，可以返回 Flash 动画的第一帧。

    A．Play   B．Back

    C．Forward   D．Rewind

8．如果想要在模块级别中声明对 DLL 动态链接库中外部过程的引用，则应使用（　　）语句。

    A．Dim   B．Call

    C．Declare   D．ReDim

9．如果想要设置媒体的播放位置，则应在 Windows API 函数 mciSendString 函数中使用（　　）命令。

    A．Open   B．Play

    C．Pause   D．Seek

二、判断题

1．若想要将窗体坐标系的度量单位指定为像素，则应将窗体的 ScaleMode 属性值设置为 2。（　　）

2．函数值 QBColor(2)表示红色。（　　）

3．若想要使用 PSet 方法清除单一像素，则可以设置该像素的坐标，并使用 BackColor 属性值作为参数 color。（　　）

4．Circle 方法只能用于在对象上画圆。（　　）

5．若想要在 Circle 方法中省略语法中间的某个参数，则不能省略分隔参数的逗号。（　　）

6．Shape 控件是图形控件，可以用于显示矩形、正方形、菱形、平行四边形、椭圆、圆或圆角矩形。（　　）

7．Shape 控件的 Shape 属性用于设置该控件所显示的形状。（　　）

8．PictureBox 控件的 AutoSize 属性用于指定图片是否需要调整大小，以匹配该控件的大小。（　　）

9．Declare 语句用于在模块级别中声明对 DLL 动态链接库中外部过程的引用。（　　）

10．Windows API 函数 mciSendString 函数使用字符串作为操作命令来控制媒体的设置。（　　）

11．如果想要在程序运行期间在窗体上动态添加控件，则可以调用 Form1.Add 方法。（　　）

12．媒体播放器控件的 Path 属性用于指定要播放的媒体文件的路径。（　　）

项目实训

1．创建一个应用程序，用于在窗体上绘制一条抛物线（二次函数的图形）。

2．创建一个应用程序，用于在窗体上绘制线段、矩形和填充矩形。

3．创建一个应用程序，用于在窗体上绘制圆、椭圆、圆弧和扇形。

4．创建一个应用程序，使用 Line 控件在窗体上创建不同线型的线段。

5．创建一个应用程序，使用 Shape 控件在窗体上创建不同填充效果的图形。

6．创建一款音乐播放器，可以从计算机上选择要播放的音乐文件，并且可以暂停播放和继续播放。

7．创建一款 Flash 播放器，可以从计算机上选择要播放的 Flash 动画文件，并且可以暂停播放、继续播放和重新播放。

8．创建一款视频播放器，可以从计算上选择要播放的视频文件，并且可以对播放过程进行控制。

项目 **6**

设计菜单和工具栏

菜单和工具栏是 Windows 应用程序用户界面的重要组成部分。在设计一个功能简单的应用程序时，通过在窗体上添加几种控件即可构建基本的用户界面，当程序运行时用户只要使用相关控件便能够实现与应用程序的交互。而在开发功能复杂的应用程序时，通常需要为用户提供一系列的操作命令，在这种场合可以使用菜单对这些操作命令进行分组，让用户使用鼠标或键盘都能够很容易地访问这些命令。对于某些常用命令，往往通过在工具栏上设置相应的按钮来提供访问菜单命令的快捷途径。

本项目将结合一款文字编辑器应用程序来介绍如何为应用程序设计菜单和工具栏，通过本项目的实施，读者将学习和掌握菜单控件、工具栏控件，以及一些 ActiveX 控件的使用方法。

项目目标

- 掌握创建菜单的方法和步骤。
- 掌握创建工具栏的方法和步骤。
- 掌握一些 ActiveX 控件的应用。

任务 6.1　创建文字编辑器应用程序

在本任务中，将创建一款文字编辑器应用程序，要求在窗体上添加系统菜单和 ActiveX 控件 RichTextBox 控件，能够通过菜单命令打开文件、保存文件、设置格式，以及完成常见的编辑操作。程序运行效果如图 6.1 所示。

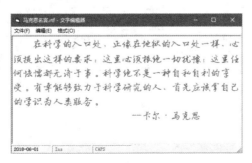

图 6.1　文字编辑器应用程序

任务目标

- 掌握菜单编辑器的使用方法。
- 掌握创建菜单系统的方法和步骤。
- 掌握 RichTextBox 控件的使用方法。
- 掌握 StatusBar 控件的使用方法。
- 掌握 Clipboard 对象的使用方法。

任务分析

Visual Basic 6.0 提供了一个功能强大的菜单编辑器，可以用来为应用程序创建菜单系统。菜单系统由主菜单栏和一组下拉式菜单组成，每个下拉式菜单中包含一些菜单项。与其他标准控件相同，菜单控件也具有属性和事件，但是菜单控件只能使用菜单编辑器创建，其属性可以利用菜单编辑器或属性窗口来设置。为了对不同文本部分进行格式设置，可以考虑使用 RichTextBox 控件。如果想要实现文本内容的剪切、复制和粘贴，则需要在程序代码中引用 Clipboard 对象。为了显示当前日期和键盘状态，可以使用 StatusBar 控件。

任务实施

（1）在 Visual Basic 6.0 集成开发环境中创建一个标准 EXE 工程。

（2）将窗体 Form1 命名为 frmTextEditor，并将其 Caption 属性值设置为"新文档-文字编辑器"，StartUpPosition 属性值设置为 2。

（3）想要在窗体 frmTextEditor 上创建菜单系统，首先需要打开菜单编辑器。为此，可以执行下列操作之一。

- 在"工具"下拉菜单中选择"菜单编辑器"命令。
- 在工具栏上单击"菜单编辑器"按钮 。
- 右键单击窗体，在弹出的快捷菜单中选择"菜单编辑器"命令。

在打开"菜单编辑器"对话框后，可以看到它由 3 个区域组成，如图 6.2 所示。

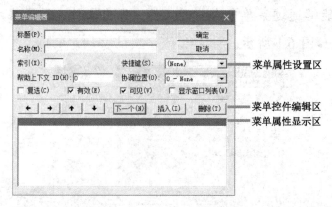

图 6.2 "菜单编辑器"对话框

在菜单属性设置区中，可以设置菜单控件的下列属性。

- 在"标题"文本框中输入菜单控件的标题文字，并设置菜单项的 Caption 属性。
- 在"名称"文本框中输入菜单控件的名称，并设置菜单项的 Name 属性。
- 在"快捷键"下拉列表中选择所需的快捷键，并设置菜单项的 Shortcut 属性。
- 使用"复选"复选框来设置菜单控件的 Checked 属性，用于指定是否在菜单项旁边显示一个复选标记。
- 使用"有效"复选框来设置菜单控件的 Enabled 属性，用于指定菜单项是否响应用户事件。
- 使用"可见"复选框来设置菜单的 Visible 属性，用于指定菜单项是否可见。

也可以在菜单控件编辑区中使用以下按钮对菜单项进行编辑。

- 使用 ← 按钮使当前菜单项的级别上升一级，最高级别为 1 级。
- 使用 → 按钮使当前菜单项的级别下降一级，最低级别为 6 级。
- 使用 ↑ 按钮使当前菜单项向上移动一个位置。
- 使用 ↓ 按钮使当前菜单项向下移动一个位置。
- 使用"下一个"按钮可以使光标从当前菜单项移动到下一个菜单项，如果当前菜单项为最后一个菜单项，则创建一个与当前菜单项级别相同的菜单项。
- 使用"插入"按钮可以在当前菜单项前面插入一个与当前菜单项级别相同的菜单项。
- 使用"删除"按钮可以删除选中的菜单项。

（4）在窗体 frmTextEditor 上创建菜单系统，并按照如表 6.1 所示的内容设置各个菜单控件的属性。

表 6.1 菜单控件的属性设置

菜 单 标 题	名　　称	级　别	快　捷　键
文件(&F)	mnuFile	一级	
新建(&N)	mnuFileNew	二级	Ctrl+N
打开(&O)...	mnuFileOpen	二级	Ctrl+O
保存(&S)	mnuFileSave	二级	Ctrl+S
另存为(&A)...	mnuFileSaveAs	二级	F12
-	mnuFileBar1	二级	
打印(&P)	mnuFilePrint	二级	Ctrl+P
-	mnuFileBar2	二级	
退出(&X)	mnuFileExit	二级	Ctrl+Q
编辑(&E)	mnuEdit	一级	
剪切(&T)	mnuEditCut	二级	Ctrl+X
复制(&C)	mnuEditCopy	二级	Ctrl+C
粘贴(&P)	mnuEditPaste	二级	Ctrl+V
全选(&A)	mnuEditSelectAll	二级	Ctrl+A
-	mnuEditBar1	二级	

续表

菜 单 标 题	名 称	级 别	快 捷 键
日期/时间	mnuEditDateTime	二级	F5
格式(&O)	mnuFormat	一级	
字体(&F)...	mnuFormatFont	二级	
项目符号	mnuFormatBullet	二级	

在完成各个菜单控件的属性设置后的菜单编辑器如图 6.3 所示。

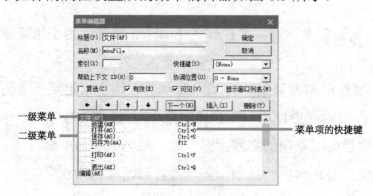

图 6.3　使用菜单编辑器创建菜单控件

（5）向工具箱窗口中添加 RichTextBox 控件。在"工程"下拉菜单中选择"部件"命令，在"部件"对话框的"控件"选项卡中勾选"Microsoft Rich Textbox Control 6.0 (SP6)"复选框，然后单击"确定"按钮。此时 RichTextBox 控件图标■出现在工具箱窗口中，如图 6.4 所示。

（6）在窗体 frmTextEditor 上添加 RichTextBox 控件。在工具箱窗口中单击 RichTextBox 控件图标，并在窗体上拖动鼠标，从而绘制出一个 RichTextBox 控件，然后利用属性窗口将该控件命名为 rtbBox，将其 ScrollBars 属性值设置为 2-vtfVertical。

（7）向工具箱窗口中添加通用对话框控件。从"工程"下拉菜单中选择"部件"命令，在"部件"对话框的"控件"选项卡中勾选"Microsoft Common Dialog Control 6.0 (SP6)"复选框，然后单击"确定"按钮。此时 CommonDialog 控件图标出现在工具箱窗口中，如图 6.5 所示。

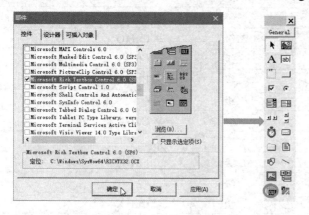

图 6.4　向工具箱窗口中添加 RichTextBox 控件

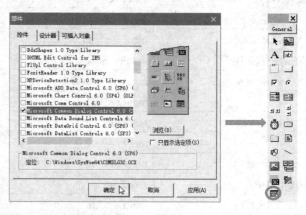

图 6.5　向工具箱窗口中添加 CommonDialog 控件

（8）在窗体 frmTextEditor 上添加通用对话框控件。在工具箱窗口中双击 CommonDialog 控件图标，向窗体上添加通用对话框控件并命名为 dlg，然后将其 Filter 属性值设置为"RTF 文

档(*.rtf)|*.rtf"。

（9）向工具箱窗口中添加状态栏控件。在"工程"下拉菜单中选择"部件"命令，在"部件"对话框的"控件"选项卡中勾选"Microsoft Windows Common Control 6.0 (SP6)"复选框，然后单击"确定"按钮。此时一组控件图标出现在工具箱窗口中，如图 6.6 所示。

注意：在向工具箱窗口中添加 Windows 通用控件后，工具箱窗口中除了出现状态栏（StatusBar）控件，还出现了工具栏（Toolbar）控件和图像列表（ImageList）控件。在任务 6.2 中，将为应用程序添加工具栏，这将用到工具栏控件和图像列表控件。

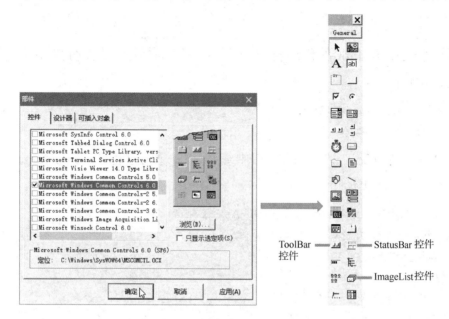

图 6.6   向工具箱窗口中添加 Windows 通用控件

（10）在窗体 frmTextEditor 上添加状态栏控件。在工具箱窗口中单击 StatusBar 控件图标，然后在窗体 Form1 上拖动鼠标，从而绘制出一个 StatusBar 控件，并保留其默认名称 StatusBar1。

（11）通过以下操作对状态栏控件 StatusBar1 进行设置。

① 在窗体上单击该控件，然后在属性窗口中单击"（自定义）"右侧的按钮 ⋯ 。

② 在"属性页"对话框中选择"窗格"选项卡，如图 6.7 所示。

③ 把第一个窗格（其索引值为 1）的样式设置为 6-sbrDate。

④ 单击"插入窗格"按钮，以添加第二个窗格；然后单击"索引"框右侧的按钮，以切换到第二个窗格（其索引值为 2），并将其样式设置为 3-sbrIns。

⑤ 单击"插入窗格"按钮，以添加第三个窗格；然后单击"索引"框右侧的按钮，以切换到第三个窗格（其索引值为 3），并将其样式设置为 1-sbrCaps。

至此，文字编辑器应用程序的用户界面就设计完成了，效果如图 6.8 所示。

图 6.7 状态栏控件的"属性页"对话框

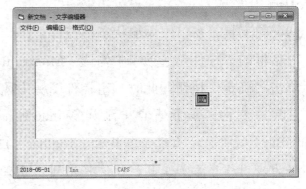

图 6.8 文字编辑器应用程序的用户界面设计效果

（12）在窗体 frmTextEditor 的代码窗口中声明两个窗体级变量，分别用于存储文件名和文件内容，程序代码如下：

```
Private sFileName As String
Private sFileContent As String
```

（13）在窗体 frmTextEditor 的代码窗口中编写一个通用过程 GetFileName，用于从一个路径中获取文件名，程序代码如下：

```
Private Function GetFileName(path) As String
    Dim str As String, pos As Integer
    str = StrReverse(path)
    pos = InStr(1, str, "\")
    str = StrReverse(Left(str, pos - 1))
    GetFileName = str
End Function
```

（14）在窗体 frmTextEditor 的代码窗口中编写该窗体的 Load、Resize 和 Unload 事件过程，程序代码如下：

```
'当加载窗体时执行以下事件过程
Private Sub Form_Load()

    sFileName = ""

End Sub


'当窗口大小改变时执行以下事件过程
Private Sub Form_Resize()

    rtbBox.Left = 0
    rtbBox.Top = 0
    rtbBox.Width = Me.ScaleWidth
    rtbBox.Height = Me.ScaleHeight - StatusBar1.Height

End Sub
```

```
'当关闭窗口时执行以下事件过程
Private Sub Form_Unload(Cancel As Integer)
   Dim Choice As Integer

   If (sFileName <> "" And sFileContent <> rtbBox.TextRTF) Or (sFileName = ""
And rtbBox.Text <> "") Then
      Choice = MsgBox("将更改保存到文件？", vbExclamation + vbYesNoCancel, "文字编
辑器")
      If Choice = 6 Then
        mnuFileSave_Click
      ElseIf Choice = 7 Then
        Cancel = 0
      ElseIf Choice = 2 Then
        Cancel = 1
      End If
   End If

End Sub
```

（15）在窗体 frmTextEditor 的代码窗口中编写各个菜单控件的 Click 事件过程，程序代码
如下：

```
'当单击"编辑"菜单时执行以下事件过程，设置其中几个菜单项的有效性
Private Sub mnuEdit_Click()

   mnuEditCut.Enabled = (rtbBox.SelLength > 0)
   mnuEditCopy.Enabled = (rtbBox.SelLength > 0)
   mnuEditPaste.Enabled = (Len(Clipboard.GetText) > 0)

End Sub

'当在"编辑"下拉菜单中选择"复制"命令时执行以下事件过程
Private Sub mnuEditCopy_Click()

   Clipboard.Clear
   Clipboard.SetText rtbBox.SelText

End Sub

'当在"编辑"下拉菜单中选择"剪切"命令时执行以下事件过程
Private Sub mnuEditCut_Click()

   Clipboard.Clear
   Clipboard.SetText rtbBox.SelText
   rtbBox.SelText = ""
```

```
End Sub

'当在"编辑"下拉菜单中选择"日期/时间"命令时执行以下事件过程
Private Sub mnuEditDateTime_Click()

    rtbBox.SelText = Now

End Sub

'当在"编辑"下拉菜单中选择"粘贴"命令时执行以下事件过程
Private Sub mnuEditPaste_Click()

    rtbBox.SelText = Clipboard.GetText

End Sub

'当在"编辑"下拉菜单中选择"全选"命令时执行以下事件过程
Private Sub mnuEditSelectAll_Click()

    rtbBox.SelStart = 0
    rtbBox.SelLength = Len(rtbBox.Text)

End Sub

'当在"文件"下拉菜单中选择"退出"命令时执行以下事件过程
Private Sub mnuFileExit_Click()

    Unload Me

End Sub

'当在"文件"下拉菜单中选择"新建"命令时执行以下事件过程
Private Sub mnuFileNew_Click()
    Dim Choice As Integer

    If (sFileName <> "" And sFileContent <> rtbBox.TextRTF) Or (sFileName = ""
And rtbBox.Text <> "") Then
        Choice = MsgBox("将更改保存到文件？", vbExclamation + vbYesNo, "文字编辑器")
        If Choice = 6 Then
            mnuFileSave_Click
        End If
    End If

    rtbBox.TextRTF = ""
    sFileName = ""
    sFileContent = ""
```

```
    Me.Caption = "文档 - 文字编辑器"

End Sub

'当在"文件"下拉菜单中选择"打开"命令时执行以下事件过程
Private Sub mnuFileOpen_Click()

   dlg.ShowOpen
   dlg.DialogTitle = "选择要打开的文件"
   If dlg.FileName <> "" Then
     sFileName = dlg.FileName
     rtbBox.LoadFile sFileName
     sFileContent = rtbBox.TextRTF
     Me.Caption = GetFileName(sFileName) & " - 文字编辑器"
   End If

End Sub

'当在"文件"下拉菜单中选择"打印"命令时执行以下事件过程
Private Sub mnuFilePrint_Click()

   rtbBox.SelPrint (Printer.hDC)

End Sub

'当在"文件"下拉菜单中选择"保存"命令时执行以下事件过程
Private Sub mnuFileSave_Click()

   If sFileName <> "" Then
     rtbBox.SaveFile sFileName
   Else
     mnuFileSaveAs_Click
   End If

End Sub

'当在"文件"下拉菜单中选择"另存为"命令时执行以下事件过程
Private Sub mnuFileSaveAs_Click()

   dlg.ShowSave
   dlg.DialogTitle = "保存为"
   If dlg.FileName <> "" Then
     sFileName = dlg.FileName
     rtbBox.SaveFile sFileName
     sFileContent = rtbBox.TextRTF
     Me.Caption = GetFileName(sFileName) & " - 文字编辑器"
```

```
        End If

    End Sub

    '当在"格式"下拉菜单中选择"项目符号"命令时执行以下事件过程
    Private Sub mnuFormatBullet_Click()

      mnuFormatBullet.Checked = Not mnuFormatBullet.Checked
      rtbBox.SelBullet = mnuFormatBullet.Checked

    End Sub

    '当在"格式"下拉菜单中选择"字体"命令时执行以下事件过程
    Private Sub numFormatFont_Click()

      dlg.Flags = cdlCFBoth Or &H100
      If rtbBox.SelLength > 0 And Not IsNull(rtbBox.SelFontName) Then
        dlg.FontName = rtbBox.SelFontName
        dlg.FontSize = rtbBox.SelFontSize
        dlg.FontName = rtbBox.SelFontName
        dlg.FontSize = rtbBox.SelFontSize
        dlg.FontBold = rtbBox.SelBold
        dlg.FontItalic = rtbBox.SelItalic
        dlg.FontUnderline = rtbBox.SelUnderline
        dlg.Color = rtbBox.SelColor
      End If
      dlg.ShowFont
      rtbBox.SelFontName = dlg.FontName
      rtbBox.SelFontSize = dlg.FontSize
      rtbBox.SelBold = dlg.FontBold
      rtbBox.SelItalic = dlg.FontItalic
      rtbBox.SelUnderline = dlg.FontUnderline
      rtbBox.SelColor = dlg.Color

    End Sub
```

（16）将窗体文件和工程文件分别保存为 frmTextEditor.frm 和工程 06-01.vbp。

程序测试

（1）按下 F5 键，以运行程序。

（2）在"文件"下拉菜单中选择"打开"命令或按下 Ctrl+O 组合键，打开已经存在的文本文件或 RTF 文档，然后对"编辑"下拉菜单中的各个命令进行测试。

（3）在"文件"下拉菜单中选择"新建"命令或按下 Ctrl+N 组合键，新建一个文档，并输入文本内容，插入日期和时间，设置字体和项目符号格式，然后在"文件"下拉菜单中选择"保

204

存"命令，将该文件保存为 RTF 文档。

（4）在"文件"下拉菜单中选择"退出"命令，以结束程序运行。

相关知识

1. 菜单控件

菜单（Menu）控件用于显示应用程序的自定义菜单。命令、子菜单和分隔符都可以包括在菜单之中，每一个创建的菜单至多有五级子菜单。为了创建菜单控件，需要使用菜单编辑器。使用菜单编辑器可以设置菜单控件的某些属性，菜单控件的属性都要显示在属性窗口中。为了显示菜单控件的属性，应在属性窗口上部的"对象"下拉列表中选择菜单项名称。

在创建 MDI 应用程序时，当子窗体为活动窗体时，MDI 子窗体上的菜单条将替换 MDIForm 对象上的菜单条。

1）菜单控件的常用属性

菜单控件的常用属性如下所述。

- Caption：返回或设置菜单项的标题文字。在"标题"文本框中输入菜单控件的标题文字。为了对菜单项指定访问键，可以在作为访问键使用的字母之前放置一个&符号；对于顶级菜单中的菜单项，可以使用 Alt+访问键字母快速选中；对于包含在菜单中的菜单命令，可以直接通过访问键字母选中。为了创建分隔符，可以在"标题"文本框中输入单连字符（-）。

- Checked：返回或设置一个布尔值，用于决定是否在菜单项旁边显示一个复选标记。为了在菜单项的左侧显示复选标记，在使用菜单编辑器时应勾选"复选"复选框。

- Enabled：返回或设置一个布尔值，用于决定菜单项是否响应用户操作。在使用菜单编辑器时可以使用"有效"复选框对该属性进行设置。

- Index：当菜单项组成控件数组时，用于标识数组内的各个菜单控件。

- Name：用于指定菜单控件的名称。

- Shortcut：设置一个值，用于指定菜单项的快捷键。

- Visible：返回或设置一个值，用于决定菜单项是否可见。

- WindowList：返回或设置一个值，用于决定菜单控件是否维护当前 MDI 子窗体的列表。

2）菜单控件的事件

菜单控件只有一个事件，即 Click 事件。

在任务 6.1 中，除了顶级菜单和分隔符，对所有菜单控件都编写 Click 事件过程。

2. RichTextBox 控件

RichTextBox 控件不仅允许输入和编辑文本，还提供了标准文本框控件所没有的、更高级的指定格式的许多功能。在任务 6.1 中，使用 RichTextBox 控件来显示和编辑文档。

RichTextBox 控件提供了一些属性，对于控件文本的任何部分，使用这些属性都可以指定格式。为了改变文本的格式，首先需要选定它，只有选定的文本才能赋予字符和段落格式。使用这些属性，可以把文本改为粗体或斜体，或改变其颜色，以及创建上标和下标。通过设置左缩进、右缩进和悬挂式缩进，可以调整段落的格式。

RichTextBox 控件能以 RTF 格式和普通 ASCII 文本格式这两种形式打开和保存文件。使用该控件的 LoadFile 和 SaveFile 方法可以直接读/写文件，或者使用与 Visual Basic 文件输入/输出语句连接的，诸如 SelRTF 和 TextRTF 之类的控件属性来打开和保存文件。

1）RichTextBox 控件的常用属性

RichTextBox 控件的常用属性如下所述。

- FileName：返回或设置装入 RichTextBox 控件的文件名。对此属性，只能指定文本文件或有效的.rtf 文件名。

- MaxLength：返回或设置一个值，用于指定 RichTextBox 控件是否有容纳字符数量的最大值，若有，则指出最大字符数量。

- MultiLine：返回或设置一个值，用于指定 RichTextBox 控件是否接收和显示多行正文。在程序运行时此属性是只读的。

- RightMargin：返回或设置 RichTextBox 控件中的文本右边距。

- ScrollBars：返回或设置一个值，用于指定 RichTextBox 控件是否带有水平的或垂直的滚动条。在程序运行时此属性是只读的。此属性有以下设置值：0-rtfNone（默认）表示没有滚动条；1-rtfHorizontal 表示仅有水平滚动条；2-rtfVertical 表示仅有垂直滚动条；3-rtfBoth 表示同时具有水平滚动条和垂直滚动条。

- SelAlignment：返回或设置一个值，用于控制 RichTextBox 控件中段落的对齐方式。该属性在程序设计时无效。此属性有以下设置值：0-rtfLeft（默认）表示左对齐；1-rtfRight 表示右对齐；2-rtfCenter 表示居中对齐。

- SelBold、SelItalic、SelStrikethru、SelUnderline：返回或设置 RichTextBox 控件中选定文本的字体样式，包括粗体、斜体、删除线和下画线格式。这些属性在程序设计时无效。

- SelBullet：返回或设置一个值，用于决定在 RichTextBox 控件中包含当前选择或插入点的段落是否有项目符号样式。该属性在程序设计时无效。

- SelCharOffset：返回或设置一个值，用于确定 RichTextBox 控件中的文本是出现在基线上（正常状态），还是作为上标出现在基线之上或作为下标出现在基线之下。此属性在程序设计时无效。

- SelColor：返回或设置用于决定 RichTextBox 控件中文本颜色的值。该属性在程序设计时无效。

- SelFontName：返回或设置在 RichTextBox 控件中用于显示当前选定的文本或用于显示

刚从插入点所输入字符的字体。该属性在程序设计时无效。

- SelFontSize：返回或设置一个指定字体大小的值，该字体用于显示 RichTextBox 控件中的文本。该属性在程序设计时无效。

- SelHangingIndent、SelIndent、SelRightIndent：返回或设置 RichTextBox 控件中段落的页边距设置值，该段落不是包括当前选定就是需要在当前插入点添加。这些属性在程序设计时无效。

- SelLength、SelStart、SelText：SelLength 返回或设置所选择的字符数；SelStart 返回或设置所选择的文本的起始点，如果没有文本被选中，则指出插入点的位置；SelText 返回或设置包含当前所选择文本的字符串，如果没有字符被选中，则为零长度字符串。这些属性在程序设计时是不可用的。

- SelRTF：返回或设置 RichTextBox 控件当前选择的文本（按.rtf 格式）。该属性在程序设计时无效。

- SelTabCount、SelTabs：返回或设置 RichTextBox 控件中文本的制表符数目及制表符的绝对位置。这些属性在程序设计时无效。

- TextRTF：返回或设置 RichTextBox 控件中的文本，包括所有的.rtf 代码。设置 TextRTF 属性，将使用新的字符串取代 RichTextBox 控件中的全部内容。

2）RichTextBox 控件的常用方法

RichTextBox 控件的常用方法如下所述。

① Find：根据给定的字符串，在 RichTextBox 控件中搜索文本，语法格式如下：

```
object.Find(string, start, end, options)
```

其中，参数 object 表示 RichTextBox 控件；参数 string 用于指定要在控件中查找的字符串表达式；参数 start 用于指定从何处开始搜索的整数字符索引值，控件中的每一个字符都有一个可唯一标识的整数索引值，控件中文本的第一个字符的索引值是 0；参数 end 用于指定在何处结束搜索的整数字符索引值；参数 options 用于指定一个或多个可选功能常数的和，参数 options 的设置值如下所述。

- rtfWholeWord（2）：用于确定匹配是基于整个单词还是单词的片段。

- rtfMatchCase（4）：用于确定匹配是否基于指定字符串与字符串文本的大小写字体一致。

- rtfNoHighlight（8）：用于确定匹配是否在指定的 RichTextBox 控件中突出显示。

通过把它们的值或常数相加或使用 Or 运算符将这些值相结合的形式，可使用多个选项。

② GetLineFromChar：返回 RichTextBox 控件中含有指定字符位置的行的行号，不支持命名的参数，语法格式如下：

```
object.GetLineFromChar(charpos)
```

其中，参数 object 表示 RichTextBox 控件；参数 charpos 是一个长整型数，用于指定字符的索引值，该字符所在行是需要标识的。在 RichTextBox 控件中，第一个字符的索引值是 0。

③ LoadFile：向 RichTextBox 控件中加载一个 .rtf 文件或文本文件，不支持命名的参数，语法格式如下：

```
object.LoadFile pathname, filetype
```

其中，参数 object 表示 RichTextBox 控件；参数 pathname 为字符串表达式，用于指定加载控件的文件路径和文件名；参数 filetype 是可选的，用于确定装入文件的类型：rtfRTF（0）（默认）表示被加载的文件必须是一个合法的 .rtf 文件，rtfText（1）表示可以加载任意一个文本文件。

④ SaveFile：把 RichTextBox 控件中的内容存入文件中，语法格式如下：

```
object.SaveFile pathname, filetype
```

其中，参数 object 表示 RichTextBox 控件；参数 pathname 为字符串表达式，用于指定保存控件内容文件的路径和文件名；参数 filetype 是可选的，用于确定加载文件的类型，其设置值请参照 LoadFile 方法。

⑤ SelPrint：将 RichTextBox 控件中的格式化文本发送给设备进行打印，语法格式如下：

```
object.SelPrint(hDC)
```

其中，参数 object 表示 RichTextBox 控件；参数 hDC 为设备描述体，用于指定准备用来打印控件内容的设备。

SelPrint 方法并不打印 RichTextBox 控件中的文本，而是将格式化文本的一个备份发送给可以打印这个文本的设备。

例如，使用以下代码可以将文本发送给 Printer 对象：

```
RichTextBox1.SelPrint(Printer.hDC)
```

3. 状态栏控件

状态栏（StatusBar）控件提供窗体，该窗体通常位于父窗体的底部，应用程序通过这一窗体可以显示各种状态数据。StatusBar 控件最多能被分成 16 个 Panel 对象，这些对象包含在 Panels 集合中。

StatusBar 控件由 Panel 对象组成，每一个 Panel 对象都可以包含文本和/或图片。可以控制每个面板的外观属性，包括 Width、Alignment（文本和图片的）和 Bevel 属性。此外，还可以使用 Style 属性的 7 个值中的 1 个来自动地显示公共数据，如日期、时间和键盘状态等。

在任务 6.1 中，通过"属性页"对话框为 StatusBar 控件创建了 3 个 Panel 对象，并将这些 Panel 对象的 Style 属性值分别设置为 6、3 和 1，以便显示日期、插入键状态和大写锁定键状态。

4. Clipboard 对象

Clipboard 对象提供对系统剪贴板的访问，该对象用于操作剪贴板上的文本和图形，使得用户能够复制、剪切和粘贴应用程序中的文本和图形。在复制任何信息到 Clipboard 对象中之前，应调用 Clipboard.Clear 方法清除 Clipboard 对象中的内容。所有 Windows 应用程序共享 Clipboard 对象，当切换到其他应用程序时剪贴板中的内容会改变。

Clipboard 对象的常用方法如下所述。

① Clear：用于清除系统剪贴板中的内容，语法格式如下：

```
Clipboard.Clear
```

② GetData：用于从 Clipboard 对象返回一个图形，语法格式如下：

```
Clipboard.GetData(format)
```

其中，参数 format 是可选的，它用于指定 Clipboard 图形的格式，必须使用括号将该常数或数值括起来。如果参数 format 为 0 或省略，则 GetData 自动使用适当的格式。

③ GetText：用于返回 Clipboard 对象中的文本字符串，语法格式如下：

```
Clipboard.GetText(format)
```

其中，参数 format 是可选的，它用于指定 Clipboard 对象的格式，必须使用括号将值括起来。参数的设置值有：vbCFLink（&HBF00）表示 DDE 对话信息，vbCFText（1）（默认值）表示文本，vbCFRTF（&HBF01）表示 RTF 文件（.rtf）。

④ SetData：使用指定的图形格式将图片放到 Clipboard 对象中，语法格式如下：

```
Clipboard.SetData data, format
```

其中，参数 data 用于指定被放置到 Clipboard 对象中的图形，参数 format 用于指定 Visual Basic 识别的 Clipboard 对象格式。如果省略参数 format，则 SetData 方法自动决定图形格式。

⑤ SetText：使用指定的 Clipboard 图像格式将文本放到 Clipboard 对象中，语法格式如下：

```
Clipboard.SetText data, format
```

其中，参数 data 给出被放置到剪贴板中的字符串数据；参数 format 是可选的，用于指定 Visual Basic 识别的剪贴板格式，其设置值请参照 GetText 方法中的内容。

任务 6.2　为文字编辑器应用程序添加工具栏

在任务 6.1 中创建了一款文字编辑器应用程序，本任务将在这款应用程序的窗体上添加一个工具栏，使得用户可以快速访问一些常用的菜单命令，包括"文件"下拉菜单中的"新建"、"打开"、"保存"和"打印"，以及"编辑"下拉菜单中的"剪切"、"复制"和"粘贴"等命令，如图 6.9 所示。

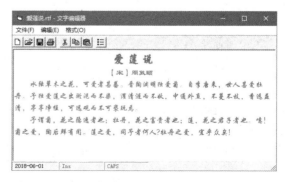

图 6.9　为文字编辑器应用程序添加工具栏

任务目标

● 掌握工具栏控件的使用方法。

● 掌握图像列表控件的使用方法。

● 掌握为工具栏按钮编写事件过程的方法。

任务分析

与菜单相同，工具栏也是用户界面的重要组成部分。工具栏通常位于窗体的菜单栏下方，其中包含各种各样的工具栏按钮，主要用于快速访问那些使用频繁的菜单命令。想要在窗体上添加工具栏，需要用到两个 ActiveX 控件，即 Toolbar 控件和 ImageList 控件。Toolbar 控件可以提供所需要的按钮，ImageList 控件则为每个工具栏按钮提供图像。如果想要把工具栏按钮与菜单命令关联起来，则可以对工具栏控件的 ButtonClick 事件进行编程。

任务实施

（1）在 Visual Basic 6.0 集成开发环境中打开任务 6.1 中完成的工程文件工程 06-01.vbp。

210

（2）在窗体 Form1 上添加一个 ImageList 控件，保留其默认名称 ImageList1。

（3）按照如表 6.2 所示的内容，通过以下操作向图像列表控件 ImageList1 中添加图像。

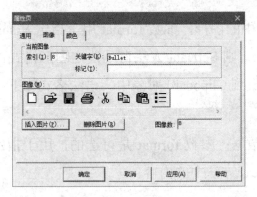

① 在窗体上单击图像列表控件 ImageList1，在属性窗口中单击"（自定义）"旁边的按钮 ....。

② 在图像列表控件的"属性页"对话框中选择"图像"选项卡。

③ 单击"插入图片"按钮，并从磁盘上选择图像文件，在"关键字"文本框中输入该图像的关键字，如图 6.10 所示。

④ 重复执行上述操作，以插入更多图像。

图 6.10　图像列表控件的"属性页"对话框

表 6.2　向图像列表控件中添加图像

图 像 含 义	图 像 文 件	索引值（Index）	关键字（Key）
新建	new.jpg	1	New
打开	open.jpg	2	Open
保存	save.jpg	3	Save
打印	print.jpg	4	Print
剪切	cut.jpg	5	Cut
复制	copy.jpg	6	Copy
粘贴	paste.jpg	7	Paste
项目符号	bullet.jpg	8	Bullet

（4）在窗体 frmTextEditor 上添加一个 Toolbar 控件，保留其默认名称 Toolbar1。然后通过

以下操作将工具栏控件 Toolbar1 与图像列表控件 ImageList1 关联起来。

① 在窗体上单击控件 Toolbar1，在属性窗口中单击"（自定义）"旁边的按钮。

② 在工具栏控件的"属性页"对话框中选择"通用"选项卡。

③ 在"图像列表"下拉列表中选择"ImageList1"选项，并单击"应用"按钮，如图 6.11 所示。

图 6.11　将 Toolbar 控件与 ImageList 控件关联起来

（5）按照如表 6.3 所示的内容向工具栏中添加按钮。

表 6.3　向工具栏中添加按钮

按 钮 功 能	索引值（Index）	关键字（Key）	样式（Style）	工具栏提示文本	图　像
新建文件	1	New	0-tbrDefault	新建	1
打开文件	2	Open	0-tbrDefault	打开	2
保存文件	3	Save	0-tbrDefault	保存	3
打印文件	4	Print	0-tbrDefault	打印	4
分隔符	5		3-tbrSeparator		
剪切	6	Cut	0-tbrDefault	剪切	5
复制	7	Copy	0-tbrDefault	复制	6
粘贴	8	Paste	0-tbrDefault	粘贴	7
分隔符	9		3-tbrSeparator		
项目符号	10	Bullet	0-tbrDefault	项目符号	8

① 在工具栏控件的"属性页"对话框中选择"按钮"选项卡，如图 6.12 所示。

② 单击"插入按钮"按钮，以添加新的 Button 对象；第一个 Button 对象的索引值为 1，第二个 Button 对象的索引值为 2，以此类推。

③ 在"关键字"文本框中设置 Button 对象的 Key 属性，该属性用于标识按钮集合中的一个按钮。关键字应是唯一的，而且区分大小写。

④ 在"样式"下拉列表中选择应用于 Button 对象的样式。

⑤ 在"工具提示文本"文本框中设置 Button 对象的 ToolTipText 属性。

⑥ 在"图像"文本框中输入包含在图像列表中的图像的索引值或关键字，以指定应用于该按钮的图像。至此，已经在窗体 frmTextEditor 的菜单栏下方添加了一个工具栏，如图 6.13 所示。

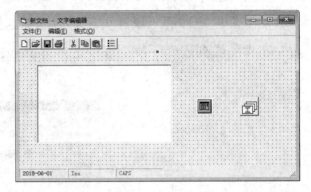

图 6.12　向工具栏中添加按钮　　　　　图 6.13　包含工具栏的文字编辑器应用程序窗口

（6）打开窗体 frmTextEditor 的代码窗口，对原有事件过程 Form_Resize 进行修改，程序代码如下：

```
Private Sub Form_Resize()

    rtbBox.Left = 0
    rtbBox.Top = Toolbar1.Height      '在添加工具栏后修改 Top 属性
    rtbBox.Width = Me.ScaleWidth
    rtbBox.Height = Me.ScaleHeight - StatusBar1.Height

End Sub
```

（7）在代码窗口中编写工具栏控件 Toolbar1 的 ButtonClick 事件过程，程序代码如下：

```
Private Sub Toolbar1_ButtonClick(ByVal Button As MSComctlLib.Button)

    Select Case Button.Key
    Case "New"
        mnuFileNew_Click
    Case "Open"
        mnuFileOpen_Click
    Case "Save"
        mnuFileSave_Click
    Case "Cut"
        mnuEditCut_Click
    Case "Copy"
        mnuEditCopy_Click
    Case "Paste"
        mnuEditPaste_Click
    Case "Bullet"
        mnuFormatBullet_Click
    End Select

End Sub
```

（8）保存所有文件。

程序测试

（1）按下 F5 键，以运行程序。

（2）通过工具栏按钮执行新建、打开、保存和打印文件操作，对这些按钮进行测试。

（3）通过工具栏按钮执行剪切、复制和粘贴操作，对这些按钮进行测试。

（4）通过工具栏按钮设置项目符号，对相应按钮进行测试。

相关知识

1. 工具栏控件

工具栏（Toolbar）控件包含一个 Button 对象集合，该对象集合被用来创建与应用程序相关联的工具栏。一般来说，工具栏包含一些按钮，这些按钮与应用程序菜单中各项的按钮对应，工具栏为用户访问应用程序的常用功能和命令提供了图形接口。

有了 Toolbar 控件，就可以通过将 Button 对象添加到 Buttons 集合中来创建工具栏。每个 Button 对象都可以有可选的文本或一幅图像，或者兼而有之，这些都是由相关联的 ImageList 控件提供的。可以在一个按钮上使用 Image 属性为每个 Button 对象添加一幅图像，或者使用 Caption 属性显示文本，或者二者兼而有之。在程序设计时可以使用工具栏控件的"属性页"对话框将 Button 对象添加到控件中。在程序运行时可以通过调用 Add 和 Remove 方法来添加按钮或从 Buttons 集合中删除按钮。

工具栏控件的常用属性如下所述。

● Buttons：返回对 Toolbar 控件的 Button 对象集合的引用，语法格式如下：

```
Toolbar1.Buttons
```

可以使用标准集合方法（如 Add 和 Remove 方法）操作 Button 对象。集合中的每个元素均可以通过其索引值（即 Index 属性值）来访问，也可以通过唯一关键字（即 Key 属性值）来访问。

● ImageList：返回或设置与工具栏控件相关联的 ImageList 控件，语法格式如下：

```
Toolbar1.ImageList [= Imagelist]
```

其中，参数 Imagelist 为对象引用，用于指定工具栏控件使用哪个 ImageList 控件。

工具栏控件想要使用 ImageList 属性，必须先将 ImageList 控件放在窗体上。在程序设计时，可以在工具栏控件的"属性页"对话框中设置 ImageList 属性。为了将 ImageList 属性在程序运行时与控件相关联，可以设置控件的 ImageList 属性为想要使用的 ImageList 控件，示例如下：

```
Set Toolbar1.ImageList = ImageList1
```

213

工具栏控件有一个 ButtonClick 事件，该事件当用户单击工具栏控件内的按钮对象时发生。为了给工具栏控件编程，将代码添加到 ButtonClick 事件中，以便对已经选定的按钮做出反应。该事件过程的语法格式如下：

```
Private Sub Toolbar1_ButtonClick(ByVal Button As MSComctlLib.Button)
```

其中，参数 Button 表示对被单击的 Button 对象（工具栏按钮）的引用。

单个 Button 对象会对 ButtonClick 事件做出反应，为了对这种反应进行编程，可以使用 Button 参数值。例如，下列代码使用 Button 对象的 Key 属性来确定合适的动作。

```
Private Sub Toolbar1_ButtonClick(ByVal Button As MSComctlLib.Button)
    Select Case Button.Key
    Case "Open"
        CommonDialog1.ShowOpen
    Case "Save"
        CommonDialog1.ShowSave
    End Select
End Sub
```

2．图像列表控件

图像列表（ImageList）控件包含 ListImage 对象的集合，该集合中的每个对象都可以通过其索引值或关键字被引用。ImageList 控件不能独立使用，只是作为一个便于向其他控件提供图像的资料中心。

在程序设计时，可以使用 ImageList 控件的"属性页"对话框中的"图像"选项卡来添加图像。在程序运行时，可以使用 Add 方法给 ListImages 集合添加图像。

ImageList 控件的作用犹如图像的储藏室，它需要通过第二个控件来显示所储存的图像。第二个控件可以是任何能显示图像 Picture 对象的控件，也可以是特别设计的、用于绑定 ImageList 控件的 Windows 通用控件，如 ListView、ToolBar、TabStrip、Header、ImageCombo 和 TreeView 控件。为了与这些控件一同使用 ImageList 控件，必须通过一个适当的属性来将特定的 ImageList 控件绑定到第二个控件上。在任务 6.2 中，对 Toolbar 控件设置 ImageList 属性为 ImageList 控件，从而把工具栏控件与图像列表控件绑定起来。

一旦 ImageList 控件与指定的 Toolbar 控件相关联，就可以使用 Index 属性或 Key 属性的值来引用 ListImage 对象了。在任务 6.2 中，是使用 Toolbar 控件的"属性页"对话框来设置应用于每个工具栏按钮的图像的。

项目小结

本项目介绍了如何为应用程序添加菜单和工具栏。

与其他控件相同，菜单控件也有自己的属性和事件。不同的是，菜单控件必须使用菜单编辑器来创建，菜单控件的一些常用属性也可以使用菜单编辑器来设置。

工具栏主要用于快速访问一些比较常用的菜单命令。在创建工具栏时，需要用到 Toolbar 控件和 ImageList 控件。通过对工具栏控件的 ButtonClick 事件进行编程，可以把工具栏按钮与相应的菜单命令关联起来。

此外，本项目还介绍了 RichTextBox 控件和 StatusBar 控件。

项目思考

一、选择题

1. 如果想要在菜单中放置一个分隔符，则应在菜单编辑器的"标题"文本框中输入（　　）。

A. &

B. -

C. @

D. ^

2. 如果想要使某个菜单项旁边显示一个复选标记，则应对其（　　）属性进行设置。

A. Caption

B. Checked

C. Enabled

D. Visible

3. 如果想要通过状态栏控件的某个窗格来显示当前日期，则应在"属性页"对话框中将该窗格的样式设置为（　　）。

A. 1

B. 2

C. 3

D. 6

4. 如果想要使 RichTextBox 控件同时具有水平滚动条和垂直滚动条，则应将其 ScrollBars 属性值设置为（　　）。

A. 0

B. 1

C. 2

D. 3

5. 使用（　　）属性可以设置 RichTextBox 控件中文本的制表符数目。

A. SelHangingIndent

B. SelIndent

C. SelTabCount

D. SelTabs

6. 如果想要将 RichTextBox 控件中的内容保存到文件中，则应使用（　　）方法。

A. Find

B. GetLineFromChar

C. LoadFile

D. SaveFile

7. 如果想要在工具栏上添加一个分隔符，则应将 Button 对象的 Style 属性值设置为（　　）。

A. 0

B. 1

C. 2

D. 3

二、判断题

1．在菜单编辑器中，使用"快捷键"下拉列表来设置菜单控件的 Shortcut 属性。（　　）

2．在菜单编辑器中，使用"复选"复选框来设置菜单控件的 Enabled 属性。（　　）

3．在菜单编辑器中，使用"有效"复选框来设置菜单控件的 Checked 属性。（　　）

4．如果想要向工具箱窗口中添加 RichTextBox 控件，则应在"工程"下拉菜单中选择"部件"命令，然后在"部件"对话框的"控件"选项卡中勾选"Microsoft Rich Textbox Control 6.0 (SP6)"复选框。（　　）

5．使用 LoadFile 方法可以将文本内容加载到 RichTextBox 控件中。（　　）

6．在 Toolbar 控件中可以通过索引值来引用 ImageList 控件中的图像。（　　）

7．如果想要向工具箱窗口中添加 StatusBar 和 Toolbar 等控件，则应在"部件"对话框中选择"控件"选项卡，然后勾选"Microsoft Common Dialog Control 6.0 (SP6)"复选框。（　　）

8．ForeColor 属性返回或设置用于决定 RichTextBox 控件中文本颜色的值。（　　）

9．SelFontName 属性返回或设置在 RichTextBox 控件中用于显示当前选定文本的字体。（　　）

10．Text 属性返回或设置 RichTextBox 控件的文本，包括所有的.rtf 代码。（　　）

11．Print 方法用于将 RichTextBox 控件中的格式化文本发送给设备进行打印。（　　）

12．Clipboard 对象提供对 Windows 系统剪贴板的访问。（　　）

13．GetText 方法用于返回或设置 Clipboard 对象中的文本字符串。（　　）

14．Cls 方法用于清除剪贴板中的内容。（　　）

15．使用 Button 对象的 Key 属性可以将工具栏按钮与菜单命令关联起来。（　　）

项目实训

结合本项目中的两个任务，创建一款文字编辑器应用程序，要求具有菜单和工具栏，能够实现基本的文件操作、编辑操作和格式化操作。

访问与管理文件

在 Visual Basic 应用程序中，经常需要访问驱动器、文件夹和各种类型的文件。Visual Basic 6.0 提供了几种不同的方式来处理驱动器、文件夹和文件，可以使用专门的文件管理控件，也可以使用传统的语句和函数（如 Open 语句等），还可以使用文件系统对象（FSO）模型。

本项目将通过一组任务来介绍如何在 Visual Basic 应用程序中实现文件的访问和管理。通过本项目的实施，读者将学习和掌握文件管理控件、文件操作语句，以及文件系统对象的使用方法，从而实现对文件和文件夹的访问和操作。

项目目标

- 掌握文件管理控件的使用方法。
- 掌握使用语句和函数管理文件的方法。
- 掌握使用 FSO 对象模型编程访问文件的方法。

任务 7.1　创建图片浏览器

图片是指由图形、图像等构成的平面媒体。图片可以分为点阵图和矢量图两大类，常用的 BMP、GIF、JPG 等格式的图片都是点阵图，而 AI、CDR、DWG 等格式的图片则属于矢量图。在本任务中，使用文件管理控件创建一款图片浏览器，可以从不同驱动器上的不同文件夹中选择 BMP、GIF、JPG 格式的图片文件，并在窗体上显示图片内容。程序运行效果如图 7.1 所示。

图 7.1　图片浏览器

任务目标

- 掌握驱动器列表框控件的使用方法。
- 掌握目录列表框控件的使用方法。
- 掌握文件列表框控件的使用方法。

任务分析

图片以文件形式存储在计算机的某些驱动器上，并且分门别类地存放在不同的文件夹中。如果想要创建图片浏览器，则需要同时用到 3 种文件管理控件，即驱动器列表框（DriveListBox）控件、目录列表框（DirListBox）控件和文件列表框（FileListBox）控件。为了使这些控件显示的内容同步更新，需要针对驱动器列表框和目录列表框的 Change 事件进行编程。为了在用户从文件列表框中选择一个图片时显示该图片，需要对文件列表框的 Click 事件进行编程。

任务实施

（1）在 Visual Basic 6.0 集成开发环境中创建一个标准 EXE 工程。

（2）把窗体 Form1 命名为 frmPictureViewer，将其调整到适当大小，然后将其 Caption 属性值设置为"图片浏览器"，StartUpPosition 属性值设置为 2。

（3）在窗体 frmPictureViewer 上添加以下控件。

- 添加框架控件，保留其默认名称 Frame1，并将其 Caption 属性值设置为"选择图片"。
- 在工具箱窗口中单击 DriveListBox 控件图标▣，然后在框架控件 Frame1 内部添加一个驱动器列表框控件，保留其默认名称 Drive1。
- 在工具箱窗口中单击 DirListBox 控件图标▣，然后在框架控件 Frame1 内部的驱动器列表框控件 Drive1 的下方添加一个目录列表框控件，保留其默认名称 Dir1。
- 在工具箱窗口中单击 FileListBox 控件图标▣，然后在框架控件 Frame1 内部的目录列表框控件 Dir1 的下方添加一个文件列表框控件 File1，并将其 Pattern 属性值设置为 *.bmp;*.gif;*.jpg。
- 在框架控件 Frame1 的右侧添加一个 Image 控件，保留其默认名称 Image1。

（4）在窗体 frmPictureViewer 的代码窗口中编写目录列表框控件 Dir1 的 Change 事件过程，程序代码如下：

```vb
'当从目录列表框中选择不同目录时执行以下事件过程
Private Sub Dir1_Change()

    File1.Path = Dir1.Path

End Sub
```

（5）在窗体 frmPictureViewer 的代码窗口中编写驱动器列表框控件 Drive1 的 Change 事件过程，程序代码如下：

```
'当从驱动器列表框中选择不同驱动器时执行以下事件过程
Private Sub Drive1_Change()

    Dir1.Path = Drive1.Drive

End Sub
```

（6）在窗体 frmPictureViewer 的代码窗口中编写文件列表框控件 File1 的 Click 事件过程，程序代码如下：

```
'当从文件列表框中选择一个文件时执行以下事件过程
Private Sub File1_Click()
    Dim sFilename As String

    If Right(File1.Path, 1) = "\" Then
        sFilename = File1.Path & File1.FileName
    Else
        sFilename = File1.Path & "\" & File1.FileName
    End If

    Image1.Picture = LoadPicture(sFilename)
    Me.Caption = File1.FileName & " - 图片浏览器"

End Sub
```

（7）在窗体 frmPictureViewer 的代码窗口中编写该窗体的 Load 事件过程，程序代码如下：

```
'当加载窗体时执行以下事件过程
Private Sub Form_Load()

    Drive1.Drive = App.Path

End Sub
```

（8）将窗体文件和工程文件分别保存为 frmPictureViewer.frm 和工程 07-01.vbp。

程序测试

（1）按下 F5 键，以运行程序。

（2）在驱动器列表框中选择一个驱动器，此时目录列表框和文件列表框中的内容随之改变。

（3）在目录列表框中选择图片所在目录，此时文件列表框中的内容随之改变。

（4）在文件列表框中单击想要查看的图片文件，或者使用箭头键把焦点移到该文件上，此时将通过 Image 控件来显示所选择的图片。

（5）退出程序。

相关知识

1. 驱动器列表框控件

驱动器列表框（DriveListBox）控件用来显示用户系统中所有有效磁盘驱动器的列表。在程序运行时，由于有驱动器列表框控件，因此可以选择一个有效的磁盘驱动器。该控件可以创建对话框，通过它可以从任何一个可用驱动器的磁盘文件列表中打开文件。

1）驱动器列表框控件的常用属性

驱动器列表框控件的常用属性如下所述。

- Drive：返回或设置在程序运行时选择的驱动器名。该属性在程序设计时不可用。具有 Drive 属性的有效驱动器包括：在程序运行中控件创建和刷新时系统已有的、连接到系统上的所有驱动器。Drive 属性的默认值为当前驱动器。在读取 Drive 属性值时，固定介质的表示形式为"c: [卷标]"；网络连接的表示形式为"x: \\server\share"。在设置该属性时，字符串的第一个字符是有效字符（字符串不区分大小写）。
- List：包含有效的驱动器连接列表。
- ListCount：连接的驱动器个数。
- ListIndex：表示在程序运行中创建该控件时的当前驱动器的索引值。

2）驱动器列表框控件的常用事件

驱动器列表框控件有一个 Change 事件，该事件当改变所选择的驱动器，即选择一个新的驱动器或通过代码改变 Drive 属性的设置时发生。

2. 目录列表框控件

目录列表框（DirListBox）控件在程序运行时显示目录和路径，这个控件可以用于显示分层的目录列表。利用目录列表框控件可以创建对话框，以便在所有可用目录中从文件列表中打开一个文件。

1）目录列表框控件的常用属性

目录列表框控件的常用属性如下所述。

- List：包含所有目录的列表，目录的索引值的取值范围是-n～ListCount-1。对于目录列表框控件，索引值序列基于在程序运行中创建该控件时的当前目录和子目录。当前展开的目录使用索引值-1 表示，当前展开目录的上一级目录使用绝对值更大一些的负索引值来表示。例如，-2 是当前展开目录的父目录的索引值，-3 又是它上一级的目录的索引值。当前展开的目录以下的目录的索引值的取值范围是 0～ListCount-1。
- ListCount：返回当前目录中子目录的个数。
- ListIndex：返回当前路径的索引值。
- Path：返回或设置当前路径，该属性在程序设计时是不可用的。对于一个目录列表框控件，Path 属性值的改变将产生一个 Change 事件。

2）目录列表框控件的事件

目录列表框控件有一个 Change 事件，该事件在双击一个新的目录从而改变所选择的目录，或者通过代码改变 Path 属性的设置时发生。

3. 文件列表框控件

文件列表框（FileListBox）控件在程序运行时把 Path 属性指定的目录中的文件显示出来，该控件用来显示所选择文件类型的文件列表。例如，可以在应用程序中创建对话框，通过它选择一个文件或一组文件。

1）文件列表框控件的常用属性

文件列表框控件的常用属性如下所述。

- Archive、Hidden、Normal 和 System：设置或返回一个布尔值，用于决定文件列表框控件是否以档案、隐藏、普通或系统属性来显示文件。基于运行系统使用的标准文件特征，可以使用这些属性来指定在文件列表框控件中所显示文件的类型。在程序运行时，在程序中设置这些属性中的任何一个，都会重设文件列表框控件，使其只显示具有指定属性的文件。

- FileName：返回或设置所选文件的路径和文件名，该属性在程序设计时不可用。

- List：包含匹配 Pattern 属性的当前展开目录的文件列表。

- ListCount：返回当前目录中匹配 Pattern 属性设置的文件个数。

- ListIndex：返回当前选择文件的索引值。

- MultiSelect：返回或设置一个值，用于指定是否能够在文件列表框控件中进行复选及如何进行复选。在程序运行时是只读的。MultiSelect 属性的设置值如下：0 表示不允许复选（默认值）；1 表示简单复选，即使用鼠标单击或按下空格键在列表中选中或取消选中项，使用箭头键移动焦点；2 表示扩展复选。按下 Shift 键并单击鼠标或按下 Shift 键和一个箭头键将在以前选中项的基础上扩展选择到当前选中项。按下 Ctrl 键并单击鼠标在列表中选中或取消选中项。

- Path：返回或设置当前路径，此属性在程序设计时不可用。Path 属性值的改变将会产生一个 PathChange 事件。

- Pattern：返回或设置一个值，用于指定在程序运行时显示在文件列表框控件中的文件名。这个属性值是一个用来指定文件规格的字符串表达式，如"*.*"或"*.frm"，其默认值为"*.*"，这表示返回所有文件的列表。除了使用通配符，还可以使用分号（;）来分隔多种模式，如"*.bmp; *.gif; *.jpg"。Pattern 属性值的改变将产生一个 PatternChange 事件。

2）文件列表框控件的常用事件

文件列表框控件的常用事件如下所述。

- Click：当在文件列表框中单击一个文件时发生此事件。
- PathChange：当路径被代码中对 FileName 或 Path 属性的设置所改变时发生此事件。
- PatternChange：当文件的列表样式被代码中对 FileName 或 Path 属性的设置所改变时发生此事件。

任务 7.2　创建记事本

在本任务中，将创建一个类似于 Windows 记事本的文本编辑程序，用于打开、编辑和保存文本文件。程序运行效果如图 7.2 所示。

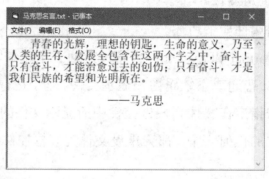

图 7.2　记事本

任务目标

- 掌握打开顺序文件的方法。
- 掌握从文件中读取字符串的方法。
- 掌握把字符串写入文件的方法。

任务分析

在创建记事本时可以使用文本框作为显示、输入和编辑文本的容器，并通过 Open 语句来打开顺序文件。如果想要从已经打开的顺序文件中读出数据并将数据指定给变量，则需要通过 Input#语句来实现；如果想要把文本框中的内容写入顺序文件中，则需要通过 Print#语句来实现。在完成文件的读/写操作后，还需要通过 Close#语句来关闭文件。

任务实施

（1）在 Visual Basic 6.0 集成开发环境中创建一个标准 EXE 工程。

（2）将窗体 Form1 命名为 frmNotebook，然后将其 Caption 属性值设置为"新文档-记事本"，StartUpPosition 属性值设置为 2。

（3）在窗体 Form1 上创建菜单系统，并按照如表 7.1 所示的内容设置各个菜单控件的属性。

表 7.1 菜单控件的属性设置

菜 单 标 题	名 称	级 别	快 捷 键
文件(&F)	mnuFile	一级	
新建(&N)	mnuFileNew	二级	Ctrl+N
打开(&O)...	mnuFileOpen	二级	Ctrl+O
保存(&S)	mnuFileSave	二级	Ctrl+S
另存为(&A)...	mnuFileSaveAs	二级	
-	mnuFileBar	二级	
退出(&X)	mnuFileExit	二级	
编辑(&E)	mnuEdit	一级	
剪切(&T)	mnuEditCut	二级	Ctrl+X
复制(&C)	mnuEditCopy	二级	Ctrl+C
粘贴(&P)	mnuEditPaste	二级	Ctrl+V
全选(&A)	mnuEditSelectAll	二级	Ctrl+A
-	mnuEditBar1	二级	
日期/时间	mnuEditDateTime	二级	F5
格式(&O)	mnuFormat	一级	
字体(&F)...	mnuFormatFont	二级	

（4）在窗体 frmNotebook 上添加以下控件。

● 添加一个文本框控件，保留其默认名称 Text1，然后将其 ScrollBars 属性值设置为 2-Vertical，Text 属性值清空。

● 添加一个通用对话框控件并命名为 dlg，然后将其 DefaultExt 属性值设置为 txt，Filter 属性值设置为*.txt。

（5）在窗体 frmNotebook 的代码窗口中声明一些模块级变量，代码如下：

```
'声明模块变量
Private sFilename As String    '表示文件名
Private sFileContent As String    '表示文件内容
Private CancelError As Boolean
```

（6）在窗体 frmNotebook 的代码窗口中定义一个自定义函数，代码如下：

```
'定义自定义函数，用于检查文件内容是否改变并提示用户做出选择
Private Function CheckFile()
  Dim Choice As Integer

  CheckFile = 0
  If Text1.Text <> sFileContent Then
    Choice = MsgBox("文件内容已被更改，保存文件吗？", vbQuestion + vbYesNoCancel,
"记事本")
    If Choice = vbYes Then
      CheckFile = 1
    ElseIf Choice = vbNo Then
      CheckFile = 2
    Else
```

223

```
        CheckFile = 3
      End If
    End If

End Function
```

（7）在窗体 frmNotebook 的代码窗口中编写该窗体的 Load 事件过程，代码如下：

```
'当加载窗体时执行以下事件过程
Private Sub Form_Load()

    sFilename = ""
    sFileContent = ""

End Sub
```

（8）在窗体 frmNotebook 的代码窗口中编写该窗体的 Resize 事件过程，代码如下：

```
'当首次显示窗体或改变窗体大小时执行以下事件过程
Private Sub Form_Resize()

    Text1.Left = 0
    Text1.Top = 0
    Text1.Height = Me.ScaleHeight
    Text1.Width = Me.ScaleWidth

End Sub
```

（9）在窗体 frmNotebook 的代码窗口中编写该窗体的 Unload 事件过程，代码如下：

```
'当卸载窗体时执行以下事件过程
Private Sub Form_Unload(Cancel As Integer)
    Dim Choice As Integer

    Choice = CheckFile()
    If Choice = 1 Then
      mnuFileSave_Click
      Cancel = CancelError
    ElseIf Choice = 3 Then
      Cancel = 1
    End If

End Sub
```

（10）在窗体 frmNotebook 的代码窗口中编写各个菜单控件的 Click 事件过程，代码如下：

```
'当在菜单栏中单击"编辑"菜单项时执行以下事件过程
Private Sub mnuEdit_Click()

    mnuEditCut.Enabled = (Text1.SelLength > 0)
    mnuEditCopy.Enabled = (Text1.SelLength > 0)
```

```
    mnuEditPaste.Enabled = (Clipboard.GetText <> "")

End Sub

'当在"编辑"下拉菜单中选择"复制"命令时执行以下事件过程
Private Sub mnuEditCopy_Click()

    Clipboard.Clear
    Clipboard.SetText Text1.SelText

End Sub
'当在"编辑"下拉菜单中选择"剪切"命令时执行以下事件过程
Private Sub mnuEditCut_Click()

    Clipboard.Clear
    Clipboard.SetText Text1.SelText
    Text1.SelText = ""

End Sub

'当在"编辑"下拉菜单中选择"日期/时间"命令时执行以下事件过程
Private Sub mnuEditDateTime_Click()

    Text1.SelText = Now

End Sub

'当在"编辑"下拉菜单中选择"粘贴"命令时执行以下事件过程
Private Sub mnuEditPaste_Click()

    Text1.SelText = Clipboard.GetText

End Sub

'当在"编辑"下拉菜单中选择"全选"命令时执行以下事件过程
Private Sub mnuEditSelectAll_Click()

    Text1.SelStart = 0
    Text1.SelLength = Len(Text1.Text)

End Sub

'当在"文件"下拉菜单中选择"退出"命令时执行以下事件过程
Private Sub mnuFileExit_Click()

    Unload Me
```

```
End Sub

'当在"文件"下拉菜单中选择"新建"命令时执行以下事件过程
Private Sub mnuFileNew_Click()

    Dim Choice As Integer

    Choice = CheckFile()
    If Choice = 1 Then
        mnuFileSave_Click
    ElseIf Choice > 1 Then
        Exit Sub
    End If
    Text1.Text = ""
    Me.Caption = "文档 - 记事本"
    sFilename = ""
    sFileContent = ""

End Sub

'当在"文件"下拉菜单中选择"打开"命令时执行以下事件过程
Private Sub mnuFileOpen_Click()
    On Error GoTo ErrorHandler

    Dim Choice As Integer
    Choice = CheckFile()
    If Choice = 1 Then
        mnuFileSave_Click
    ElseIf Choice = 3 Then
        Exit Sub
    End If

    dlg.DialogTitle = "打开"
    dlg.FileName = ""
    dlg.ShowOpen

    If dlg.FileName <> "" Then sFilename = dlg.FileName
    Me.Caption = dlg.FileTitle & " - 记事本"
    Open sFilename For Input As 1
    Text1.Text = StrConv(InputB(LOF(1), 1), vbUnicode)
    sFileContent = Text1.Text
    Close #1
ErrorHandler:
    If Err.Number = 32755 Then
        Exit Sub
```

226

```
      End If

End Sub

'当在"文件"下拉菜单中选择"保存"命令时执行以下事件过程
Private Sub mnuFileSave_Click()

  If sFilename = "" Then
    mnuFileSaveAs_Click
  Else
    Open sFilename For Output As 1
    Print #1, Text1.Text
    sFileContent = Text1.Text
    Close #1
  End If

End Sub

'当在"文件"下拉菜单中选择"另存为"命令时执行以下事件过程
Private Sub mnuFileSaveAs_Click()
  On Error GoTo ErrorHandler

  dlg.DialogTitle = "另存为"
  dlg.ShowSave
  If dlg.FileName <> "" Then sFilename = dlg.FileName
  Me.Caption = dlg.FileTitle & " - 记事本"
  mnuFileSave_Click
  Exit Sub

ErrorHandler:
  If Err.Number = 32755 Then
    CancelError = True
  End If

End Sub

'当在"格式"下拉菜单中选择"字体"命令时执行以下事件过程
Private Sub mnuFormatFont_Click()
  On Error GoTo ErrorHandler

  dlg.DialogTitle = "字体"
  dlg.FontBold = Text1.FontBold
  dlg.FontItalic = Text1.FontItalic
  dlg.FontName = Text1.FontName
  dlg.FontSize = Text1.FontSize
  dlg.FontStrikethru = Text1.FontStrikethru
```

227

```
      dlg.FontUnderline = Text1.FontUnderline
      dlg.Flags = cdlCFBoth Or cdlCFEffects
      dlg.ShowFont

      Text1.FontBold = dlg.FontBold
      Text1.FontItalic = dlg.FontItalic
      Text1.FontName = dlg.FontName
      Text1.FontSize = dlg.FontSize
      Text1.FontStrikethru = dlg.FontStrikethru
      Text1.FontUnderline = dlg.FontUnderline
      Text1.ForeColor = dlg.Color
ErrorHandler:

End Sub
```

（11）将窗体文件和工程文件分别保存为 frmNotebook.frm 和工程 07-02.vbp。

程序测试

（1）按下 F5 键，以运行程序。

（2）对"文件"下拉菜单中的各个命令进行测试。

（3）对"编辑"下拉菜单中的各个命令进行测试。

（4）对"格式"下拉菜单中的各个命令进行测试。

相关知识

1. 文件类型

在 Visual Basic 6.0 中，文件访问有 3 种类型：顺序型、随机型和二进制型。应根据文件包括什么类型的数据，使用合适的文件访问类型。顺序型访问适用于读/写在连续块中的文本文件；随机型访问适用于读/写有固定长度记录结构的文本文件或二进制文件；二进制型访问适用于读/写任意有结构的文件。

当想要处理只包含文本的文件时，使用顺序型访问最好。顺序型访问不太适合存储很多数字，因为每个数字都需要按照字符串存储。一个四位数将需要 4 字节的存储空间，而不是作为一个整数来存储时只需要的 2 字节的存储空间。

2. 打开顺序文件

当以顺序型访问的方式打开一个文件时，既可以向文件中输入字符（Input）、从文件中输出字符（Output），也可以把字符加到文件中（Append）。

如果想要以顺序型访问的方式打开一个文件，则可以使用以下语法格式的 Open 语句：

```
Open pathname For [Input | Output | Append] As filenumber [Len = buffersize]
```

其中，参数 pathname 是一个字符串表达式，用于指定文件名，该文件名可能还包括目录、文件夹及驱动器。

Input、Output 或 Append 关键字用于指定顺序文件的访问方式。

参数 filenumber 是一个有效的文件号，取值范围为 1～511。使用 FreeFile 函数可以得到下一个可用的文件号。

参数 buffersize 用于指定缓冲字符数，是小于或等于 32,767（字节）的一个数。

当打开顺序文件作为 Input 时，该文件必须已经存在，否则会产生一个错误。当打开一个不存在的文件作为 Output 或 Append 时，Open 语句首先创建该文件，然后打开它。

当在文件与程序之间复制数据时，参数 Len 用于指定缓冲区的字符数。

在打开一个文件 Input、Output 或 Append 以后，为其他类型的操作重新打开它之前必须先使用 Close 语句关闭它。语法格式如下：

```
Close [[#]filenumber] [, [#]filenumber] …
```

其中，可选的参数 filenumber 为任何有效的文件号。若省略参数 filenumber，则将关闭 Open 语句打开的所有活动文件。在执行 Close 语句时，文件与其文件号之间的关联将终结。

3. 从文件中读取字符串

如果想要检索文本文件中的内容，则应以顺序 Input 的方式打开该文件，然后使用 Line Input #语句、Input 函数或 Input #语句将文件复制到程序变量中。

Line Input #语句从已经打开的顺序文件中读出一行字符并将其分配给字符串变量，语法格式如下：

```
Line Input #filenumber, varname
```

其中，参数 filenumber 用于指定任何有效的文件号，参数 varname 是变体或字符串变量名。

Input 函数返回字符串，它包含以 Input 方式打开的文件中的字符。语法格式如下：

```
Input(number, [#]filenumber)
```

其中，参数 number 用于指定要返回的字符个数，参数 filenumber 用于指定任何有效的文件号。

使用 Input 函数可以从文件向变量中复制任意数量的字符，所给的变量大小应足够大。例如，下面的语句使用 Input 函数将指定数目的字符复制到变量中：

```
LinesFromFile = Input(n, FileNum)
```

若想要将整个文件中的内容复制到变量中，则需要使用 InputB 函数将字节从文件复制到变量中。因为 InputB 函数返回一个 ANSI 字符串，所以必须使用 StrConv 函数将 ANSI 字符串转换为以下的 UNICODE 字符串：

```
LinesFromFile = StrConv(InputB(LOF(FileNum), FileNum), vbUnicode)
```

其中，LOF 函数返回一个长整型数，表示使用 Open 语句打开的文件的大小（以 FileNum

为文件号），该数值以字节为单位。

其中，StrConv(String, vbUnicode)函数将 String 转换为 Unicode 代码。在读取中文信息时，应进行这种转换。在任务 7.2 中就是这样处理的。

注意：对于尚未打开的文件，使用 FileLen 函数将得到其长度。

Input #语句从已经打开的顺序文件中读出数据并将数据分配给变量，语法格式如下：

```
Input #filenumber, varlist
```

其中，参数 filenumber 用于指定任何有效的文件号，参数 varlist 是使用逗号隔开的变量列表，将文件中读出的值分配给这些变量。

EOF 函数返回一个 Boolean 值，若为 True，则表明已经到达以顺序 Input 方式打开的文件的结尾。语法格式如下：

```
EOF(filenumber)
```

其中，参数 filenumber 用于指定任何有效的文件号。

注意：尽管 Line Input #语句到达回车换行符时会识别行尾，但是，当它把该行数据读入变量时，不包括回车换行符。因此，如果想要保留该回车换行符，则在代码中必须添加。

4. 将字符串写入文件中

若想要在顺序文件中存储变量中的内容，则应以顺序 Output 或 Append 的方式打开它，然后使用 Print #语句将格式化显示的数据写入顺序文件中，语法格式如下：

```
Print #filenumber, [outputlist]
```

其中，参数 filenumber 用于指定有效的文件号，参数 outputlist 用于指定要写入的表达式列表。

例如，在任务 7.2 中，使用以下代码行来把一个文本框中的内容写入文件中：

```
Print #1, Text1.Text
```

任务 7.3　创建学生信息管理系统

在本任务中，将创建一个简单的学生信息管理系统，既可以用于录入学生信息并保存到文本文件中，也可以从文本文件中读取学生信息并显示在列表框中。程序运行效果如图 7.3 所示。

任务目标

- 掌握定义记录类型和变量的方法。
- 掌握打开随机型访问文件的方法。
- 掌握读/写记录的方法。

任务分析

在创建学生信息管理系统时，可以通过用户定义类型的记录变量来表示学生的学号、姓名及性别等相关信息；使用 Put 语句把记录变量中的内容添加到随机型访问打开的文件中；使用 Get 语句则可以把文件中的内容复制到记录变量中。

任务实施

（1）在 Visual Basic 6.0 集成开发环境中创建一个标准 EXE 工程。

图 7.3　学生信息管理系统

（2）将窗体 Form1 命名为 frmStudentInfo，然后将其 Caption 属性值设置为"学生信息管理系统"，KeyPreview 属性值设置为 True，StartUpPosition 属性值设置为 2。

（3）在窗体 frmStudentInfo 上添加以下控件。

- 添加框架控件，保留其默认名称 Frame1，然后将其 Caption 属性值设置为"录入学生信息"。

- 在框架控件 Frame1 内添加 4 个标签控件，分别命名为 lblStudentNo、txtStudentName、lblGender 和 lblBirthdate，将它们的 Caption 属性值分别设置为"学号(&N)："、"姓名(&M)："、"性别(&G)："和"出生日期(&B)："。

- 在标签控件 lblStudentNo 的右侧添加一个文本框控件并命名为 txtStudentNo，然后将其 Text 属性值清空。

- 在标签控件 txtStudentName 的右侧添加一个文本框控件并命名为 txtStudentName，然后将其 Text 属性值清空。

- 在标签控件 lblGender 的右侧添加两个单选按钮控件，分别命名为 optMale 和 optFemale，并将它们的 Caption 属性值分别设置为"男"和"女"。

- 在标签控件 lblBirthdate 的右侧添加一个文本框控件并命名为 txtBirthdate，然后将其 Text 属性值清空。

- 在框架控件 Frame1 内添加两个命令按钮控件，分别命名为 cmdAdd 和 cmdExit，然后将它们的 Caption 属性值分别设置为"添加记录(&A)"和"退出系统(&X)"；将命令按钮控件 cmdAdd 的 Default 属性值设置为 True，Enabled 属性值设置为 False；将命令按钮控件 cmdExit 的 Cancel 属性值设置为 True。

- 在框架控件 Frame1 的下方添加一个列表框控件并命名为 lstStudentInfo。

（4）在窗体 Form1 的代码窗口中定义记录类型 StudentType 及相应的记录变量，并声明几个模块级变量，程序代码如下：

231

```
'定义记录类型 StudentType
Private Type StudentType
    StudentNo As String * 6
    StudentName As String * 6
    Gender As String * 2
    Birthdate As String * 10
End Type

'定义记录变量
Private Student As StudentType
'声明其他模块级变量
Private sFilename As String
Private lLastRecNo As Long
Private iFileNum As Integer
```

（5）在窗体 frmStudentInfo 的代码窗口中编写一个名称为 FillList 的通用过程，程序代码如下：

```
Private Sub FillList()
    Dim iRecLen As Integer
    Dim lFileSize As Long
    Dim lPos As Long

    sFilename = App.Path & "\Students.txt"
    iRecLen = Len(Student)
    iFileNum = FreeFile
    Open sFilename For Random As iFileNum Len = iRecLen
    lFileSize = LOF(iFileNum)
    lLastRecNo = lFileSize / iRecLen
    lstStudentInfo.Clear

    For lPos = 1 To lLastRecNo
        Get #iFileNum, lPos, Student
        lstStudentInfo.AddItem ""
        lstStudentInfo.List(lPos - 1) = Student.StudentNo & Space(6)
        lstStudentInfo.List(lPos - 1) = lstStudentInfo.List(lPos - 1) & Student.StudentName
        lstStudentInfo.List(lPos - 1) = lstStudentInfo.List(lPos - 1) & Space(7) & Student.Gender
        lstStudentInfo.List(lPos - 1) = lstStudentInfo.List(lPos - 1) & Space(9) & Student.Birthdate
    Next

    Close #iFileNum

End Sub
```

（6）在窗体 frmStudentInfo 的代码窗口中编写命令按钮控件 cmdAdd 的 Click 事件过程，
程序代码如下：

```
'当单击"添加记录"按钮时执行以下事件过程
Private Sub cmdAdd_Click()
  Dim sRecContent As String

  Student.StudentNo = txtStudentNo.Text
  Student.StudentName = txtStudentName.Text
  Student.Gender = IIf(optMale.Value, "男", "女")
  Student.Birthdate = CDate(txtBirthdate.Text)
  lLastRecNo = lLastRecNo + 1
  Put #iFileNum, lLastRecNo, Student


  FillList

  txtStudentNo.Text = ""
  txtStudentName.Text = ""
  optMale.Value = True
  txtBirthdate.Text = ""
  txtStudentNo.SetFocus
  cmdAdd.Enabled = False

End Sub
```

（7）在窗体 frmStudentInfo 的代码窗口中编写命令按钮控件 cmdExit 的 Click 事件过程，
程序代码如下：

```
'当单击"退出系统"按钮时执行以下事件过程
Private Sub cmdExit_Click()

  Close #iFileNum
  Unload Me

End Sub
```

（8）在窗体 frmStudentInfo 的代码窗口中编写该窗体的 KeyUp 事件过程，程序代码如下：

```
'当在键盘上释放某个按键时执行以下事件过程
Private Sub Form_KeyUp(KeyCode As Integer, Shift As Integer)

  If txtStudentNo.Text <> "" And txtStudentName.Text <> "" And txtBirthdate.Text <> "" Then
    cmdAdd.Enabled = True
  Else
    cmdAdd.Enabled = False
  End If
```

```
End Sub
```

（9）在窗体 frmStudentInfo 的代码窗口中编写该窗体的 Load 事件过程，程序代码如下：

```
'当加载窗体时执行以下事件过程
Private Sub Form_Load()

    FillList

End Sub
```

（10）将窗体文件和工程文件分别保存为 frmStudentInfo.frm 和工程 07-03.vbp。

程序测试

（1）按下 F5 键，以运行程序。

（2）输入学生信息并单击"添加记录"按钮，将录入的信息添加到列表框中。

（3）再次运行程序，此时应看到上次运行期间添加的数据。

相关知识

1. 随机型访问文件

在任务 7.3 中，主要用到了随机型访问文件的相关知识。

随机型访问文件中的字节构成相同的一些记录，每个记录包含一个或多个字段。具有一个字段的记录对应于任意一个标准类型，如整数或定长字符串。具有多个字段的记录对应于用户定义类型。对随机型访问文件的读/写操作，通常有以下 4 个步骤：定义记录类型和变量；使用 Open 语句以随机型访问的方式打开文件；对记录进行读/写操作；关闭随机文件。

2. 定义记录类型和变量

在模块级别中使用 Type 语句定义包含一个或多个字段的用户自定义的数据类型，通过这个数据类型可以创建记录。Type 语句的语法格式如下：

```
[Public | Private] Type 记录类型名
    字段1 As 数据类型 * 长度
    字段2 As 数据类型 * 长度
    …
    字段3 As 数据类型 * 长度
End Type
```

例如，在任务 7.3 中定义了以下 StudentType 类型，用于创建由 4 个字段组成的 16 字节的记录，代码如下：

```
Type StudentType
    StudentNo As String * 6
    StudentName As String * 6
```

```
    Gender As String * 2
    Birthdate As String * 10
End Type
```

由于随机型访问文件中的所有记录都必须有相同的长度，因此固定的长度对用户定义类型中的各字符串元素通常很有用。在任务 7.3 中，StudentNo、StudentName、Gender 和 Birthdate 分别具有 6 个字符、8 个字符、2 个字符和 10 个字符的固定长度。如果实际字符串包含的字符数比它写入的字符串元素的固定长度小，则 Visual Basic 会使用空格来填充记录中后面的空间。如果字符串比字段的尺寸长，则它就会被截断。

当定义记录类型以后，应接着声明程序需要的任何其他变量，用来处理作为随机型访问而打开的文件。示例如下：

```
Private StudentType As Student          '声明记录变量
Private lPos As Long                    '跟踪当前记录
Private lLastRecNum As Long             '文件中末记录的编号
```

3. 打开随机型访问的文件

如果想要以随机型访问的方式打开一个文件，则可以使用以下语法格式的 Open 语句：

```
Open pathname [For Random] As filenumber Len = reclength
```

其中，For Random 关键字用于指定以随机型访问的方式打开文件。由于 Random 是默认的访问类型，因此 For Random 关键字也可以省略。参数 filenumber 用于指定一个有效的文件编号。

表达式 Len = reclength 指定了每个记录的尺寸（以字节为单位）。如果参数 reclength 比写文件记录的实际长度短，则会产生一个错误。如果参数 reclength 比记录的实际长度长，则记录可以写入，只是会浪费磁盘空间。

例如，可以使用以下代码打开文件：

```
Dim iFileNum As Integer, lRecLength As Long, Student As StudentType

lRecLength = LenB(Student)              '计算每条记录的长度
iFileNum = FreeFile                     '取出下一个可用文件编号

'以随机型访问的方式打开新文件
Open "Student.txt" For Random As iFileNum Len = lRecLength
```

4. 将记录读入变量中

使用 Get 语句可以将一个已经打开的磁盘文件读入一个变量中。语法格式如下：

```
Get [#]filenumber, [recnumber], varname
```

其中，参数 filenumber 用于指定一个有效的文件号。

参数 recnumber 为可选参数，用于指定记录号（Random 方式的文件）或字节数（Binary 方式的文件），表示在此处开始读出数据。

参数 varname 是一个有效的变量名，将读出的数据放入其中。

例如，如果想要把一个记录从学生记录文件中复制到 Student 变量中，则可以使用以下代码：

```
Get iFileNum, lPos, Student
```

在这行代码中，参数 iFileNum 包含用于打开文件的 Open 语句的编号；参数 lPos 包含要复制的记录数；而参数 Student 为用户定义类型 StudentType，它用来接收记录的内容。

5. 将变量写入记录中

使用 Put 语句把记录添加或替换到以随机型访问的方式打开的文件中。语法格式如下：

```
Put [#]filenumber, [recnumber], varname
```

其中，参数 filenumber 用于指定任何有效的文件号。

参数 recnumber 是一个长整型数据，用于指定记录号，表示在此处开始写入数据。

参数 varname 用于指定包含要写入磁盘的数据的变量名。

若想要替换记录，则需要使用 Put 语句来指定想要替换的记录的位置，示例如下：

```
Put #iFileNum, lPos, Student
```

这个语句将使用 Student 变量中的数据来替换由参数 lPos 所指定的编号的记录。

若想要向以随机型访问的方式打开的文件的尾端添加新记录，则应把最大记录号变量的值设置为比文件中的记录数多 1。例如，下面的语句把一个记录添加到文件的末尾：

```
lLastRecNum = lLastRecNum + 1
Put #iFileNum, LastRecNum, Student
```

如果想要清除随机型访问文件中删除的记录，则可以按照以下步骤执行。

（1）创建一个新文件。

（2）把有用的所有记录从原文件中复制到新文件中。

（3）关闭原文件并使用 Kill 语句删除它。

（4）使用 Name 语句把新文件以原文件的名字重新命名。

任务 7.4 创建文本浏览器

在本任务中，将创建一款文本浏览器，其功能是可以通过驱动器列表框、目录列表框和文件列表框来查找文本文件，并将文本文件中的内容显示在文本框中，还允许把所做的更改保存到文件中，如图 7.4 所示。

任务目标

● 掌握引用 Scripting 类型库的方法。

● 掌握通过 FSO 对象读取文件的方法。

● 掌握通过 FSO 对象向文件中添加数据的方法。

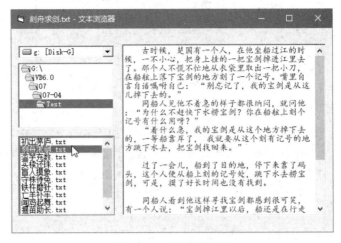

图 7.4　文本浏览器

任务分析

如果想要在计算机上定位文本文件，则可以通过驱动器列表框、目录列表框和文件列表框来实现。如果想要在程序中使用 FSO 对象，就需要在工程中引用 Scripting 类型库。一旦引用了该类型库，就可以在程序中创建 FSO 对象，并通过 FSO 对象来访问文本文件。如果想要读取文本文件中的内容，则可以通过 TextStream 对象的 ReadAll 方法来实现；而如果想要把文本内容写入文本文件中，则可以通过 TextStream 对象的 Write 方法来实现。

任务实施

（1）在 Visual Basic 6.0 集成开发环境中创建一个标准 EXE 工程。

（2）将窗体 Form1 命名为 frmTextBrowser，然后将其 Caption 属性值设置为"文本浏览器"，将其 StartUpPosition 属性值设置为 2。

（3）引用 Scripting 类型库。在"工程"下拉菜单中选择"引用"命令，在如图 7.5 所示的"引用"对话框中勾选"Microsoft Scripting Runtime"复选框，然后单击"确定"按钮。

（4）在窗体 frmTextBrowser 上添加以下控件。

● 添加一个驱动器列表框控件，保留其默认名称 Drive1。

● 添加一个目录列表框控件，保留其默认名称 Dir1。

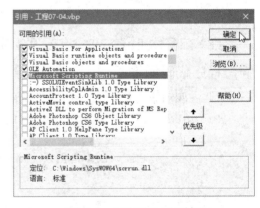

图 7.5　"引用"对话框

● 添加一个文件列表框控件，保留其默认名称 File1，然后将其 Pattern 属性值设置为*.txt。

● 添加一个文本框控件，保留其默认名称 Text1，然后将其 MultiLine 属性值设置为 True，ScrollBars 属性值设置为 2-Vertical。

（5）在窗体 frmTextBrowser 的代码窗口中声明一些窗体级变量，程序代码如下：

```
'声明一些窗体级变量
Private fso As New FileSystemObject
Private ts As TextStream
```

```
Private oFile As File
Private sFilename As String
Private sFileContent As String
```

（6）在窗体 frmTextBrowser 的代码窗口中定义一个名称为 GetFileName 的通用过程，程序代码如下：

```
'定义通用过程 GetFileName，用于从一个路径中获取文件名
Private Function GetFileName(path) As String
    Dim str As String, pos As Integer

    str = StrReverse(path)
    pos = InStr(1, str, "\")
    str = StrReverse(Left(str, pos - 1))

    GetFileName = str

End Function
```

（7）在窗体 frmTextBrowser 的代码窗口中编写目录列表框控件 Dir1 的 Change 事件过程，程序代码如下：。

```
'当在目录列表框中选择不同目录时执行以下事件过程
Private Sub Dir1_Change()

    File1.path = Dir1.path

End Sub
```

（8）在窗体 frmTextBrowser 的代码窗口中编写驱动器列表框控件 Drive1 的 Change 事件过程，程序代码如下：

```
'当在驱动器列表框中选择不同驱动器时执行以下事件过程
Private Sub Drive1_Change()

    Dir1.path = Drive1.Drive

End Sub
```

（9）在窗体 frmTextBrowser 的代码窗口中编写文件列表框控件 File1 的 Change 事件过程，程序代码如下：

```
'当在文件列表框中选择一个文本文件时执行以下事件过程
Private Sub File1_Click()

    If Right(File1.path, 1) = "\" Then
        sFilename = File1.path & File1.FileName
    Else
        sFilename = File1.path & "\" & File1.FileName
```

```
        End If

        Set oFile = fso.GetFile(sFilename)
        Set ts = oFile.OpenAsTextStream(ForReading)
        Text1.Text = ts.ReadAll
        sFileContent = Text1.Text
        ts.Close

        Me.Caption = GetFileName(sFilename) & " - 文本浏览器"

    End Sub
```

（10）在窗体 frmTextBrowser 的代码窗口中编写该窗体的 Load 事件过程，程序代码如下：

```
'当加载窗体时执行以下事件过程
Private Sub Form_Load()

    Drive1.Drive = Left(App.path, 2)
    Dir1.path = App.path & "\Text"

End Sub
```

（11）在窗体 frmTextBrowser 的代码窗口中编写文本框控件 Text1 的 Change 事件过程，程序代码如下：

```
'当光标离开文本框时执行以下事件过程
Private Sub Text1_LostFocus()

    If sFilename <> Text1.Text Then
        If MsgBox("把更改保存到文件吗？", vbQuestion + vbOKCancel, "提示") = vbOK Then
            Set oFile = fso.GetFile(sFilename)
            Set ts = oFile.OpenAsTextStream(ForWriting)
            ts.Write Text1.Text
            ts.Close
        End If
    End If

End Sub
```

（12）将窗体文件和工程文件分别保存为 frmTextBrowser.frm 和工程 07-04.vbp。

程序测试

（1）按下 F5 键，以运行程序。

（2）通过选择适当的驱动器和目录，使文本文件出现在文件列表框中。

（3）在文件列表框中单击一个文本文件，其内容将显示在文本框中。也可以使用"向上"和"向下"箭头键来选择不同的文本文件。

（4）如果在文本框中对文本内容进行了修改，则当光标离开文本框时将弹出对话框，提示保存文件，单击"确定"按钮，即可保存文件。

相关知识

1. 引用 Scripting 类型库

FSO 对象模型包含在 Scripting 类型库中，该类型库位于 Scrrun.dll 文件中。若想要引用该文件，则需要在"工程"下拉菜单中选择"引用"命令，然后在"引用"对话框中勾选"Microsoft Scripting Runtime"复选框，单击"确定"按钮。

2. FSO 对象模型

在 Visual Basic 6.0 中，File System Object（FSO）对象模型提供了一款基于对象的工具来处理文件夹和文件。这使开发人员除了可以使用传统的 Visual Basic 语句和命令，还可以使用带有一整套属性、方法和事件的 object.method 语法来处理文件夹和文件。

FSO 对象模型包括以下对象。

- Drive 对象：用于收集关于系统所用的驱动器的信息，如驱动器有多少可用空间，以及其共享名称是什么等。一个"驱动器"并不一定是一个硬盘。它可以是 CD-ROM 驱动器、一个 RAM 盘等。而且，驱动器不一定是和系统物理地连接；也可以通过一个局域网进行逻辑地连接。
- Folder 对象：用于创建、移动或删除文件夹，并向系统查询文件夹的名称和路径等。
- Files 对象：用于创建、移动或删除文件，并向系统查询文件的名称和路径等。
- FileSystemObject 对象：该对象是 FSO 对象模型的主要对象，提供了一套方法，用于创建、删除和收集相关信息，以及操作驱动器、文件夹和文件。
- TextStream 对象：用于读/写文本文件。

FSO 对象模型支持通过 TextStream 对象来创建和操作文本文件。但是，它还不支持二进制文件的创建和操作。如果想要操作二进制文件，则可以使用带 Binary 标志的 Open 命令。

若想要访问一个已有的驱动器、文件或文件夹，则可以使用 FileSystemObject 对象中相应的 Get 方法：GetDrive、GetFolder 和 GetFile 方法。

3. 从文本文件中读取数据

如果想要从一个文本文件中读取数据，则可以使用 TextStream 对象的下列方法。

- Read：从一个文件中读取指定数量的字符。
- ReadLine：从一个文件中读取一整行数据（紧跟，但是不包括换行符）。
- ReadAll：读取一个文本文件中的所有内容。

注意：如果使用 Read 或 ReadLine 方法并且想要跳过数据的某些部分，则可以使用 Skip 或

SkipLine 方法。

上述读取方法产生的文本被存储在一个字符串中，而这个字符串可以在一个控件中显示，也可以被字符串操作符分解（如 Left、Right 和 Mid）、合并等。

注意：vbNewLine 常数包含一个或多个字符（取决于操作系统），可以使得光标移至下一行的开头（回车/换行）。

4. 向文本文件中添加数据

向文本文件中添加数据可以分为以下 3 个步骤。

（1）打开文本文件：既可以使用 File 对象的 OpenAsTextStream 方法，也可以使用 FileSystemObject 对象的 OpenTextFile 方法。

（2）向打开的文本文件中写入数据：可以使用 TextStream 对象的 Write 或 WriteLine 方法，两者之间的唯一区别是 WriteLine 方法会在指定的字符串末尾添加换行符。如果想要向文本文件中添加一个空行，则可以使用 WriteBlankLines 方法。

（3）关闭一个已经打开的文本文件，可以使用 TextStream 对象的 Close 方法。

项目小结

本项目介绍了文件访问与管理方面的内容。

驱动器列表框控件、目录列表框控件和文件列表框控件是文件处理过程中经常用到的控件，它们共同构成了浏览和管理文件系统的工具。也可以使用传统的语句和函数来访问和处理文件。

在实施本项目时，读者不仅需要掌握对顺序文件和随机文件的访问方法，以及相关的语句和函数，还需要掌握使用 FSO 对象模型访问文件的方法和步骤。

项目思考

一、选择题

1. 在设置文件列表框的 Pattern 属性时，可以使用（　　）来隔开多种模式。

    A. 空格　　　　　　　　　　B. 逗号

    C. 分号　　　　　　　　　　D. 冒号

2. 如果想要使用文件列表框进行扩展复选，则应将其 MultiSelect 属性值设置为（　　）。

    A. 0　　　　　　　　　　　　B. 1

    C. 2　　　　　　　　　　　　D. 3

3. 当在文件列表框中单击一个文件时将发生（　　）事件。

    A．Click   B．PathChange

    C．PatternChange   D．Change

4．定义记录类型通过（　　）语句来实现。

    A．Dim   B．Record

    C．ReDim   D．Type

5．如果想要向顺序文件中输入字符，则应在打开文件的 Open 语句中使用（　　）关键字。

    A．Random   B．Input

    C．Output   D．Append

6．使用（　　）对象可以创建、移动或删除文件夹。

    A．Drive   B．Files

    C．Folder   D．TextStream

二、判断题

1．当从驱动器列表框中选择一个新的驱动器时将发生 DriveChange 事件。（　　）

2．Count 属性用于返回文件列表框中匹配 Pattern 属性设置的文件个数。（　　）

3．顺序文件的访问方式包括 Input、Output 和 Append。（　　）

4．使用 Write 语句可以将字符串写入顺序文件中。（　　）

5．当读/写随机文件时需要定义记录类型和变量。（　　）

6．当以随机型访问的方式打开文件时，需要在 Open 语句中使用 For Random 关键字。（　　）

7．使用 Get 语句可以将记录添加或替换到随机文件中。（　　）

8．FSO 对象模型包含在 File System Object 类型库中。（　　）

9．使用 ReadAll 方法可以读取文本文件中的所有内容。（　　）

项目实训

    1．使用文件管理控件创建一款图片浏览器，可以从不同驱动器上的不同文件夹中选择不同图片格式的图片文件，并在窗体上显示图片内容。

    2．创建一个类似于 Windows 记事本的文本编辑程序，可以用于打开、编辑和保存文本文件。

    3．创建一个简单的学生信息管理系统，既可以用于录入学生信息并保存到文本文件中，也可以从文本文件中读取学生信息并显示在列表框中。

    4．创建一款文本浏览器，可以通过驱动器列表框、目录列表框和文件列表框来查找文本文件，并将文本文件中的内容显示在文本框中，还允许把所做的更改保存到文件中。

创建数据库应用程序

数据库是按照数据结构来组织、存储和管理数据的仓库，是建立在计算机存储设备上的一个或多个文件。Visual Basic 6.0 提供了功能强大的数据库访问和管理功能，可以让开发者通过 ODBC、Jet 和 ADO 等中间连接件来访问各种常见格式的数据库，如 Access 数据库和 SQL Server 数据库等。

本项目将通过一组任务来介绍如何利用 Visual Basic 6.0 开发数据库应用程序，主要内容包括如何通过内部数据控件、ADO 数据控件和数据绑定控件，以及 ADO 对象编程来访问数据库等。

项目目标

- 掌握数据控件和数据绑定控件的应用。
- 掌握 ADO 数据控件和 DataGrid 控件的应用。
- 掌握 ADO 对象访问数据库的编程应用。

任务 8.1　创建数据库信息浏览程序

在本任务中，将创建一个数据库信息浏览程序，用于查看和修改 Access 2000 数据库中的信息，可以通过单击数据控件上的箭头按钮在不同记录之间移动，并且显示出当前记录号和总记录数。程序运行效果如图 8.1 所示。

图 8.1　数据库信息浏览程序的运行效果

任务目标

- 掌握数据控件的使用方法。
- 掌握数据绑定控件的使用方法。
- 掌握 SQL SELECT 语句的使用方法。

任务分析

在 Visual Basic 6.0 中，可以使用数据控件访问早期版本的 Access 数据库，但是不能直接通过数据控件访问 Access 2000 以上版本的数据库。针对这个问题，通常有两种解决方案：一种方案是将 Access 数据库转换为早期版本的数据库；另一种方案是安装更新程序（如 SP6）。如果想要在 Visual Basic 应用程序中访问 Access 数据库，则可以使用数据控件来连接该数据库，并将一组文本框分别绑定到数据控件上。如果想要通过修改文本框中的数据来改变数据库中的数据，则需要对已经更改的数据做出判断，为此可以对数据控件的 Validate 事件进行编程。

任务实施

（1）准备 Access 2000 数据库。在 VB 工程文件夹中创建一个名称为 database 的文件夹，然后将 Access 2000 中的示例数据库文件 Northwind.mdb 复制到该文件夹中。

（2）在 Visual Basic 6.0 集成开发环境中创建一个标准 EXE 工程。

（3）将窗体 Form1 命名为 frmInfoBrowser，然后将其 Caption 属性值设置为"客户信息浏览"，StartUpPosition 属性值设置为 2。

（4）在窗体 frmInfoBrowser 上添加一个标签控件，保留其默认名称 Label1，并将其 Caption 属性值设置为"客户信息"；在该标签的下方添加一个 Line 控件，用于画出一条水平分隔线。

（5）在工具箱窗口中双击 Data 控件图标，此时会在窗体 frmInfoBrowser 的中央添加一个数据控件，保留其默认名称 Data1。利用属性窗口对数据控件 Data1 的以下属性进行设置。

- 将 Align 属性值设置为 2 - Align Bottom。
- 将 Connect 属性值设置为 Access 2000。
- 将 DatabaseName 属性值设置为 G:\VB6.0\08\database\Northwind.mdb。
- 将 RecordSource 属性值设置为以下 SQL 语句：

```
SELECT * FROM 客户
```

（6）在窗体 frmInfoBrowser 上添加一个标签控件并命名为 lblFld，然后通过复制和粘贴创建一个控件数组，其中包含 10 个标签控件 lblFld(0)～lblFld(9)，并将各个标签控件的 Caption 属性值分别设置为"客户 ID："、"公司名称："、"联系人姓名："、"头衔："、"国家："、"地区："、"城市："、"地址："、"邮政编码："及"电话："。

（7）在窗体 frmInfoBrowser 上添加一个文本框控件并命名为 txtFld，将其 DataSource 属性值设置为 Data1，Text 属性值清空。然后通过复制和粘贴创建一个控件数组，其中包含 10 个文本框控件 txtFld(0)～txtFld(9)，并将各个文本框控件的 DataField 属性值分别设置为"客户ID"、"公司名称"、"联系人姓名"、"头衔"、"国家"、"地区"、"城市"、"地址"、"邮政编码"及"电话"。

（8）在窗体 frmInfoBrowser 的代码窗口中编写数据控件 Data1 的 Reposition 事件过程，程序代码如下：

```
'当单击数据控件两端的箭头按钮时执行以下事件过程
Private Sub Data1_Reposition()
  Data1.Caption = "第" & Data1.Recordset.AbsolutePosition + 1 & _
      "条记录" & " - 总共" & Data1.Recordset.RecordCount & "条记录"

End Sub
```

（9）在窗体 frmInfoBrowser 的代码窗口中编写数据控件 Data1 的 Validate 事件过程，程序代码如下：

```
'在一条不同的记录成为当前记录之前会发生该事件
Private Sub Data1_Validate(Action As Integer, Save As Integer)
  Dim x As Integer

  '判断数据绑定控件中的数据是否更改过
  If Save = True Then
    x = MsgBox("要保存已更改内容吗？", vbQuestion + vbYesNo, "保存记录")
    If x = vbNo Then
      Save = False
      Data1.UpdateControls
    End If
  End If

End Sub
```

（10）在窗体 frmInfoBrowser 的代码窗口中编写该窗体的 Activate 事件过程，程序代码如下：

```
'当激活窗体时执行以下事件过程
Private Sub Form_Activate()
  '首先移到末记录，然后返回首记录，以获取总记录数
  Data1.Recordset.MoveLast
  Data1.Recordset.MoveFirst
End Sub
```

（11）将窗体文件和工程文件分别命名为 frmInfoBrowser.frm 和工程 08-01.vbp。

程序测试

（1）按下 F5 键，以运行程序，此时第一条记录的各个字段分别显示在对应的各个文本框

中，同时数据控件的标题为"第 1 条记录 - 总共 91 条记录"。

（2）通过单击数据控件两端的记录导航按钮在不同记录之间移动：

● 单击 ▶ 按钮，移动到下一条记录。

● 单击 ▶l 按钮，移动到最后一条记录。

● 单击 ◀ 按钮，移动到上一条记录。

● 单击 l◀ 按钮，移动到第一条记录。

（3）如果更改了文本框中的内容，则在单击任意记录导航按钮时系统会提示保存对话框，如图 8.2 所示。如果单击"是"按钮，则更新数据库；如果单击"否"按钮，则不更新数据库。

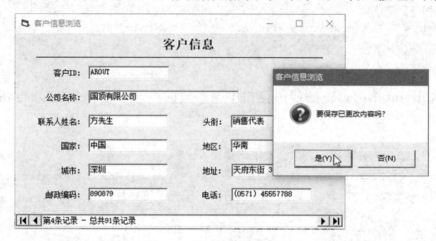

图 8.2　确认数据是否更新

相关知识

在任务 8.1 中，通过数据控件连接到要访问的 Access 数据库，数据控件是数据库与 Visual Basic 窗体之间的桥梁。

1. 使用数据控件

数据（Data）控件在当前记录上执行所有操作。可以使用数据控件来执行大部分的数据访问操作，而根本不用编写代码。与数据控件相连接的数据绑定控件自动显示来自当前记录的一个或多个字段的数据。

1）数据控件的常用属性

数据控件的常用属性如下所述。

● Connect：用于设置数据控件要连接的数据库类型，默认的数据库类型是 Access 的 MDB 文件，也可以连接 DBF、XLS 和 ODBC 等类型的数据源。

● DatabaseName：用于设置要使用的数据库文件名，包括所有路径名。

● RecordSource：用于设置数据控件的记录源，可以是数据表或 SQL SELECT 语句。

● RecordsetType：用于设置数据控件存放记录集的类型。该属性有以下设置值：0-Table 表示表类型记录集；1-Dynaset（默认值）表示动态集类型记录集；2-Snapshot 表示快照类型记录集。

- ReadOnly：用于设置数据库的内容是否为只读，默认值为 False。
- EOFAction：用于设置当记录指针移到记录集的结尾时程序执行的操作。
- BOFAction：用于设置当记录指针移到记录集的开头时程序执行的操作。
- Exclusive：用于设置是否独占数据库，默认值为 False。

2）数据控件的常用方法

数据控件的常用方法如下所述。

① Refresh：用于打开或重新打开数据库（当 DatabaseName、ReadOnly、Exclusive 或 Connect 属性的设置值发生改变时），并能重建控件的 Recordset 属性内的记录集，语法格式如下：

```
数据控件名.Refresh
```

如果在设计状态没有为打开数据库控件的有关属性全部赋值，或者当数据控件的 Connect、DatabaseName、RecordSource 和 ReadOnly 等属性值改变了，则必须使用数据控件的 Refresh 方法激活这些变化。

② UpdateRecord：在对数据库进行修改后，调用此方法使所做的修改生效，语法格式如下：

```
数据控件名.UpdateRecord
```

UpdateRecord 方法只保存那些来自被绑定的控件。

3）数据控件的常用事件

数据控件的常用事件如下所述。

① Reposition：该事件发生在一条记录成为当前记录之后。只要改变记录集的指针，使其从一条记录移到另一条记录，就会产生 Reposition 事件。当引发该事件时，当前记录是后一条记录。使用该事件可以进行基于当前记录中数据的计算或改变窗体来响应当前记录中的数据。

② Validate：该事件是在移动到一条不同记录之前发生的，语法格式如下：

```
Private Sub Data1_Validate(Action As Integer , Save As Integer)
```

其中，参数 Action 用来标识引发该事件的操作。参数 Save 是一个布尔表达式，用来表示是否保存已经修改的数据。

在修改与删除数据表中的记录前或当卸载含有数据控件的窗体时都触发 Validate 事件。当引发该事件时，当前记录仍然是前一条记录。

2. 使用数据绑定控件

数据绑定控件是数据识别控件，通过将其 DataSource 属性值设置为数据控件，DataField 属性值设置为当前记录的一个字段，可以显示和更新该字段的值。

在 Visual Basic 6.0 中，不仅可以使用文本框控件、标签控件和复选框控件等内部控件作为数据绑定控件，也可以使用 ActiveX 控件作为数据绑定控件。

在任务 8.1 中，使用文本框控件作为数据绑定控件。

3. SQL SELECT 语句

在 SQL 语言中，SELECT 语句用于从数据库中检索满足特定条件的记录，基本语法格式如下：

```
SELECT <字段列表>
FROM <数据来源>
[WHERE <搜索条件>]
[ORDER BY <排序表达式> [ASC|DESC]]
```

其中，SELECT 子句用于指定输出字段，使用*表示输出全部字段；FROM 子句用于指定要检索的数据来源；WHERE 子句用于指定对记录的过滤条件；ORDER BY 子句用于对检索到的记录进行排序处理。

任务 8.2　以电子表格的形式查看数据库中的信息

在本任务中，将创建一个数据库信息浏览程序，能够以电子表格的形式来查看 SQL Server 数据库中的信息。程序运行效果如图 8.3 所示。

图书编号	书名	作者	出版社	ISBN	版次	出版时间	定价
1	深入理解Java虚拟机	周志明	机械工业出版社	9787111421900	2	2013-05-01	79
2	Python核心编程	Wesley Chun	人民邮电出版社	9787115414779	3	2016-05-01	83.2
3	C Primer Plus	Stephen Prata	人民邮电出版社	9787115390592	6	2016-04-01	89
4	Java并发编程的艺术	方腾飞等	机械工业出版社	9787111508243	1	2015-07-01	59
5	利用Python进行数据分析	Wes McKinney	机械工业出版社	9787111436737	1	2014-01-01	89
6	Effective Java	Joshua Bloch	机械工业出版社	9787111255833	2	2009-01-01	52
7	Spring实战	Craig Walls	人民邮电出版社	9787115417305	4	2016-04-01	89
8	JavaScript权威指南	David Flanagan	机械工业出版社	9787111376613	6	2012-04-01	139
9	Spring Cloud与Docker微服务架构实战	周立	电子工业出版社	9787121312717	1	2017-05-01	69
10	大型网站系统与Java中间件实践	曾宪杰	电子工业出版社	9787121227615	1	2014-04-01	65
11	Python自然语言处理	Steven Bird	人民邮电出版社	9787115333681	1	2014-06-01	89
12	PHP从入门到精通	明日科技	清华大学出版社	9787302457220	4	2017-05-01	79.8

图 8.3　以电子表格的形式查看数据库中的信息

任务目标

- 掌握创建 ODBC 数据源的方法和步骤。
- 掌握使用数据控件连接 ODBC 数据源的方法。
- 掌握 MSFlexGrid 控件的使用方法。

任务分析

ODBC（Open Database Connectivity，开放数据库连接）是一种基于 Windows 环境的数据库访问接口标准，可以用于访问各种格式的数据库和非数据库对象。若想要使用数据控件连接 SQL Server 数据库，则首先需要创建一个 ODBC 数据源，然后使用数据控件并经由该数据源连接到 SQL Server 数据库，最后通过 MSFlexGrid 控件来显示该数据库中的信息。

任务实施

1. 创建 SQL Server 数据库

（1）在 SQL Server 服务器上创建一个名称为 Books 的数据库。

（2）在 Books 数据库中创建一个名称为 Books 的表并输入一些图书记录，如图 8.4 所示。

图 8.4　SQL Server 数据库中的表数据

2. 创建 ODBC 数据源

（1）在"控制面板"窗口中双击"管理工具"，然后在"管理工具"窗口中双击"ODBC 数据源(32 位)"。

（2）在"ODBC 数据源管理程序(32 位)"对话框中选择"系统 DSN"选项卡，然后单击"添加"按钮，如图 8.5 所示。

（3）在"创建新数据源"对话框中选择 SQL Server 作为新数据源的驱动程序，然后单击"完成"按钮，如图 8.6 所示。

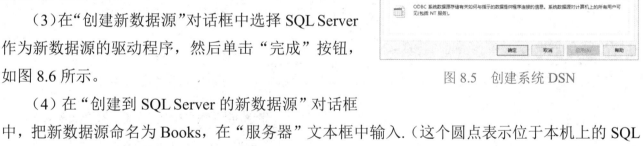

图 8.5　创建系统 DSN

（4）在"创建到 SQL Server 的新数据源"对话框中，把新数据源命名为 Books，在"服务器"文本框中输入.（这个圆点表示位于本机上的 SQL Server 服务器），然后单击"下一步"按钮，如图 8.7 所示。

图 8.6　为新数据源选择驱动程序

图 8.7　命名新数据源并选择服务器

249

（5）在如图 8.8 所示的对话框中，选中"使用网络登录 ID 的 Windows NT 验证"单选按钮，然后单击"下一步"按钮。

（6）在如图 8.9 所示的对话框中，勾选"更改默认的数据库为："复选框，并从下拉列表中选择"Books"选项，然后单击"下一步"按钮。

（7）在如图 8.10 所示的对话框中，单击"完成"按钮。

（8）在如图 8.11 所示的对话框中，单击"测试数据源"按钮。

（9）如果上述配置无误，则应在"SQL Server ODBC 数据源测试"对话框中看到"测试成功"的信息，此时单击"确定"按钮，再次单击"确定"按钮，如图 8.12 所示。

（10）返回 ODBC 数据源管理器后，应能看到新创建的系统 DSN，如图 8.13 所示。若想要对数据源进行修改，则可以在"系统数据源"列表框中选择该数据源，然后单击"配置"按钮。

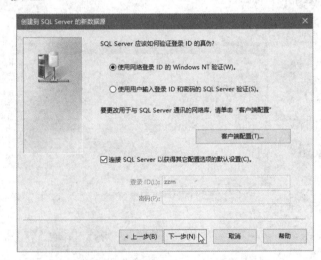

图 8.8　选择 SQL Server 验证方式

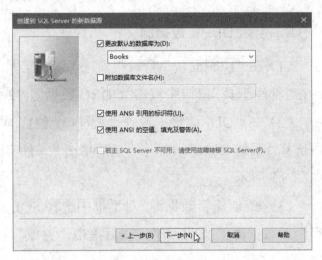

图 8.9　选择默认数据库

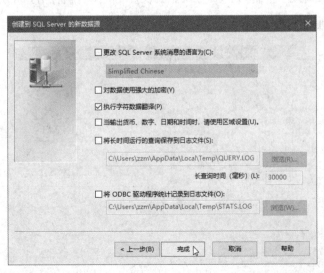

图 8.10　完成 ODBC 数据源的创建

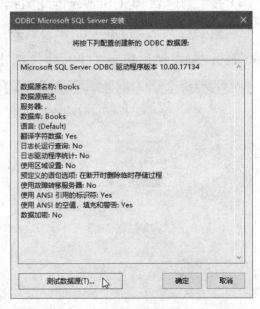

图 8.11　测试数据源

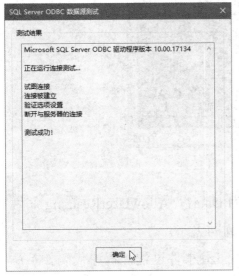

图 8.12 数据源测试成功 　　　图 8.13 查看新创建的数据源

3. 创建 VB 数据库应用程序

（1）在 Visual Basic 6.0 集成开发环境中创建一个标准 EXE 工程。

（2）将窗体 Form1 命名为 frmBooks，然后将其 Caption 属性值设置为"图书信息浏览"，StartUpPosition 属性值设置为 2。

（3）在窗体 frmBooks 上添加一个数据控件，保留其默认名称 Data1，然后将其 Connect 属性值设置为 odbc;dsn=Books，其中 Books 为前面步骤中创建的系统 DSN 的名称；将其 RecordSource 属性值设置为 dbo.Books（数据库表名称）；将其 Visible 属性值设置为 False。

（4）向工具箱窗口中添加 MSFlexGrid 控件。选择"工程"下拉菜单中的"部件"命令，打开"部件"对话框，在"控件"选项卡中的控件列表中选择"Microsoft FlexGrid Control 6.0 (SP6)"选项，将 MSFlexGrid 控件添加到工具箱窗口中，如图 8.14 所示。

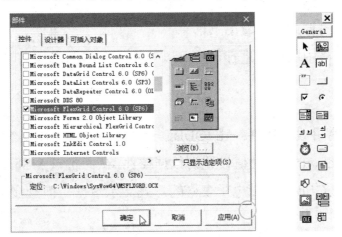

图 8.14 向工具箱窗口中添加 MSFlexGrid 控件

（5）在工具箱窗口中单击 MSFlexGrid 控件图标，在窗体 frmBooks 上添加一个 MSFlexGrid 控件，如图 8.15 所示。

251

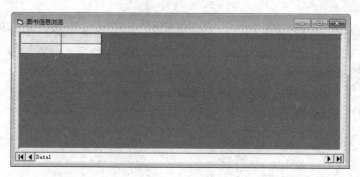

图 8.15　在窗体上添加 MSFlexGrid 控件

（6）将 MSFlexGrid 控件的 DataSource 属性值设置为 Data1，AllowUserResizing 属性值设置为 1- flexResizeColumns，允许用户使用鼠标重新调整列的大小。

（7）在窗体 frmBooks 的代码窗口中编写该窗体的 Resize 事件过程，程序代码如下：

```
Private Sub Form_Resize()

    '设置 MSFlexGrid 控件的位置
    MSFlexGrid1.Left = 0
    MSFlexGrid1.Top = 0

    '调整 MSFlexGrid 控件的大小
    MSFlexGrid1.Width = Me.ScaleWidth
    MSFlexGrid1.Height = Me.ScaleHeight

End Sub
```

（8）将窗体文件和工程文件分别保存为 frmBooks.frm 和工程 08-02.vbp。

程序测试

（1）按下 F5 键，以运行程序。

（2）通过电子表格的形式来查看图书信息。

（3）使用鼠标对表格中的列宽进行调整，以查看每个字段值的完整内容。

相关知识

在任务 8.2 中，使用数据控件经由 ODBC 数据源连接到 SQL Server 数据库，通过把 MSFlexGrid 控件的 DataSource 属性值设置为数据控件，从而把该 MSFlexGrid 控件与数据控件绑定起来，通过 MSFlexGrid 控件以电子表格的形式显示数据，而且显示的是只读数据。

1. ODBC 数据源

ODBC 的全称是 Open Database Connectivity，即开放数据库连接，是 Microsoft 公司开放服务结构中有关数据库的一个组成部分，它建立了一组规范，并提供了一组对数据库访问的标准 API（应用程序编程接口），这些 API 利用 SQL 语言来完成其大部分任务。ODBC 本身也提供了对 SQL 语言的支持，用户可以直接将 SQL 语句传递给 ODBC。

想要在 Visual Basic 应用程序中通过数据控件访问一个 ODBC 数据库，首先必须使用 ODBC 管理器注册一个数据源。管理器根据数据源提供的数据库位置、数据库类型及 ODBC 驱动程序等信息，建立起 ODBC 与具体数据库的联系。这样，只要应用程序将数据源的名称提供给 ODBC，ODBC 就能建立起与对应数据库的连接。

ODBC 使应用程序不会受制于某种专用的数据库语言，应用程序可以以自己的格式接收和发送数据，并在应用程序中直接嵌入标准 SQL 语句的源代码来访问数据库中的数据。

在 Windows 系统中，可以使用 ODBC 数据源管理器来配置 ODBC 数据源。ODBC 数据源分为以下几种形式。

1）用户 DSN

ODBC 用户数据源存储了如何与指定数据库提供者连接的信息。只对当前用户可见，而且只能用于当前机器上。这里的当前机器是指这个配置只对当前的机器有效，而不是说只能配置本机上的数据库。它可以配置局域网中另一台机器上的数据库。

2）系统 DSN

ODBC 系统数据源存储了如何与指定数据库提供者连接的信息。系统数据源对当前机器上的所有用户都是可见的，包括 NT 服务。也就是说，在这里配置的数据源，只要是这台机器的用户就可以访问。在任务 8.2 中，使用的就是系统 DSN。

3）文件 DSN

ODBC 文件数据源允许用户连接数据提供者。文件 DSN 可以由安装了相同驱动程序的用户共享。

2. 使用 MSFlexGrid 控件

Microsoft FlexGrid（MSFlexGrid）控件可以显示网格数据，也可以对其进行操作。它提供了高度灵活的网格排序、合并和格式设置功能，网格中可以包含字符串和图片。在任务 8.2 中，是把 MSFlexGrid 控件绑定到一个数据控件上，MSFlexGrid 控件显示的是只读的数据。

1）MSFlexGrid 控件的常用属性

- AllowBigSelection：该属性返回或设置一个值，该值决定了当在行头或列头上单击时，是否可以使得整个行或列都被选中。
- AllowUserResizing：该属性返回或设置一个值，该值决定了是否可以使用鼠标来对 MSFlexGrid 控件中行和列的大小进行重新调整。
- BackColorBand：返回或设置 MSFlexGrid 控件中带区的背景色。
- BackColorHeader：返回或设置 MSFlexGrid 控件中标头区域的背景色。
- BackColorIndent：返回或设置 MSFlexGrid 控件中缩进区域的背景色。
- BackColorUnpopulated：返回或设置 MSFlexGrid 控件中未填数据区域的背景色。

- CellAlignment：返回或设置的数值确定了一个单元格或被选定的多个单元格所在区域的水平和垂直对齐方式。该属性在程序设计时是不可使用的。
- Col 和 Row：这两个属性返回或设置 MSFlexGrid 控件中活动单元的坐标。在程序设计时不可用。可以使用这些属性指定 MSFlexGrid 控件中的单元，或找到包含当前单元的那个行或列。
- ColPosition：设置一个 MSFlexGrid 列的位置，允许移动列到指定的位置。
- DataSource：返回或设置一个数据源。
- RowPosition：设置一个 MSFlexGrid 行的位置，允许移动行到指定的位置。
- Cols：返回或设置在一个 MSFlexGrid 控件中的总列数。
- Rows：返回或设置在一个 MSFlexGrid 控件中的总行数。Rows 属性也返回或设置在 MSFlexGrid 控件中的每一个带区中的总列数。
- ColSel：为一定范围的单元格返回或设置的起始列或终止列。
- RowSel：为一定范围的单元格返回或设置的起始行或终止行。
- ColWidth ：以缇为单位，返回或设置指定带区中的列宽。
- FixedCols ：返回或设置在一个 MSFlexGrid 控件中的固定列的总数。
- FixedRows：返回或设置在一个 MSFlexGrid 控件中的固定行的总数。
- TextMatrix：返回或设置一个任意单元中的文本内容。

2）MSFlexGrid 控件的常用方法

① AddItem：将一行添加到 MSFlexGrid 控件中，语法格式如下：

```
object.AddItem (string, index, number)
```

其中，参数 object 是对象表达式，用于指定一个 MSFlexGrid 控件；参数 string 为字符串表达式，它在新增行中显示，可以使用制表符（vbTab）来隔开每个字符串，从而将多个字符串（行中的多个列）添加进去；参数 index 是可选的，其值为 Long 型数值，用于指定在控件中放置新增行的位置，对于第一行来说，index 的值为 0。如果省略参数 index，那么新增行将成为带区中的最后一行。参数 number 是可选的，其值为 Long 型数值，用于指出添加行的带区号。

② Clear：用于清除 MSFlexGrid 控件中的内容，包括所有文本、图片和单元格式，语法格式如下：

```
object.Clear
```

③ RemoveItem：从 MSFlexGrid 控件中删除一行，语法格式如下：

```
object.RemoveItem(index, number)
```

其中，参数 object 用于指定 MSFlexGrid 控件；参数 index 是一个整数，表示 MSFlexGrid 控件中要删除的行，对于第一行来说，index 的值为 0；参数 number 是一个 Long 型数值，用于指定删除行的带区号。

3）MSFlexGrid 控件的常用事件

MSFlexGrid 控件的常用事件如下所述。

① Compare：当 MSFlexGrid 控件的 Sort 属性值被设置为 Custom Sort(9)时发生，因此用户可以自定义排序进程，语法格式如下：

```
Private Sub object_Compare(row1, row2, cmp)
```

其中，参数 object 为一个对象表达式，用于指定 MSFlexGrid 控件；参数 row1 为 Long 型整数，它用于指定正在比较的一对行的第一行；参数 row2 为 Long 型整数，它用于指定正在比较的一对行的第二行；参数 cmp 为一个整数，它表示每一对的排序次序，参数 cmp 的设置值为：-1 表示 row1 应该显示在 row2 前面，0 表示两行相等或任一行都可以显示在另一行之前，1 表示 row1 应显示在 row2 之后。

② EnterCell：在当前活动单元更改到一个不同的单元时发生，语法格式如下：

```
Private Sub object_EnterCell()
```

③ LeaveCell：在当前活动单元更改到一个不同的单元之前立即发生，语法格式如下：

```
Private Sub object_LeaveCell()
```

255

④ SelChange：当选定的范围更改到一个不同的单元或单元范围时发生，语法格式如下：

```
Private Sub object_SelChange()
```

任务 8.3　以电子表格的形式查看和编辑数据库中的信息

在本任务中，将创建一个数据库信息浏览程序，通过 DataGrid 控件在窗体上显示一个电子表格，来查看和编辑数据库中的信息。要求使用 ADO 数据控件连接 Access 2000 数据库，显示数据库中的信息，可以通过单击 ADO 数据控件上的箭头按钮在不同记录之间移动，并且显示出当前记录号，还可以通过单击相应的命令按钮来添加新记录、修改记录或删除记录，如图 8.16 所示。

图 8.16　以电子表格的形式查看和编辑数据库中的信息

任务目标

● 掌握 ADO 数据控件的使用方法。
● 掌握 DataGrid 控件的使用方法。

任务分析

想要浏览和更新数据库中的信息，可以把数据网格（DataGrid）控件绑定到 ADO 数据控件上。单击"新增"按钮，则将在网格底部添加一个空行，此时可以在该行中输入字段值，以添加新记录；单击"修改"按钮，则更新记录；单击"删除"按钮，则删除当前记录。

任务实施

（1）在 Visual Basic 6.0 集成开发环境中创建一个标准 EXE 工程。

（2）将窗体 Form1 命名为 frmProduct，然后将其 Caption 属性值设置为"产品信息管理"，StartUpPosition 属性值设置为 2。

（3）向工具箱窗口中添加 ADO 数据控件和 DataGrid 控件。在"工程"下拉菜单中选择"部件"命令，在"部件"对话框的"控件"选项卡中，勾选"Microsoft ADO Data Control 6.0 (SP6) (OLEDB)"和"Microsoft DataGrid Control 6.0 (SP6) (OLEDB)"复选框，然后单击"确定"按钮，将 ADO 数据控件和 DataGrid 控件添加到工具箱窗口中，如图 8.17 所示。

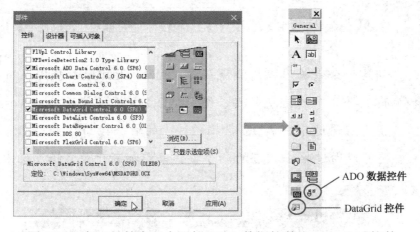

图 8.17　向工具箱窗口中添加 ADO 数据控件和 DataGrid 控件

（4）在窗体 frmProduct 上添加一个 ADO 数据控件，并将其命名为 Adodc1，然后将其 Align 属性值设置为 2。

（5）选择 ADO 数据控件 Adodc1，然后在属性窗口中单击"自定义"右侧的按钮；在 ADO 数据控件 Adodc1 的"属性页"对话框的"通用"选项卡中选中"使用连接字符串"单选按钮，然后单击"生成"按钮，如图 8.18 所示。

（6）在"数据链接属性"对话框的"提供程序"选项卡中，选择"Microsoft Jet 4.0 OLE DB Provider"选项，然后单击"下一步"按钮，如图 8.19 所示。

图 8.18　选中"使用连接字符串"单选按钮　　　　图 8.19　选择 OLE DB 提供程序

（7）在"数据链接属性"对话框的"连接"选项卡中，选择要访问的 Access 数据库（在任务 8.3 中选择了 Student.mdb），并对登录用户名称和密码进行设置，然后单击"测试连接"按钮，当出现"测试连接成功"信息时，单击"确定"按钮，再次单击"确定"按钮，如图 8.20所示。通过上述操作所生成的连接字符串如下：

```
Provider=Microsoft.Jet.OLEDB.4.0;Data Source=G:\VB6.0\08\database\Northwind.
mdb;Persist Security Info=False
```

（8）在 ADO 数据控件 Adodc1 的"属性页"对话框中选择"记录源"选项卡，在"命令类型"下拉列表中选择"2 - adCmdTable"选项，然后在"表或存储过程名称"下拉列表中选择"产品"选项，如图 8.21 所示。

图 8.20　选择数据库　　　　　　　　　　图 8.21　设置记录源

（9）在窗体 frmProduct 上添加 DataGrid 控件 DataGrid1，并将其 DataSource 属性值设置为 ADO 数据控件的名称 Adodc1。

（10）在窗体 frmProduct 上添加一个框架控件 Frame1，在该框架控件内创建一组由 4 个命令按钮控件组成的命令按钮控件数组，其名称为 cmd，将各个命令按钮控件的 Caption 属性值分别设置为"新增"、"修改"、"删除"和"退出"。

（11）在窗体 frmProduct 的代码窗口中编写 ADO 数据控件 Adodc1 的 MoveComplete 事件过程，程序代码如下：

```
'当单击 ADO 数据控件两端的记录导航按钮时执行以下事件过程
Private Sub Adodc1_MoveComplete(ByVal adReason As ADODB.EventReasonEnum, ByVal pError As
ADODB.Error, adStatus As ADODB.EventStatusEnum, ByVal pRecordset As ADODB.Recordset)
    Adodc1.Caption = "第" & CStr(Adodc1.Recordset.AbsolutePosition) & _
        "条记录" & " - 总共" & CStr(Adodc1.Recordset.RecordCount) & "条记录"
End Sub
```

（12）在窗体 frmProduct 的代码窗口中编写命令按钮控件数组 cmd 的 Click 事件过程，程序代码如下：

```
'当单击命令按钮时执行以下事件过程
Private Sub cmd_Click(Index As Integer)

    '当单击不同按钮时执行不同的操作
    Select Case Index
    Case 0                                  '当单击"新增"按钮时
        Adodc1.Recordset.MoveLast           '定位到最后一条记录
        Adodc1.Recordset.AddNew             '添加一条新记录
    Case 1                                  '当单击"修改"按钮时
        Adodc1.Recordset.UpdateBatch
    Case 2                                  '当单击"删除"按钮时
        Adodc1.Recordset.Delete             '删除当前记录
        If Adodc1.Recordset.EOF Then        '如果删除的是最后一条记录
            Adodc1.Recordset.MoveLast       '则将指针移到上一条记录
        Else
            Adodc1.Recordset.MoveNext       '如果删除的不是最后一条记录，则将指针移
        End If                              '到下一条记录
    Case 3                                  '单击"退出"按钮
        Adodc1.Recordset.Close
        Unload Me
    End Select

End Sub
```

（13）在窗体 frmProduct 的代码窗口中编写该窗体的 Resize 事件过程，程序代码如下：

```
Private Sub Form_Resize()

    DataGrid1.Top = 0
    DataGrid1.Height = Me.ScaleHeight - Frame1.Height - Adodc1.Height - 200
    Frame1.Top = DataGrid1.Height + 100
```

```
End Sub
```

（14）将窗体文件和工程文件分别保存为 frmProduct.frm 和工程 08-03.vbp。

程序测试

（1）按下 F5 键，以运行程序。

（2）当单击"新增"按钮时，则会在 DataGrid 控件的底部新增一条空白记录，如图 8.22 所示。

图 8.22　新增记录

（3）当单击"修改"按钮时，将把所有更改的内容保存到数据库中。

（4）当单击"删除"按钮时，将删除当前行的内容并移到下一条记录。

（5）当单击"退出"按钮时，退出程序。

相关知识

在任务 8.3 中，通过把 DataGrid 控件绑定到 ADO 数据控件上创建了一个简易的产品信息管理系统，可以通过数据网格来浏览和编辑数据库中的信息。

1. ADO 数据控件

ADO 数据控件与内部数据控件相似，通过 ADO 数据控件可以使用 Microsoft 的 ADO 技术快速地创建到数据库的连接。

在程序设计时，首先可以将 ConnectionString 属性值设置为一个有效的数据连接文件、ODBC 数据源或连接字符串，然后将 RecordSource 属性值设置为一个适合于数据库管理者的语句来创建一个连接。通过将 DataSource 属性值设置为 ADO 数据控件，可以把 ADO 数据控件连接到一个数据绑定的控件上，如 DataGrid、DataCombo 或 DataList 控件。

通过 ADO 数据控件的 Recordset 属性可以返回或设置对下一级 ADO Recordset 对象的引用。利用 Recordset 属性，可以使用 ADO 数据控件的 ADODB.Recordset 对象的方法、属性和事件。在程序运行时，可以动态地设置 ConnectionString 和 RecordSource 属性来更改数据库，或者将 Recordset 属性值直接设置为一个原先已经打开的记录集。

在任务 8.3 中，首先通过"属性页"对话框中的"通用"选项卡生成连接字符串来设置 ADO

数据控件的 ConnectionString 属性，然后通过"属性页"对话框中的"记录源"选项卡设置该控件的 CommandType 和 RecordSource 属性，最后把 ADO 数据控件连接到一个 DataGrid 控件上。

2. ADO Recordset 对象

在程序运行时，Visual Basic 根据 ADO 数据控件设置的属性打开数据库，并返回一个 ADO Recordset 对象，该对象提供与物理数据库对应的一组逻辑记录，既可以表示一个数据表中的所有记录，也可以表示满足查询条件的所有记录。

1）ADO Recordset 对象的常用属性

ADO Recordset 对象的常用属性如下所述。

- EOF：若记录指针指向 Recordset 对象最后一条记录之后，则 EOF 属性值为 True，否则为 False。
- BOF：若记录指针指向 Recordset 对象首条记录之前，则 BOF 属性值为 True，否则为 False。
- RecordCount：返回 Recordset 对象包含的记录个数。
- AbsolutePosition：返回当前记录的记录号，其取值范围为 0～RecordCount−1。
- NoMatch：使用 Find 查询方法在表中查询满足某一条件的记录，如果没有找到符合条件的记录，则属性值为 True，否则为 False。
- Fields：记录集中的所有字段组成的集合。例如，Fields(i)表示当前记录的第 i 个字段；Fields("字段名")表示当前记录的指定字段。

2）ADO Recordset 对象的常用方法

ADO Recordset 对象的常用方法如下所述。

① 记录的定位方法：用于代替数据控件对象的 4 个箭头按钮的操作遍历整个记录集。语法格式如下：

```
ADO 数据控件名.Recordset.方法名
```

其中，指定的"方法名"包括以下 5 种情况。

- MoveFirst：将记录指针定位到第一条记录。
- MoveLast：将记录指针定位到最后一条记录。
- MoveNext：将记录指针定位到下一条记录。
- MovePrevious：将记录指针定位到上一条记录。
- Move[n]：向前或向后移动 n 条记录，n 为指定的数值。

② 记录的查询方法：在记录集中查询满足条件的记录。如果找到，则记录指针定位在找到的记录上；如果找不到，则记录指针定位在记录集的末尾。语法格式如下：

```
ADO 数据控件名.Recordset.方法名 条件
```

其中，指定的"方法名"包括以下4种情况。

- FindFirst：从记录集的开始查找满足条件的第一条记录。
- FindLast：从记录集的末尾查找满足条件的第一条记录。
- FindNext：从当前记录开始查找满足条件的下一条记录。
- FindPrevious：从当前记录开始查找满足条件的上一条记录。

搜索条件是一个指定字段与常量关系的字符串表达式。除了使用普通的关系运算符，还可以使用 Like 运算符。

③ Update：用于更新记录的内容。语法格式如下：

```
ADO 数据控件名.Recordset.Update
```

通常在调用了 AddNew 方法后调用该方法。

④ AddNew：用于添加一条新的空白记录。语法格式如下：

```
ADO 数据控件名.Recordset.AddNew
```

必须调用 Update 方法对数据表进行更新，否则使用 AddNew 方法添加的记录无效。

⑤ Delete：用于删除当前记录。语法格式如下：

```
ADO 数据控件名.Recordset.Delete
```

在使用 Delete 方法删除一条记录后，必须使用 MoveNext 方法将记录指针移到下一条记录。

⑥ Edit：在将当前记录的内容进行修改之前，使用 Edit 方法使记录处于编辑状态。语法格式如下：

```
ADO 数据控件名.Recordset.Edit
```

在调用 Edit 方法后，必须使用 Update 或 UpdateRecord 方法更新记录。

3. DataGrid 控件

DataGrid 控件显示并允许对 Recordset 对象中代表记录和字段的一系列行和列进行数据操纵。可以把 DataGrid 控件的 DataSource 属性值设置为一个 ADO 数据控件，以自动填充该控件并且从 ADO 数据控件的 Recordset 对象自动设置其列标头。这个 DataGrid 控件实际上是一个固定的列集合，每一列的行数都是不确定的。

DataGrid 控件的每一个单元格都可以包含文本值，但是不能链接或内嵌对象。可以在代码中指定当前单元格，或者用户可以使用鼠标或箭头键在程序运行时改变它。通过在单元格中键入或编程的方式，单元格可以交互地编辑。单元格能够被单独地选定或按照行来选定。

如果一个单元格中的文本太长，不能在单元格中全部显示，则文本将在同一单元格内折行到下一行。如果想要显示折行的文本，则必须增加单元格的 Column 对象的 Width 属性和 DataGrid 控件的 RowHeight 属性。在程序设计时，可以通过调节列来交互地改变列的宽度，或者在 Column 对象的"属性页"对话框中改变列的宽度。

使用 DataGrid 控件的 Columns 集合的 Count 属性和 Recordset 对象的 RecordCount 属性，

可以决定控件中行和列的数目。DataGrid 控件可以包含的行数取决于系统的资源，而列数最多可达 32,767 列。

任务 8.4　实现 ADO 数据访问

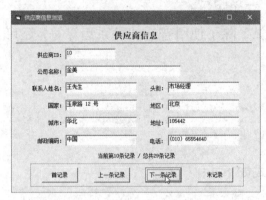

图 8.23　程序运行界面

在本任务中，将创建一个数据库信息浏览程序，使用文本框显示数据库中的信息，可以通过单击命令按钮在不同记录之间移动，如图 8.23 所示。

任务目标

- 掌握引用 ADO 对象库的方法。
- 掌握 ADO Connection 对象的使用方法。
- 掌握 ADO Recordset 对象的使用方法。

任务分析

由于在本任务中不是使用标准的数据控件，而是使用 ADO 对象库中的 Connection 对象和 Recordset 对象，因此在程序设计时需要在工程中引用 ADO 对象库，并且在窗体级别声明 Connection 对象变量和 Recordset 对象变量。在加载窗体时通过 Connection 对象连接到指定的数据库，通过 Recordset 对象打开记录集并将字段值填充到文本框中。

任务实施

（1）在 Visual Basic 6.0 集成开发环境中创建一个标准 EXE 工程。

（2）将窗体 Form1 命名为 frmSupplier，然后将其 Caption 属性值设置为"供应商信息浏览"，StartUpPosition 属性值设置为 2。

（3）引用 ADO 对象库。在"工程"下拉菜单中选择"引用"命令，并在"引用"对话框中勾选"Microsoft ActiveX Data Objects 2.0 Library"复选框，然后单击"确定"按钮，如图 8.24 所示。

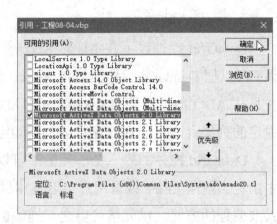

图 8.24　引用 ADO 对象库

（4）在窗体 frmSupplier 上添加以下控件。

- 一个标签控件数组，数组名为 lblFld，其中包含 10 个标签控件，即 lblFld(0)～lblFld(9)，将这些标签控件的 Caption 属性值分别设置为"供应商 ID："、"公司名称："、"联系人姓名："、"头衔："、"国家："、"地区："、"城市："、"地址："、"邮政编码："及"电话："。

- 添加一个标签控件并命名为 lblPos，然后将其 Caption 属性值清空。
- 添加一个文本框控件数组，数组名称为 txtFld，其中包含 6 个文本框控件，即 txtFld(0)～txtFld(5)，然后将这些文本框控件的 Text 属性值清空。
- 添加一个框架控件 Frame1，并将其 Caption 属性值清空；在该框架控件内添加一个命令按钮控件数组，数组名称为 cmd，其中包含 4 个命令按钮控件，即 cmd(0)～cmd(5)；将这些命令按钮控件的 Caption 属性值分别设置为"首记录"、"上一条记录"、"下一条记录"和"末记录"。

（5）在窗体 frmSupplier 的代码窗口中声明两个模块级变量并定义一个通用过程，程序代码如下：

```
'在窗体级别声明两个私有变量
Private conn As New ADODB.Connection
Private rs As New ADODB.Recordset

'定义通用过程，其功能是使用记录集的字段值填充各个文本框
Private Sub FillFields()

    Dim i As Integer
    For i = 0 To 9
        txtFld(i).Text = rs.Fields(i).Value
    Next

    lblPos.Caption = "当前第" & rs.AbsolutePosition & _
        "条记录 / 总共" & rs.RecordCount & "条记录"
    lblPos.Left = (Me.ScaleWidth - lblPos.Width) / 2

End Sub
```

263

（6）在窗体 frmSupplier 的代码窗口中编写命令按钮控件数组 cmd 的 Click 事件过程，程序代码如下：

```
'当单击记录导航按钮时执行以下事件过程
Private Sub cmd_Click(Index As Integer)

    Select Case Index
    Case 0
        rs.MoveFirst
    Case 1
        rs.MovePrevious
        If rs.BOF Then
            rs.MoveFirst
        End If
    Case 2
        rs.MoveNext
```

```
        If rs.EOF Then
   .        rs.MoveLast
        End If
    Case 3
        rs.MoveLast
    End Select


    FillFields

End Sub
```

（7）在窗体 frmSupplier 的代码窗口中编写该窗体的 Load 事件过程，程序代码如下：

```
'当加载窗体时执行以下事件过程
Private Sub Form_Load()

    '设置连接字符串
    conn.ConnectionString = "Driver={Microsoft Access Driver (*.mdb)};DBQ=" & _
        "G:\VB6.0\08\database\Northwind.mdb"
    '打开数据库连接
    conn.Open
    '设置记录集的游标位置
    rs.CursorLocation = adUseClient
    '打开记录集
    rs.Open "SELECT * FROM 供应商", conn, adOpenStatic
    '使用字段值填充文本框
    FillFields

End Sub
```

（8）将窗体文件和工程文件分别保存为 frmSupplier.frm 和工程 08-04.vbp。

程序测试

（1）按下 F5 键，以运行程序。

（2）单击各个记录导航按钮，在不同记录之间移动。

相关知识

在任务 8.4 中，通过 ADO Connection 对象和 ADO Recordset 对象实现了对数据库的访问。

1. 引用 ADO 对象库

当在 Visual Basic 应用程序中使用 ADO 对象之前，必须保证 ADO 对象库已经安装。

一般来讲，在正常安装 Visual Basic 6.0 时会自动安装 ADO 对象库，ADO 对象库的完整名称为 Microsoft ActiveX Data Objects 2.0 Library。在确保 Visual Basic 6.0 正常安装的情况下，可以在 Visual Basic 工程中引用 ADO 对象库，具体操作方法是：在"工程"下拉菜单中选择"引用"命令，并在"引用"对话框中勾选"Microsoft ActiveX Data Objects 2.0 Library"复选框，然后单击"确定"按钮。

在正确引用 ADO 对象库后，即可在代码中通过对象定义创建 ADO 对象，各种 ADO 对象均有各自的属性与方法。然后就像通过属性与方法使用控件一样，可以利用 ADO 对象的属性与方法进行数据访问操作。

2. Connection 对象

ADO Connection 对象代表打开的、与数据源的连接，Connection 对象代表与数据源进行的唯一会话。如果是客户端/服务器数据库系统，则该对象可以等价于到服务器的实际网络连接。

1）Connection 对象的常用属性

Connection 对象的常用属性如下所述。

- CommandTimeout：用于指定在终止尝试和产生错误之前执行命令期间需要等待的时间（单位为秒）。默认值为 30 秒。

- ConnectionString：包含用来建立到数据源的连接的信息。使用 ConnectionString 属性，通过传递包含一系列由分号隔开的 argument = value 语句的详细连接字符串可以指定数据源。在任务 8.4 中，通过参数 Driver 来指定在访问 Access 数据库时所使用的 ODBC 驱动程序，通过参数 DBQ 来指定要访问的 Access 数据库文件。

- ConnectionTimeout：用于指定在终止尝试和产生错误之前建立连接期间需要等待的时间（单位为秒）。默认值为 15 秒。

- CursorLocation：用于返回或设置游标引擎的位置，以确定临时表是创建在服务器端（adUseServer）还是创建在客户端（adUseClient）。

- DefaultDatabase：用于指定 Connection 对象的默认数据库。

2）Connection 对象的常用方法

Connection 对象的常用方法如下所述。

① Close：用于关闭打开的对象及任何相关对象。语法格式如下：

```
connection.Close
```

② Open：用于打开到数据源的连接。语法格式如下：

```
connection.Open ConnectionString, UserID, Password, OpenOptions
```

其中，参数 ConnectionString 为可选参数，其值为字符串，包含连接信息。

参数 UserID 为可选参数，其值为字符串，包含在建立连接时所使用的用户名称。

参数 Password 为可选参数，其值为字符串，包含在建立连接时所使用的密码。

参数 OpenOptions 为可选参数，如果设置为 adConnectAsync，则异步打开连接。当连接可用时将产生 ConnectComplete 事件。

3. Recordset 对象

ADO Recordset 对象表示的是来自基本表或命令执行结果的记录全集。在任何时候，该对象所指的当前记录均为集合内的单个记录。可以使用 Recordset 对象操作来自提供者的数据。当使用 ADO 对象时，通过 Recordset 对象可以对几乎所有数据进行操作。所有 Recordset 对象都是使用记录（行）和字段（列）进行构造的。

Recordset 对象有一个 Fields 集合，该集合包含 Recordset 对象的所有 Field 对象。每个 Field 对象对应 Recordset 对象中的一列。

1）Recordset 对象的常用属性

除了在任务 8.3 中所介绍的属性，Recordset 对象还有以下常用属性。

- ActiveConnection：表示指定的 Recordset 对象当前所属的 Connection 对象。该属性返回或设置包含了定义连接或 Connection 对象的字符串。
- CursorLocation：返回或设置游标引擎的位置。其值可以是：adUseClient 表示使用由本地游标库提供的客户端游标；adUseServer（默认值）表示使用由数据提供者或驱动程序提供的游标。
- CursorType：用于指定在 Recordset 对象中使用的游标类型。其值可以是以下符号常量：adOpenForwardOnly（默认值）表示仅向前游标；adOpenKeyset 表示键集游标；adOpenDynamic 表示动态游标；adOpenStatic 表示静态游标。
- RecordCount：用于指定 Recordset 对象中记录的当前数目。

2）Recordset 对象的 Open 方法

除了在任务 8.3 中所介绍的方法，Recordset 对象常用的方法是 Open 方法，该方法用于打开游标，语法格式如下：

```
recordset.Open Source, ActiveConnection, CursorType, LockType, Options
```

其中，参数 Source 为可选参数，其值的数据类型为变体型，可以是用于计算 Command 对象的变量名、SQL 语句、表名、存储过程调用或持久 Recordset 文件名。

参数 ActiveConnection 为可选参数，其值的数据类型为变体型，可以是用于计算有效 Connection 对象变量名或包含 ConnectionString 参数的字符串。

参数 CursorType 为可选参数，用于确定当提供者打开 Recordset 对象时应该使用的游标类型。参照 CursorType 属性可以获得这些设置的定义。

参数 LockType 为可选参数，用于确定当提供者打开 Recordset 对象时应该使用的锁定（并发）类型的 LockTypeEnum 值。

参数 Options 为可选参数，其值的数据类型为长整型，用于指定提供者如何计算参数 Source。

任务 8.5　创建图书信息录入系统

在本任务中，将创建一个图书信息录入系统，可以在录入窗口上部输入数据，当单击"添加"按钮时，新记录保存到数据库中，同时新记录出现在录入窗口下部的数据网格中且为当前记录，如图 8.25 和图 8.26 所示。

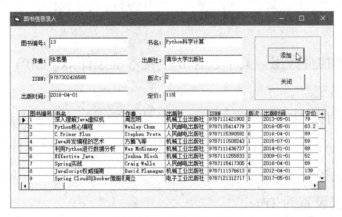

图 8.25　录入图书信息

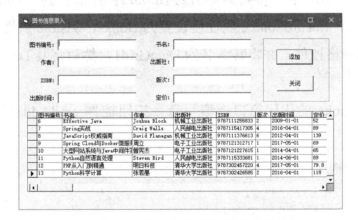

图 8.26　在录入新书信息后刷新显示数据网格

任务目标

- 掌握 ADO Command 对象的常用属性和方法。
- 掌握 ADO Parameters 集合与参数化查询。
- 掌握 SQL INSERT 语句的使用方法。

任务分析

在本任务中，通过 Command 对象执行 INSERT 语句将数据插入表中，在 INSERT 语句中各个字段的值使用问号表示（参数化查询），并且通过 Command 对象的 Parameters 集合来为各个参数传递所需要的值（来自文本框）。

任务实施

（1）在 Visual Basic 6.0 集成开发环境中创建一个标准 EXE 工程。

（2）将窗体 Form1 命名为 frmBooks，然后将其 Caption 属性值设置为"图书信息录入"，StartUpPosition 属性值设置为 2。

（3）在窗体 frmBooks 上添加以下控件。

- 添加一个标签控件数组，其中包含 8 个标签控件，然后将它们的 Caption 属性值分别设置为"图书编号："、"书名："、"作者："、"出版社："、"ISBN："、"版次："、"出版时间："及"定价："。

- 添加一个文本框控件数组，其中包含 8 个文本框控件 txtFld(0)~txtFld(7)，然后将它们的 Text 属性值清空。

- 添加一个框架控件，然后将其 Caption 属性值清空；在该框架内添加两个命令按钮控件，分别命名为 cmdAdd 和 cmdClose，并将它们的 Caption 属性值分别设置为"添加"和"关闭"；将命令按钮控件 cmdAdd 的 Default 属性值设置为 True；将命令按钮控件 cmdClose 的 Cancel 属性值设置为 True。

- 添加一个 ADO 数据控件，并将其命名为 Adodc1，然后将其 ConnectionString 属性值设置为 dsn=Books，RecordSource 属性值设置为 Books，Visible 属性值设置为 False。

- 添加一个数据网格控件，并将其命名为 DataGrid1，然后将其 DataSource 属性值设置为 Adodc1。

（4）在窗体 frmBooks 的代码窗口中编写命令按钮控件 cmdAdd 的 Click 事件过程，代码如下：

```
'当单击"添加"按钮时执行以下事件过程
Private Sub cmdAdd_Click()
  Dim conn As New ADODB.Connection
  Dim cmd As New ADODB.Command
  Dim i As Integer

  '检查各个文本框是否为空
  For i = 0 To 7
    If txtFld(i).Text = "" Then
      MsgBox "请在此文本框中输入数据！", vbExclamation + vbOKOnly, Me.Caption
      txtFld(i).SetFocus
      Exit Sub
    End If
  Next

  '检查日期格式是否正确
  If Not IsDate(txtFld(6).Text) Then
```

```
      MsgBox "日期格式无效!", vbExclamation + vbOKOnly, Me.Caption
      txtFld(6).SetFocus
      Exit Sub
   End If

   conn.ConnectionString = "dsn=Books"
   conn.Open
   cmd.CommandType = adCmdText
   cmd.CommandText = "INSERT INTO Books VALUES(?,?,?,?,?,?,?,?)"
   cmd.ActiveConnection = conn

   '通过 Parameters 集合来传递参数值
   cmd.Parameters(0).Value = Trim(txtFld(0).Text)
   cmd.Parameters(1).Value = Trim(txtFld(1).Text)
   cmd.Parameters(2).Value = Trim(txtFld(2).Text)
   cmd.Parameters(3).Value = Trim(txtFld(3).Text)
   cmd.Parameters(4).Value = Trim(txtFld(4).Text)
   cmd.Parameters(5).Value = CInt(txtFld(5).Text)
   cmd.Parameters(6).Value = CDate(txtFld(6).Text)
   cmd.Parameters(7).Value = CSng(txtFld(7).Text)
   cmd.Execute
   Adodc1.Refresh
   Adodc1.Recordset.MoveLast
   DataGrid1.Refresh
   For i = 0 To 7
      txtFld(i).Text = ""
   Next
   txtFld(0).SetFocus

End Sub
```

（5）在窗体 frmBooks 的代码窗口中编写命令按钮控件 cmdClose 的 Click 事件过程，代码如下：

```
'当单击"关闭"按钮时执行以下事件过程
Private Sub cmdClose_Click()

   Unload Me

End Sub
```

（6）将窗体文件和工程文件分别保存为 frmBooks.frm 和工程 08-05.vbp。

程序测试

（1）按下 F5 键，以运行程序。

（2）在各个文本框中依次填入信息，然后单击"添加"按钮，将新记录添加到数据库中，同时刷新显示数据网格。

（3）如果某个文本框中未输入内容，则当单击"添加"按钮时会弹出一个对话框，提示输入数据并将焦点置于该文本框中。

相关知识

在任务 8.5 中，通过 Command 对象执行 INSERT 语句来添加新记录，并通过 Command 对象的 Parameters 集合来传递 INSERT 语句中的各个字段值。

1. Command 对象

ADO Command 对象定义了将对数据源执行的命令，使用 Command 对象的集合、方法和属性可以进行下列操作。

（1）使用 CommandText 属性定义命令（如 SQL 语句）的可执行文本。

（2）通过 Parameter 对象和 Parameters 集合定义参数化查询或存储过程参数。

（3）使用 Execute 方法执行命令并在适当的时候返回 Recordset 对象。

（4）在执行前应使用 CommandType 属性指定命令类型以优化性能。

（5）使用 Prepared 属性决定提供者是否在执行前保存准备好（或编译好）的命令版本。

（6）使用 CommandTimeout 属性设置提供者等待命令执行的秒数。

（7）通过设置 ActiveConnection 属性使打开的连接与 Command 对象关联。

（8）将 Command 对象传送给 Recordset 对象的 Source 属性，以便获取数据。

2. Parameters 集合与 Parameter 对象

Command 对象具有由 Parameter 对象组成的 Parameters 集合，通过该集合可以获取有关 Command 对象中指定的存储过程或参数化查询的提供者的参数信息。

Parameter 对象代表与基于参数化查询或存储过程的 Command 对象相关联的参数或自变量。Parameter 对象代表与参数化查询关联的参数，或者输入/输出参数及存储过程的返回值。

使用 Parameter 对象的集合、方法和属性可以进行以下操作。

（1）使用 Name 属性返回或设置参数名称。

（2）使用 Value 属性返回或设置参数的值。

（3）使用 Attributes 和 Direction、Precision、NumericScale、Size 及 Type 属性返回或设置参数的特性。

（4）使用 AppendChunk 方法可以将长整型二进制或字符数据传递给参数。

3. SQL INSERT 语句

在 SQL 语言中，INSERT 语句用于向一个已经存在的表中添加一行新记录，基本语法格式如下：

```
INSERT [INTO] <目标表名>
[(<字段列表>)] VALUES (<值列表>)
```

其中，<目标表名>是用来接收数据的表的名称；INTO 关键字是可选项，用在 INSERT 关键字与<目标表名>之间；<字段列表>给出若干个要插入数据的字段，该列表必须使用圆括号括起来，其中的各个字段使用逗号隔开；如果省略<字段列表>，则使用目标表中的所有字段来接收数据；<值列表>给出待插入的数据，这个列表也必须使用圆括号括起来，其中的各个值使用逗号隔开。

如果希望在一行记录的所有字段中添加数据，则可以省略 INSERT 语句中的<字段列表>。在这种情况下，只要在 VALUES 关键字后面列出要添加的数据值就可以了，但是必须使值的顺序与目标表中的字段顺序保持一致。

在任务 8.5 中，VALUES 关键字后面列出的数据值均使用问号（?）表示，并在执行 INSERT 语句之后通过 Parameters 集合来传递这些数据值。

项目小结

本项目介绍了有关数据库访问的内容，主要是数据控件的使用及数据绑定的方法。本项目的重点是数据控件的应用，通过数据控件可以连接和访问数据库，包括 Access 数据库和 SQL Server 数据库。本项目的难点在于 ADO 对象的应用，主要介绍了利用 ADO 数据控件访问数据库的方法，ADO 数据控件是访问数据库的最简单、最直接的导航器，操作简易，使用数据控件和数据绑定控件访问数据库的操作简单可行，通过控件的属性和方法即可实现。

在本项目中用到了两个数据网格控件，即 MSFlexGrid 控件和 DataGrid 控件。两者的主要区别在于：MSFlexGrid 控件需要与数据控件一起使用，而 DataGrid 控件则需要与 ADO 数据控件一起使用。

在引用了相应的 ADO 对象库后，用户可以创建 ADO 对象，通过 ADO 对象的属性和方法进行数据访问。

本项目着重阐述了 ADO Connection、Recordset、Command、Parameter 对象的主要属性和方法，并通过一些任务说明了这些 ADO 对象的功能。

项目思考

一、选择题

1. 数据控件的（　　）属性用于设置要访问的记录源。

A．DatabaseName　　　　　　　　B．Connect

C．RecordsetType　　　　　　　　D．RecordSource

2．若把数据控件的 RecordsetType 属性值设置为 1，则记录集类型为（　　）。

  A．表类型记录集　　　　　　　　B．动态集类型记录集

  C．快照类型记录集　　　　　　　　D．静态集类型记录集

3．若想要使用鼠标对 MSFlexGrid 控件中行和列的大小进行调整，则应设置（　　）属性。

  A．AllowBigSelection　　　　　　B．AllowUserResizing

  C．CellAlignment　　　　　　　　D．ColPosition

4．在当前活动单元格更改为另一个单元格时会发生 MSFlexGrid 控件的（　　）事件。

  A．Compare　　　　　　　　　　　B．EnterCell

  C．LeaveCell　　　　　　　　　　D．SelChange

5．调用 ADO Recordset 对象的（　　）方法可以移动到下一条记录。

  A．MoveFirst　　　　　　　　　　B．MoveLast

  C．MoveNext　　　　　　　　　　D．MovePrevious

6．若将 Recordset 对象的 CursorType 属性值设置为 adOpenKeyset，则所用游标类型为（　　）。

  A．仅向前游标　　　　　　　　　　B．键集游标

  C．动态游标　　　　　　　　　　　D．静态游标

二、判断题

1．当数据控件的 Connect 等属性值改变时，必须使用 Refresh 方法激活这些变化。（　　）

2．当使用文本框作为数据绑定控件时，应将其 DataSource 属性值设置为字段名。（　　）

3．在对数据库进行修改后，应调用 Update 方法使所做修改生效。（　　）

4．如果在安装 Visual Basic 6.0 后不安装更新补丁 SP6，则也可以通过数据控件来访问 Access 2000 数据库。（　　）

5．当一条记录成为当前记录之前会发生数据控件的 Reposition 事件。（　　）

6．当移动到一条不同的记录之后会发生数据控件的 Validate 事件。（　　）

7．当通过数据控件连接到 SQL Server 数据库时需要创建系统 DSN。（　　）

8．ADO Connection 对象的 ConnectionString 属性包含用来创建到数据源的连接的信息。（　　）

9．ADO Recordset 对象的 Count 属性用于指定记录集所包含的记录数目。（　　）

10．若当想要使用 DataGrid 控件显示数据库中的信息时，则应将其 DataSource 属性值设置为 ADO 数据控件的名称。（　　）

项目实训

1．创建一个数据库信息浏览程序，用于查看和修改 Access 2000 数据库中的信息，可以通过单击数据控件上的记录导航按钮在不同记录之间移动，并且显示出当前记录号和总记录数。

2．创建一个数据库信息浏览程序，要求通过电子表格的形式来显示来自 SQL Server 数据库中的信息。

3．创建一个数据库信息浏览程序，要求通过电子表格的形式来显示数据库中的信息，并允许进行添加、修改和删除操作。

4．创建一个信息录入程序，要求通过 ADO Command 对象来执行 INSERT 语句，并通过 Parameter 对象来传递所需的参数值，从而实现新记录的添加。

项目 **9**

开发图书管理系统

图书馆是一种信息资源的聚集地，由于图书种类繁多，读者借阅手续烦琐，因此如果采用传统的人工方式来管理图书和读者信息，以及管理图书的借阅流程，不仅工作量大，而且效率低下，还会经常出错，更不便于读者对图书资料的查阅。为了提高图书管理的效率，本项目将综合应用前面各项目中的知识和技能，按照软件工程的流程，设计开发一个功能相对完整的 Visual Basic 应用程序——图书管理系统。

本项目将通过 7 个任务来实现。首先进行图书管理系统功能分析并完成数据库设计，然后依次实现各个功能模块。其中，系统主控模块用于创建一个 MDI 主窗口并添加菜单系统，为访问各项功能提供接口；用户管理模块用于创建和管理用户并实现系统登录；图书管理模块用于管理和查询图书信息；读者管理模块用于管理和查询读者信息；借书管理模块用于管理和查询借书信息。最后制作一个安装程序。

项目目标

- 掌握信息管理系统功能分析的方法。
- 掌握设计和实现数据库的方法。
- 掌握使用 Visual Basic 6.0 实现功能模块的方法。

任务 9.1 图书管理系统功能分析与数据库设计

在本任务中，首先对图书管理系统的总体功能进行分析，将整个系统划分为若干个功能模块；然后进行数据库设计，将整个数据库划分为若干个表并完成表结构设计，在此基础上创建 Access 数据库文件 Books.mdb，并在此数据库中创建各个表；最后创建一个 Visual Basic 工程，并在此工程中添加标准模块，创建公用的数据处理函数和 Sub Main 过程。

任务目标

- 掌握信息管理系统功能分析的方法。
- 掌握设计和实现数据库的方法。

- 标准模块的创建和应用。
- 主过程的创建和应用。

任务分析

系统功能设计是程序设计的起始部分，直接决定后期程序的质量。由于图书管理系统包含大量的数据，需要将数据存放在数据库中，因此将系统功能设计分为软件功能设计和数据库设计两大部分。软件功能设计主要包括程序界面设计和功能代码的编写；数据库设计是根据系统功能分析创建数据库和表。在做完上述工作后就要进行系统模块设计。通常是将连接数据库的代码作为公共函数放置在标准模块中，此模块中还可以存放公用变量和系统主函数。

任务实施

1. 系统功能分析

根据对图书管理系统所涉及业务流程的分析，可以将整个系统划分为以下几个功能模块。

- 系统用户管理：主要包括添加新用户、修改用户、删除用户及修改登录密码。
- 图书信息管理：主要包括录入图书信息、删除图书信息、修改图书信息及查询图书信息。
- 读者信息管理：主要包括录入读者信息、删除读者信息、修改读者信息及查询读者信息。
- 借书信息管理：主要包括借阅图书、续借图书、归还图书及查询借书信息。

2. 数据库设计

根据对系统功能的分析，可以使用一个 Access 数据库来存储与图书管理相关的各种信息，为此首先创建一个空白数据库 Books.mdb，然后在该数据库中创建以下 6 个表。

（1）用户信息表：用于存储用户名、密码和权限等信息，表结构如表 9.1 所示。

表 9.1　用户信息表结构

字 段 名	数 据 类 型	字 段 大 小	说　　明
用户名	文本	20	主键，必填字段
密码	文本	20	必填字段
权限	文本	10	必填字段，默认值为"普通用户"

（2）图书类别表：用于存储图书的类别编号和类别名称等信息，表结构如表 9.2 所示。

表 9.2　图书类别表结构

字 段 名	数 据 类 型	字 段 大 小	说　　明
类别编号	文本	20	主键，必填字段
类别名称	文本	20	必填字段

（3）图书信息表：用于存储图书编号、图书名称、图书类别、作者、出版社、出版日期、登记日期和是否借出等信息，表结构如表 9.3 所示。

（4）读者类别表：用于存储读者类别、借书数量和借书期限等信息，表结构如表 9.4 所示。

表9.3　图书信息表结构

字　段　名	数　据　类　型	字　段　大　小	说　　明
图书编号	文本	20	主键，必填字段
图书名称	文本	50	必填字段
图书类别	文本	20	必填字段
作者	文本	50	必填字段
出版社	文本	50	必填字段
出版日期	日期/时间		必填字段
登记日期	日期/时间		必填字段
是否借出	文本	10	必填字段，默认值为"否"

表9.4　读者类别表结构

字　段　名	数　据　类　型	字　段　大　小	说　　明
读者类别	文本	20	主键，必填字段
借书数量	数字		必填字段
借书期限	数字		必填字段

（5）读者信息表：用于存储读者编号、读者姓名、性别、读者类别、工作部门、家庭住址、电话号码、登记日期及已借书数量等信息，表结构如表9.5所示。

表9.5　读者信息表结构

字　段　名	数　据　类　型	字　段　大　小	说　　明
读者编号	文本	20	主键，必填字段
读者姓名	文本	20	必填字段
性别	文本	4	必填字段
读者类别	文本	20	必填字段
工作部门	文本	20	必填字段
家庭住址	文本	50	必填字段
电话号码	文本	20	必填字段
登记日期	日期/时间		必填字段
已借书数量	数字		必填字段，默认值为0

（6）借阅信息表：用于存储借阅编号、读者编号、读者姓名、图书编号、图书名称、借出日期、归还日期、续借日期及状态等信息，表结构如表9.6所示。

表9.6　借阅信息表结构

字　段　名	数　据　类　型	字　段　大　小	说　　明
借阅编号	自动编号		主键，必填字段
读者编号	文本	20	
读者姓名	文本	20	必填字段
图书编号	文本	20	必填字段
图书名称	文本	50	
借出日期	日期/时间		
归还日期	日期/时间		
续借日期	日期/时间		
状态	文本	10	必填字段，默认值为"未还"

3. 创建 Visual Basic 工程

（1）启动 Visual Basic 6.0 集成开发环境，创建一个标准 EXE 工程。

（2）将该工程命名为"图书管理系统"。

（3）将窗体 Form1 命名为 frmLogin，然后将其 BorderStyle 属性值设置为 1，Caption 属性值设置为"系统登录"，StartUpPosistion 属性值设置为 2。

（4）将窗体文件和工程文件分别命名为 frmLogin.frm 和图书管理系统.vbp。

（5）在"工程"下拉菜单中选择"引用"命令，然后在"引用"对话框中勾选"Microsoft ActiveX Data Objects 2.8 Library"和"Microsoft Data Binding Collection VB 6.0（SP4）"复选框，如图 9.1 所示。

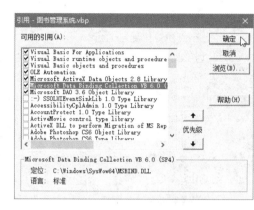

图 9.1　"引用"对话框

（6）在"工程"下拉菜单中选择"添加模块"命令，在"添加模块"对话框的"新建"选项卡中选择"模块"选项，然后单击"打开"按钮，将这个标准模块添加到工程中并保存为 Module1.bas，如图 9.2 和图 9.3 所示。

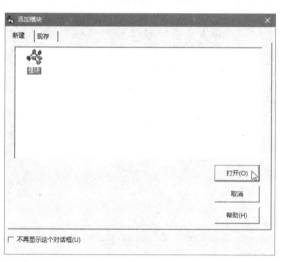

图 9.2　"添加模块"对话框

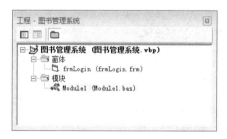

图 9.3　工程资源管理器窗口

（7）在模块文件 Module1.bas 中添加以下代码：

```
Option Explicit

'声明公共变量
Public gUsername As String          '用于存储用户名
Public gPassword As String          '用于存储登录密码
Public gPurview As String           '用于存储权限
Public gLoginSuccess As Boolean     '保存登录是否成功
'声明公共函数，用于执行 SQL 语句
Public Function ExecuteSQL(sql As String) As ADODB.Recordset
```

```
      Dim con As New ADODB.Connection
      Dim rs As New ADODB.Recordset
      Dim strCon As String
      Dim strArr() As String

      On Error GoTo ExecuteSQL_Err
      strCon = "Provider=Microsoft.Jet.OLEDB.4.0;Data  Source=" & App.Path &
"\Books.mdb"
      strArr = Split(sql)
      con.Open strCon
      If UCase(strArr(0)) = "SELECT" Then
         rs.CursorLocation = adUseClient      '重要
         rs.Open Trim(sql), con, adOpenKeyset, adLockOptimistic
         Set ExecuteSQL = rs
      Else
         con.Execute sql
      End If
   ExecuteSQL_Exit:
      Set rs = Nothing
      Set con = Nothing
      Exit Function
   ExecuteSQL_Err:
      MsgBox "执行 SQL 语句出现错误: " & Err.Description, vbInformation + vbOKOnly,
App.Title
      Resume ExecuteSQL_Exit
   End Function

   '系统入口
   Sub Main()
      frmLogin.Show vbModal         '显示系统登录窗口

      If gLoginSuccess Then
         frmMain.Show
      End If

   End Sub
```

（8）在"工程"下拉菜单中选择"图书管理系统 属性"命令，在如图9.4所示的"图书管理系统-工程属性"对话框中将启动对象设置为 Sub Main，然后单击"确定"按钮。

（9）保存所有文件。

程序测试

（1）按下 F5 键，以运行程序。

（2）当程序运行时首先弹出系统登录窗口。

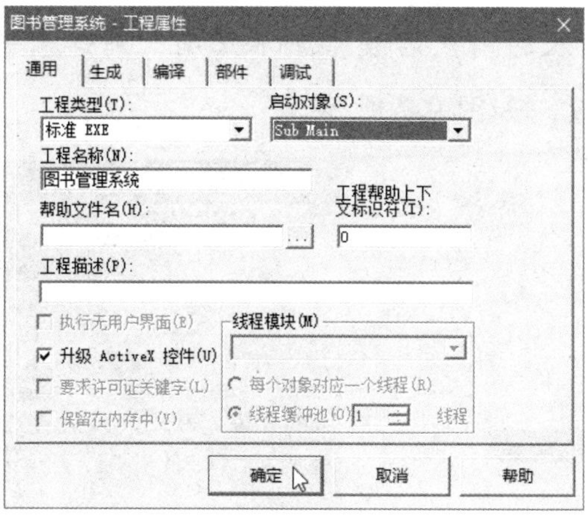

图 9.4　设置工程的启动对象

相关知识

1. 系统功能设计

开始程序设计的第一步，应根据系统实际需求建立程序模型、构建系统框架、设计数据库、确定软件各个模块的功能等。

2. 数据库设计

在任务 9.1 中，使用的是数据字典的方式来表现数据库设计，这种方式可以将数据库中表的结构清楚地表示出来。也可以使用 Microsoft Office Visio 绘制出数据库模型图。在完成数据库设计后，可以使用数据库管理软件（如 Microsoft Access 或 Microsoft SQL Server）来创建数据库。

3. 标准模块

在任务 9.1 中创建了一个标准模块（简称模块），相应的文件扩展名为.bas。标准模块一般用来存放整个系统级别的公共函数（或过程）、公共数据等，它与窗体模块、类模块等一起构成了 Visual Basic 工程。

4. 主函数

在标准模块中可以创建一个特殊的 Sub 过程，其名称为 Main，这个过程称为主过程。可以利用"工程属性"对话框将主过程设置为 Visual Basic 工程的启动对象。

任务 9.2　设计系统主控窗口

在本任务中，首先创建图书管理系统的 MDI 主窗口，并为其添加菜单系统，然后实现系统登录功能。当启动图书管理系统时，首先会弹出如图 9.5 所示的"系统登录"窗口，在此窗口中输入用户名和密码，然后当单击"登录"按钮时，系统将对所输入的信息进行检查。如果这些信息和数据库中存放的用户信息相匹配，则允许用户登录，并进入如图 9.6 所示的图书管理系统 MDI 主窗口；如果输入的用户名或密码不正确，则弹出一个警告对话框，提示输入的用户名或密码错误，登录失败，如图 9.7 所示。

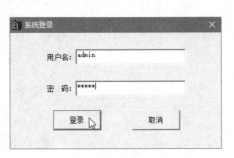

图 9.5　"系统登录"窗口

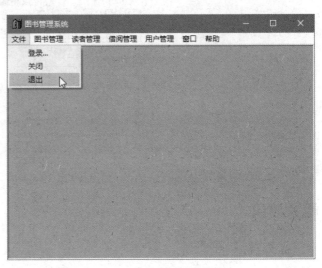

图 9.6　图书管理系统 MDI 主窗口

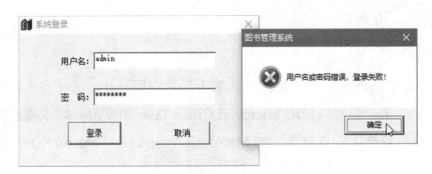

图 9.7　登录出错警告对话框

任务目标

- 创建图书管理系统的 MDI 主窗口。
- 添加图书管理系统的主控菜单。
- 实现图书管理系统的登录功能。

任务分析

在设计"系统登录"窗口时，将实现登录逻辑的代码写入"登录"按钮所对应的 Click 事件过程中即可。在系统获取用户输入的用户名和密码后，将它们与数据库中所存储的信息进行比较。如果匹配，则允许登录，进入系统主窗口；如果不匹配，则阻止登录并弹出警告对话框。

为 MDI 主窗口添加菜单的方法与为标准窗口添加菜单的方法是相同的。但是由于 MDI 主窗口中包含其他子窗口，因此可以创建一个"窗口"菜单对这些子窗口进行管理，这个菜单可以自动列出当前打开的所有子窗口。为了实现此功能，在设置相应菜单项时勾选"显示窗口列表"复选框即可。

任务实施

1. 创建图书管理系统的 MDI 主窗口

（1）在 Visual Basic 6.0 集成开发环境中打开任务 9.1 中所创建的工程文件"图书管理系统.vbp"。

（2）在"工程"下拉菜单中选择"添加 MDI 窗体"命令，在"添加 MDI 窗体"对话框的"新建"选项卡中选择"MDI 窗体"选项，然后单击"打开"按钮。

（3）将此 MDI 窗体命名为 frmMain，然后将其 Caption 属性值设置为"图书管理系统"，设置其 Icon 属性值为一个图书图标文件 books.ico。

（4）在"工具"下拉菜单中选择"菜单编辑器"命令，然后按照如表 9.7 所示的内容进行菜单设置，设置情况如图 9.8 所示。

表 9.7　图书管理系统菜单设置

级　别	标　题	所属主菜单	名　称	功　能
一级	文件	无	mnuFile	显示子菜单
二级	登录...	文件	mnuFileLogin	显示系统登录窗口
二级	关闭	文件	mnuFileClose	关闭当前活动子窗口
二级	退出	文件	mnuFileExit	退出图书管理系统
一级	图书管理	无	mnuBook	显示子菜单
二级	图书类别管理...	图书管理	mnuBookCategory	显示图书类别管理子窗口
二级	图书信息管理...	图书管理	mnuBookInfo	显示图书信息管理子窗口
二级	图书信息查询...	图书管理	mnuBookQuery	显示图书信息查询子窗口
一级	读者管理	无	mnuReader	显示子菜单
二级	读者类别管理...	读者管理	mnuReaderCategory	显示读者类别管理子窗口
二级	读者信息管理...	读者管理	mnuReaderInfo	显示读者信息管理子窗口
二级	读者信息查询...	读者管理	mnuReaderQuery	显示读者信息查询子窗口
一级	借阅管理	无	mnuBorrow	显示子菜单
二级	借阅图书...	借阅管理	mnuBorrowBorrow	显示借阅图书子窗口
二级	续借图书...	借阅管理	mnuBorrowRenew	显示续借图书子窗口
二级	归还图书...	借阅管理	mnuBorrowReturn	显示归还图书子窗口
二级	借阅查询...	借阅管理	mnuBorrowQuery	显示借阅查询子窗口
一级	用户管理	无	mnuUser	显示子菜单
二级	用户管理...	用户管理	mnuUserUser	显示用户管理子窗口
二级	修改密码...	用户管理	mnuUserUpdatePwd	显示修改密码子窗口
一级	窗口	无	mnuWindow（勾选"显示窗口列表"复选框）	显示子菜单
二级	水平平铺	窗口	mnuWinArrange（索引值：0）	水平平铺子窗口
二级	垂直平铺	窗口	mnuWinArrange（索引值：1）	垂直平铺子窗口
二级	层叠	窗口	mnuWinArrange（索引值：2）	层叠子窗口
一级	帮助	无	mnuHelp	显示子菜单
二级	关于本系统...	帮助	mnuHelpAbout	显示"关于"对话框

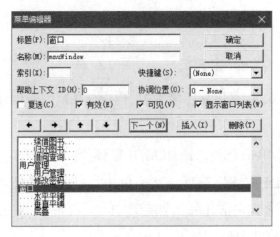

图 9.8　设置图书管理系统的主控菜单

（5）在 MDI 窗体 frmMain 的代码窗口中声明 API 函数并编写以下事件过程：

```
'声明 API 函数
Private Declare Function ShellAbout Lib "shell32.dll" Alias "ShellAboutA"
(ByVal hWnd As Long, ByVal szApp As String, ByVal szOtherStuff As String, ByVal
hIcon As Long) As Long
'当加载 MDI 窗体时执行以下事件过程
Private Sub MDIForm_Load()
    App.Title = "图书管理系统"
End Sub


'当卸载 MDI 窗体时执行以下事件过程
Private Sub MDIForm_Unload(Cancel As Integer)


    mnuFileExit_Click


End Sub

'当在"文件"下拉菜单中选择"登录"命令时执行以下事件过程
Private Sub mnFileLogin_Click()


    Unload Me
    frmLogin.Show


End Sub

'当在"文件"下拉菜单中选择"关闭"命令时执行以下事件过程
Private Sub mnuFileClose_Click()
    If Not Me.ActiveForm Is Nothing Then
        Unload Me.ActiveForm
    End If
End Sub

'当在"文件"下拉菜单中选择"退出"命令时执行以下事件过程
```

```
Private Sub mnuFileExit_Click()
  Dim frm As Form

  For Each frm In Forms
    Unload frm
  Next

End Sub
```

'当在"帮助"下拉菜单中选择"关于本系统"命令时执行以下事件过程
```
Private Sub mnuHelpAbout_Click()

  Call ShellAbout(hWnd, "图书管理系统", "       图书管理系统 V1.0", Me.Icon)

End Sub
```

'当在"帮助"下拉菜单中选择相关命令时执行以下事件过程
```
Private Sub mnuWinArrange_Click(Index As Integer)

  Select Case Index
  Case 0
    Me.Arrange vbTileHorizontal
  Case 1
    Me.Arrange vbTileVertical
  Case 2
    Me.Arrange vbCascade
  End Select

End Sub
```

2. 实现系统登录功能

（1）在窗体 frmLogin 上添加两个标签控件、两个文本框控件（txtUsername 和 txtPwd）和
两个命令按钮控件（cmdLogin 和 cmdCancel），"系统登
录"窗口的布局效果如图 9.9 所示。

（2）将文本框控件 txtPwd 的 PasswordChar 属性值设
置为*；将命令按钮控件 cmdLogin 的 Default 属性值设置
为 True，将命令按钮控件 cmdCancel 的 Cancel 属性值设
置为 True。

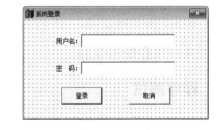

图 9.9　"系统登录"窗口的布局效果

（3)在窗体 frmLogin 的代码窗口中编写以下事件过程：

'当单击"取消"按钮时执行以下事件过程
```
Private Sub cmdCancel_Click()
  Unload Me
  gLoginSuccess = False
```

```
End Sub

'当单击"登录"按钮时执行以下事件过程
Private Sub cmdLogin_Click()
    Dim sql As String
    Dim rs As New ADODB.Recordset

    If Trim(txtUsername.Text) = "" Then
        MsgBox "请输入用户名!", vbInformation + vbOKOnly, App.Title
        txtUsername.SetFocus
        Exit Sub
    End If
    If Trim(txtPwd.Text) = "" Then
        MsgBox "请输入密码!", vbInformation + vbOKOnly, App.Title
        txtPwd.SetFocus
        Exit Sub
    End If

    sql = "SELECT * FROM 用户信息 WHERE 用户名='" & Trim(txtUsername.Text) & _
        "' AND 密码='" & Trim(txtPwd.Text) & "'"
    Set rs = ExecuteSQL(sql)                '调用标准模块中的公共函数
    If rs.EOF Then
        MsgBox "用户名或密码错误，登录失败!", vbCritical + vbOKOnly, App.Title
        txtUsername.SetFocus
        Exit Sub
    End If

    gUsername = Trim(rs("用户名"))              '保存用户名
    gPassword = Trim(rs("密码"))               '保存登录密码
    gPurview = Trim(rs("权限"))                '保存权限
    gLoginSuccess = True                      '保存登录状态
    Me.Hide

End Sub
```

（4）保存所有文件。

程序测试

（1）在 Access 数据库中打开数据库文件 Books.mdb，在用户信息表中添加几条用户记录。

（2）在 Visual Basic 6.0 集成开发环境中，按下 F5 键，以运行当前程序。

（3）当程序运行时首先弹出"系统登录"窗口，在此窗口中输入正确的用户名和密码，然后单击"登录"按钮，此时将进入图书管理系统主窗口，此窗口处于最大化状态。

（4）在"文件"下拉菜单中选择"登录"命令，再次打开"系统登录"窗口，输入错误的用户名或密码，然后单击"登录"按钮，此时弹出错误警告对话框，提示登录失败。

（5）在"帮助"下拉菜单中选择"关于本系统"命令，此时将打开如图9.10所示的"关于'图书管理系统'"对话框。

（6）在"文件"下拉菜单中选择"退出"命令，以退出系统。

相关知识

1. 使用标准模块

图9.10　"关于'图书管理系统'"对话框

Visual Basic 代码存储在模块中。模块分为窗体模块、标准模块和类模块3种类型。简单的应用程序可以只有一个窗体，应用程序的所有代码都驻留在窗体模块中。当应用程序庞大且复杂时，就需要另外添加窗体。最终可能会发现在几个窗体中都有要执行的公共代码。因为不希望在两个或多个窗体中重复代码，所以要创建一个独立模块，它包含实现公共代码的过程。独立模块应为标准模块，其文件扩展名为.bas。此后可以建立一个包含共享过程的模块库。

标准模块是应用程序内其他模块访问的过程和声明的容器。标准模块可以包含变量、常数、类型、外部过程和全局过程的全局（在整个应用程序范围内有效的）声明或模块级声明。写入标准模块的代码不必绑在特定的应用程序上，在不同的应用程序中可以重用标准模块。

在任务9.2中，创建了一个标准模块并在该模块中声明了一些公共变量和公共函数。这些公用变量和公用函数可以在任何窗体模块中使用。

2. 制作"关于"对话框

应用程序通常都有一个描述软件版权信息、公司声明内容的窗体，这就是所谓的"关于"对话框。通过调用 API 函数 ShellAbout 函数可以弹出一个"关于"对话框。

声明 ShellAbout 函数的语法格式如下：

```
Private Declare Function ShellAbout Lib "shell32.dll" Alias "ShellAboutA"
(ByVal hWnd As Long, ByVal szApp As String, ByVal szOtherStuff As String, ByVal
hIcon As Long) As Long
```

其中，参数 hWnd 为长整型数，用于指定窗体的句柄；参数 szApp 为字符串，用于指定窗体的标题；参数 szOtherStuff 为字符串，用于在"版权所有"和"使用权"之间的空白处增加额外说明；参数 hIcon 为长整型数，用于指定窗体的图标。

3. Forms 集合的应用

Forms 表示一个集合，其中包含的各个元素代表在应用程序中加载的每个窗体。集合包括应用程序的 MDI 窗体、MDI 子窗体和非 MDI 窗体。

在任务 9.2 中，编写了 MDI 窗体的 Unload 事件过程，以确保卸载所有窗体。

任务 9.3　实现用户管理模块

在本任务中，将制作两个子窗体。其中一个子窗体仅限权限为"管理员"的用户访问，用于管理系统的用户，可以添加、修改和删除用户，运行效果如图 9.11 所示；另一个子窗体可以由登录成功的任意用户访问，用于修改用户自己的登录密码，运行效果如图 9.12 所示。

图 9.11　"用户管理"子窗体

图 9.12　"修改密码"子窗体

任务目标

- 实现用户管理功能。
- 实现密码修改功能。

任务分析

想要在"用户管理"子窗体上实现添加、修改和删除用户等功能，可以在该窗体上添加一个数据控件、一组文本框控件和一个 MSFlexGrid 控件。MSFlexGrid 控件列出当前所有用户，从表格中选择一个用户可以对其进行修改和删除操作，创建的新用户也可以立即显示在列表中。在修改密码时需要输入旧密码，如果输入了正确的旧密码，即可设置新密码。

任务实施

1. 实现用户管理功能

（1）在 Visual Basic 6.0 集成开发环境中打开工程文件"图书管理系统.vbp"。

（2）添加一个新窗体，将其命名为 frmUser，并将其 BorderStyle 属性设置为 1，Caption 属性值设置为"用户管理"，MDIChild 属性值设置为 True，Icon 属性值设置为 books.ico。

（3）在窗体 frmUser 上添加一个数据控件 Data1，将其 DatabaseName 属性值设置为 Access

数据库文件 Books.mdb 的完整路径，RecordSource 属性值设置为"用户信息"，Visible 属性值设置为 False；添加 3 个标签控件，将它们的 Caption 属性值分别设置为"用户名："、"密　码："、和"权　限："；添加两个文本框控件，分别命名为 txtUsername 和 txtPwd，然后清空它们的 Text 属性值，将它们的 DataSource 属性值均设置为 Data1，DataField 属性值分别设置为"用户名"和"密码"；添加一个组合框控件，将其命名为 cmbPurview，并将其 DataSource 属性值设置为 Data1，DataField 属性值设置为"权限"，通过设置 List 属性添加两个列表项："普通用户"和"管理员"；添加一个框架控件，然后在其中添加一个由 6 个命令按钮控件组成的控件数组 cmd，各个数组元素的 Index 属性值分别为 0～5，将它们的 Caption 属性值分别设置为"添加"、"修改"、"删除"、"保存"、"取消"和"关闭"；在该框架控件的下方添加一个标签控件，并将其 Caption 属性值设置为"要修改或删除某个用户，可在下面的表格中单击相应的行"；在该标签控件的下方添加一个 MSFlexGrid 控件，并将其 DataSource 属性值设置为 Data1。"用户管理"子窗体的布局效果如图 9.13 所示。

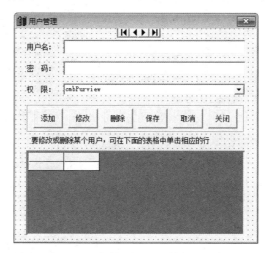

图 9.13　"用户管理"子窗体的布局效果

（4）在窗体 frmUser 的代码窗口中编写以下通用过程和事件过程：

```vb
'声明一个通用过程，用于设置控件状态
Private Sub SetStatus(status As Integer)
    Dim i As Integer

    Select Case status
    Case 1      '浏览
        txtUsername.Enabled = False : txtPwd.Enabled = False
        cmbPurview.Enabled = False : cmd(0).Enabled = True
        cmd(1).Enabled = True : cmd(2).Enabled = True
        cmd(3).Enabled = False : cmd(4).Enabled = False
        cmd(5).Enabled = True : MSFlexGrid1.Enabled = True
    Case 2      '添加
        txtUsername.Enabled = True :  txtUsername.Text = ""
        txtUsername.SetFocus
```

287

```
            txtPwd.Enabled = True ： cmbPurview.Enabled = True
            cmd(0).Enabled = False ： cmd(1).Enabled = False
            cmd(2).Enabled = False ： cmd(3).Enabled = True
            cmd(4).Enabled = True ： cmd(5).Enabled = False
            MSFlexGrid1.Enabled = False
        Case 3    '修改
            txtUsername.Enabled = True ： txtUsername.SetFocus
            txtPwd.Enabled = True ： cmbPurview.Enabled = True
            cmd(0).Enabled = False ： cmd(1).Enabled = False
            cmd(2).Enabled = False ： cmd(3).Enabled = True
            cmd(4).Enabled = True ： cmd(5).Enabled = False
            MSFlexGrid1.Enabled = False
    End Select
End Sub


'当单击某个命令按钮时执行以下事件过程
Private Sub cmd_Click(Index As Integer)

    Dim s As String
    Dim sql As String
    Static add As Boolean
    Dim rs As New ADODB.Recordset

    Select Case Index
    Case 0    '添加
        add = True
        Data1.Recordset.AddNew
        SetStatus (2)
    Case 1    '修改
        add = False
        Data1.Recordset.Edit
        SetStatus (3)
    Case 2    '删除
        s = MsgBox("确实要删除这个用户吗？", vbQuestion + vbYesNo, App.Title)
        If s = vbYes Then
            Data1.Recordset.Delete
            Data1.Recordset.MoveLast
            If Data1.Recordset.EOF Then Data1.Recordset.MoveLast
            Data1.Refresh
        End If
    Case 3    '保存
        If Trim(txtUsername.Text) = "" Then
            MsgBox "请输入用户名！", vbInformation + vbOKOnly, App.Title
            txtUsername.SetFocus
            Exit Sub
        End If
```

288

```
        If Trim(txtPwd.Text) = "" Then
            MsgBox "请设置登录密码！", vbInformation + vbOKOnly, App.Title
            txtPwd.SetFocus
            Exit Sub
        End If

        sql = "SELECT * FROM 用户信息 WHERE 用户名='" & Trim(txtUsername.Text) & "'"
        Set rs = ExecuteSQL(sql)
        If add And Not rs.EOF Then
            MsgBox "此用户名已经存在！", vbExclamation + vbOKOnly, App.Title
            Data1.Recordset.CancelBatch
            txtUsername.SetFocus
            Exit Sub
        End If
        Data1.Recordset.Update
        Data1.Refresh
        SetStatus (1)
        MsgBox "用户信息保存成功！", vbInformation + vbOKOnly, App.Title
    Case 4    '取消
        Data1.Recordset.CancelUpdate
        Data1.Refresh
        SetStatus (1)
    Case 5    '关闭
        Unload Me
    End Select

End Sub

'当加载窗体时执行以下事件过程
Private Sub Form_Load()

    '刷新数据控件
    Data1.Refresh
    '设置网格列宽
    MSFlexGrid1.ColWidth(0) = 12 * 25 * 1
    MSFlexGrid1.ColWidth(1) = 12 * 25 * 6
    MSFlexGrid1.ColWidth(2) = 12 * 25 * 6
    MSFlexGrid1.ColWidth(3) = 12 * 25 * 6
    '设置命令按钮状态
    SetStatus (1)

End Sub

'当在数据网格中单击一行时执行以下事件过程
Private Sub MSFlexGrid1_Click()
```

```
     MSFlexGrid1_LeaveCell

End Sub

'在当前MSFlexGrid控件的活动单元变更到一个不同的单元时执行以下事件过程
Private Sub MSFlexGrid1_LeaveCell()

    Dim row As Integer
    Dim Username As String

    row = MSFlexGrid1.row
    Username = MSFlexGrid1.TextMatrix(row, 1)
    Data1.Recordset.FindFirst "用户名='" & Username & "'"

End Sub
```

2. 实现密码修改功能

（1）添加一个新窗体并将其命名为 frmUpdatePwd，然后将其 BorderStyle 属性值设置为 1，Caption 属性值设置为"修改密码"，MDIChild 属性值设置为 True，Icon 属性值设置为 books.ico。

（2）在窗体 frmUpdatePwd 上添加两个标签控件，并将它们的 Caption 属性值分别设置为"旧密码："和"新密码："；添加两个文本框控件，分别命名为 txtOldPwd 和 txtNewPwd，然后清空它们的 Text 属性值；添加两个命令按钮控件，分别命名为 cmdOk 和 cmdCancel，并将它们的 Caption 属性值分别设置为"确定"和"取消"。"修改密码"子窗体的布局效果如图 9.14 所示。

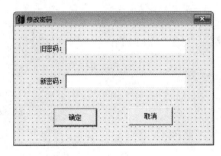

图 9.14 "修改密码"子窗体的布局效果

（3）在窗体 frmUpdatePwd 的代码窗口中编写以下事件过程：

```
'当单击"取消"按钮时执行以下事件过程
Private Sub cmdCancel_Click()

    Unload Me

End Sub

'当单击"确定"按钮时执行以下事件过程
Private Sub cmdOK_Click()
```

```
    Dim sql As String

    If Trim(txtOldPwd.Text) = "" Then
       MsgBox "请输入旧密码!", vbInformation + vbOKOnly, App.Title
       txtOldPwd.SetFocus
       Exit Sub
    End If

    If Trim(txtOldPwd.Text) <> gPassword Then
       MsgBox "旧密码不正确，请核实后重新输入!", vbExclamation + vbOKOnly, App.Title
       txtOldPwd.SetFocus
       Exit Sub
    End If

    If Trim(txtNewPwd.Text) = "" Then
       MsgBox "请输入新密码!", vbInformation + vbOKOnly, App.Title
       txtNewPwd.SetFocus
       Exit Sub
    End If
```

```
    If Trim(txtNewPwd.Text) = gPassword Then
       MsgBox "新密码不能与旧密码相同!", vbInformation + vbOKOnly, App.Title
       txtNewPwd.SetFocus
       Exit Sub
    End If

    sql = "UPDATE 用户信息 SET 密码='" & Trim(txtNewPwd.Text) & " ' WHERE 用户名='" &
gUsername & "'"
    ExecuteSQL sql
    MsgBox "密码修改成功!", vbInformation + vbOKOnly, App.Title
    Unload Me

End Sub
```

3. 编写打开子窗体的事件过程

在 MDI 窗体 frmMain 的代码窗口中编写以下事件过程：

```
'当在"用户管理"下拉菜单中选择"用户管理"命令时执行以下事件过程
Private Sub mnuUserUser_Click()

    If gPurview = "管理员" Then
       frmUser.Show
    Else
       MsgBox "普通用户无权使用此功能!", vbCritical + vbOKOnly, App.Title
    End If

End Sub
```

```
'当在"用户管理"下拉菜单中选择"修改密码"命令时执行以下事件过程
Private Sub mnuUserUpdatePwd_Click()

    frmUpdatePwd.Show

End Sub
```

程序测试

（1）按下 F5 键，以运行程序。

（2）在"用户管理"下拉菜单中选择"用户管理"命令，对添加、修改和删除用户等功能进行测试。

（3）在"用户管理"下拉菜单中选择"修改密码"命令，对修改登录密码功能进行测试。

（4）在"文件"下拉菜单中选择"登录"命令，分别使用拥有不同权限的用户账号，然后在"用户管理"下拉菜单中选择相关命令，对用户权限进行测试。

相关知识

1. 使用数据绑定控件实现数据的添加、修改和删除操作

使用数据绑定控件（如文本框控件），只需要编写少量代码即可实现数据的添加、修改和删除操作。这是因为数据绑定控件已经连接到数据库表的相关字段，所以，只需要调用 AddNew 方法添加一条新记录，然后在数据绑定控件中录入相关字段值，在完成录入后调用 Update 方法就可以保存这条记录。

当使用数据绑定控件修改记录时无须编写任何代码，直接修改字段值即可完成修改操作。当删除记录时可以调用 Delete 方法，在删除一条记录后可以调用 MoveNext 方法将记录移到下一条，以便进行下一步操作。

2. MSFlexGrid 控件的应用

MSFlexGrid 控件可以显示网格数据，也可以对其进行操作。如果将 MSFlexGrid 控件绑定到一个数据控件上，那么网格中显示的将是只读的数据。

在任务 9.3 中主要用到了 MSFlexGrid 控件的以下属性。

- Col 和 Row 属性：返回或设置数据网格中活动单元的坐标（列号和行号）。
- TextMatrix 属性：返回或设置数据网格中一个任意单元格中的文本内容。例如，使用 MSFlexGrid1.TextMatrix(1, 1)可以得到第一行第一列单元格中的文本内容。
- ColWidth 属性：返回或设置指定带区中的列宽（以缇为单位）。

另外，在任务 9.3 中还用到了 MSFlexGrid 控件的以下事件。

- Click 事件：当单击数据网格中的一个单元格时发生。

● LeaveCell 事件：在当前活动单元变更到一个不同的单元之前立即发生。

任务 9.4　实现图书管理模块

在本任务中，将实现图书类别管理、图书信息管理及图书信息查询 3 个功能模块。图书类别管理模块用于完成图书类别的添加、修改和删除操作，如图 9.15 所示；图书信息管理模块用于完成图书信息的添加、修改和删除操作，由于数据库中的图书记录比较多，因此在修改和删除图书信息时需要通过查询定位到相应的记录才能执行操作，如图 9.16 所示；图书信息查询模块用于完成图书信息的查询操作，可以通过各种方式对图书信息进行查询，如图 9.17 所示。

图 9.15　"图书类别管理"子窗体

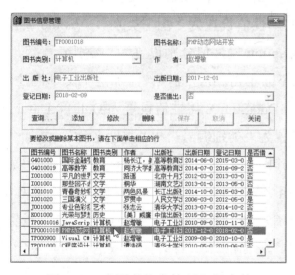

图 9.16　"图书信息管理"子窗体

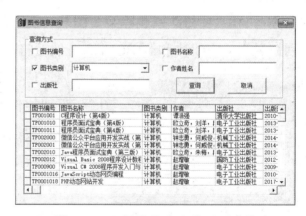

图 9.17　"图书信息查询"子窗体

任务目标

● 实现图书类别管理功能。
● 实现图书信息管理功能。
● 实现图书信息查询功能。

任务分析

图书类别管理和图书信息管理两个功能模块可以使用类似的方法来实现：在窗体上方放置文本框控件等数据绑定控件，用于添加新记录和修改现有记录；在窗体中部放置一组命令按钮控件，用于执行添加、修改和删除等操作；在窗体下方放置一个 MSFlexGrid 控件，以网格的形式列出所有记录，也可以用于选择要进行修改或删除的记录。不同的是，由于图书记录的数目比较大，有时不便通过数据网格来选择记录，因此特地添加了一个"查询"按钮，可以通过输入图书编号快速定位到所需记录。至于实现图书信息查询功能模块，相比起来就简单许多：在窗体上方放置一些控件，用于构建查询条件；在窗体下方放置一个 MSFlexGrid 控件，用于显示查询结果。

任务实施

1. 实现图书类别管理功能模块

（1）在 Visual Basic 6.0 集成开发环境中打开工程文件"图书管理系统.vbp"。

（2）添加一个新窗体，并将其命名为 frmBookCategory，然后将其 BorderStyle 属性值设置为 1，Caption 属性值设置为"图书类别管理"，MDIChild 属性值设置为 True，Icon 属性值设置为 books.ico。

（3）在窗体 frmBookCategory 上添加一个数据控件，并将其 DatabaseName 属性值设置为数据库文件 Books.mdb 的完整路径，RecordSource 属性值设置为"图书类别"，Visible 属性值设置为 False；添加 3 个标签控件，然后将它们的 Caption 属性值分别设置为"类别编号:"、"类别名称:"和"要修改或删除某个图书类别，请在下面单击相应的行"；添加两个文本框控件，分别命名为 txtBCNo 和 txtBCName，然后将它们的 DataSource 属性值设置为 Data1，DataField 属性值分别设置为"类别编号"和"类别名称"；添加一个框架控件并在其内部创建一个由 6 个命令按钮控件组成的控件数组，数组名为 cmd，它们的 Index 属性值分别为 0～5，然后将各个命令按钮控件的 Caption 属性值分别设置为"添加"、"修改"、"删除"、"保存"、"取消"和"关闭"；添加一个 MSFlexGrid 控件，保留其默认名称 MSFlexGrid1，并将其 DataSource 属性值设置为 Data1。"图书类别管理"子窗体的布局效果如图 9.18 所示。

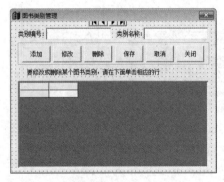

图 9.18　"图书类别管理"子窗体的布局效果

（4）在窗体 frmBookCategory 的代码窗口中编写以下通用过程和事件过程：

```
'用于设置控件状态的通用过程
Private Sub SetStatus(status As Integer)
    Select Case status
        Case 1    '浏览
            txtBCNo.Enabled = False
            txtBCName.Enabled = False
            cmd(0).Enabled = True
```

294

```
            cmd(1).Enabled = True
            cmd(2).Enabled = True
            cmd(3).Enabled = False
            cmd(4).Enabled = False
            cmd(5).Enabled = True
            MSFlexGrid1.Enabled = True
        Case 2    '添加
            txtBCNo.Enabled = True : txtBCNo.Text = ""
            txtBCNo.SetFocus
            txtBCName.Enabled = True : txtBCName.Text = ""
            cmd(0).Enabled = False : cmd(1).Enabled = False
            cmd(2).Enabled = False : cmd(3).Enabled = True
            cmd(4).Enabled = True : cmd(5).Enabled = False
            MSFlexGrid1.Enabled = False
        Case 3    '修改
            txtBCNo.Enabled = True : txtBCNo.SetFocus
            txtBCName.Enabled = True : cmd(0).Enabled = False
            cmd(1).Enabled = False : cmd(2).Enabled = False
            cmd(3).Enabled = True : cmd(4).Enabled = True
            cmd(5).Enabled = False : MSFlexGrid1.Enabled = False
    End Select

End Sub

'当单击某个命令按钮时执行以下事件过程
Private Sub cmd_Click(Index As Integer)
    Dim s As String
    Static add As Boolean

    Select Case Index
    Case 0    '添加
        add = True
        Data1.Recordset.AddNew
        SetStatus (2)
    Case 1    '修改
        add = False
        Data1.Recordset.Edit
        SetStatus (3)
    Case 2    '删除
        s = MsgBox("确实要删除这个类别吗？", vbQuestion + vbYesNo, App.Title)
        If s = vbYes Then
            Data1.Recordset.Delete
            Data1.Recordset.MoveNext
            If Data1.Recordset.EOF Then Data1.Recordset.MoveLast
            Data1.Refresh
        End If
```

```
      Case 3    '保存
         If Trim(txtBCNo.Text) = "" Then
            MsgBox "请输入类别编号！", vbInformation + vbOKOnly, App.Title
            txtBCNo.SetFocus
            Exit Sub
         End If
         If Trim(txtBCName.Text) = "" Then
            MsgBox "请输入类别名称！", vbInformation + vbOKOnly, App.Title
            txtBCName.SetFocus
            Exit Sub
         End If
         Data1.Recordset.Update
         Data1.Refresh
         MsgBox "数据保存成功！", vbInformation + vbOKOnly, App.Title
      Case 4    '取消
         Data1.Recordset.CancelUpdate
         SetStatus (1)
      Case 5
         Unload Me
      End Select

End Sub


'当加载窗体时执行以下事件过程
Private Sub Form_Load()
   Data1.Refresh
   MSFlexGrid1.ColWidth(0) = 14 * 25 * 1
   MSFlexGrid1.ColWidth(1) = 14 * 25 * 8
   MSFlexGrid1.ColWidth(2) = 14 * 25 * 8
   SetStatus (1)
End Sub


'当单击数据网格中某个单元格时执行以下事件过程
Private Sub MSFlexGrid1_Click()
   MSFlexGrid1_LeaveCell
End Sub


'当改变数据网格中的活动单元格时执行以下事件过程
Private Sub MSFlexGrid1_LeaveCell()
   Dim row As Integer
   Dim BCNo As String

   row = MSFlexGrid1.row
   BCNo = MSFlexGrid1.TextMatrix(row, 1)
   Data1.Recordset.FindFirst "类别编号='" & BCNo & "'"
End Sub
```

2．实现图书信息管理功能模块

（1）在当前工程中添加一个新窗体，并将其命名为 frmBookInfo，然后将其 BorderStyle 属性值设置为 1，Caption 属性值设置为"图书信息管理"，MDIChild 属性值设置为 True，Icon 属性值设置为 books.ico。

（2）在窗体 frmBookInfo 上添加一个数据控件 Data1，并将其 DatabaseName 属性值设置为数据库文件 Books.mdb 的完整路径，RecordSource 属性值设置为"图书信息"；添加一个标签控件数组 lblFld，该数组由 8 个标签控件组成，将它们的 Caption 属性值分别设置为"图书编号："、"图书名称："、"图书类别："、"作　　者："、"出　版　社："、"出版日期："、"登记日期："和"是否借出："；添加一个由 6 个文本框控件组成的控件数组 txtFld，并将它们的 Index 属性值分别设置为 0～5，DataSource 属性值均设置为 Data1，DataField 属性值分别设置为图书信息表中的相应字段名称；添加一个组合框控件 cmbCategory，并将其 DataSource 属性值设置为 Data1，DataField 属性值设置为"图书类别"；添加一个组合框控件 cmbLend，并将其 DataSource 属性值设置为 Data1，DataField 属性值设置为"是否借出"；添加一个框架控件并在其内部创

建一个命令按钮控件数组，该数组由 7 个命令按钮控件组成，将它们的 Index 属性值分别设置为 0～5，Caption 属性值分别设置为"查询..."、"添加"、"修改"、"删除"、"保存"、"取消"和"关闭"；在框架控件的下方添加一个标签控件，并将其 Caption 属性值设置为"要修改或删除某本图书，请在下面单击相应的行"；在该标签控件的下方添加一个 MSFlexGrid 控件，保留其默认名称 MSFlexGrid1，并设置其 DataSource 属性值为 Data1。"图书信息管理"子窗体的布局效果如图 9.19 所示。

图 9.19　"图书信息管理"子窗体的布局效果

（3）在窗体 frmBookInfo 的代码窗口中编写以下事件过程：

```
'用于设置控件状态的通用过程
Private Sub SetStatus(status As Integer)
  Dim i As Integer

  Select Case status
  Case 1      '浏览
    For i = 0 To 5
      txtFld(i).Enabled = False
    Next
    cmbCategory.Enabled = False : cmbLend.Enabled = False
    For i = 0 To 3
```

```
                cmd(i).Enabled = True
            Next
            cmd(4).Enabled = False : cmd(5).Enabled = False
            cmd(6).Enabled = True : MSFlexGrid1.Enabled = True
        Case 2   '添加
            For i = 0 To 5
                txtFld(i).Enabled = True : txtFld(i).Text = ""
            Next
            txtFld(0).SetFocus
            cmbCategory.Enabled = True : cmbLend.Enabled = True
            For i = 0 To 3
                cmd(i).Enabled = False
            Next
            cmd(4).Enabled = True : cmd(5).Enabled = True
            cmd(6).Enabled = False : MSFlexGrid1.Enabled = False
        Case 3   '修改
            txtFld(0).Enabled = False
            For i = 1 To 5
                txtFld(i).Enabled = True
            Next
            txtFld(1).SetFocus
            cmbCategory.Enabled = True : cmbLend.Enabled = True
            For i = 0 To 3
                cmd(i).Enabled = False
            Next
            cmd(4).Enabled = True :  cmd(5).Enabled = True
            cmd(6).Enabled = False : MSFlexGrid1.Enabled = False
    End Select

End Sub

'当单击某个命令按钮时执行以下事件过程
Private Sub cmd_Click(Index As Integer)
    Dim i As Integer
    Dim s As String, BNo As String, sql As String
    Static add As Boolean
    Dim rs As New ADODB.Recordset

    Select Case Index
    Case 0   '查询
        BNo = Trim(InputBox("请输入图书编号：", App.Title, "", Me.Left + 2000, Me.Top
+ 1500))
        Data1.Recordset.FindFirst "图书编号='" & BNo & "'"
    Case 1   '添加
        add = True
        Data1.Recordset.AddNew
```

298

```
      SetStatus (2)
Case 2   '修改
   add = False
   Data1.Recordset.Edit
   SetStatus (3)
Case 3   '删除
   If Not Data1.Recordset.EOF Then
      s = MsgBox("确实要删除这本书吗？", vbQuestion + vbYesNo, App.Title)
      If s = vbYes Then
         Data1.Recordset.Delete
         Data1.Recordset.MoveNext
         Data1.Refresh
      End If
   Else
      MsgBox "没有要删除的记录！", vbExclamation + vbOKOnly, App.Title
   End If
Case 4    '保存
   '若是新增，则检查字段值
   If add Then
      For i = 0 To 5
         If Trim(txtFld(i).Text) = "" Then
            MsgBox "字段值不能为空！", vbInformation + vbOKOnly, App.Title
            txtFld(i).SetFocus
            Exit Sub
         End If
      Next
      sql = "SELECT * FROM 图书信息 WHERE 图书编号='" & Trim(txtFld(0).Text) & "'"
      Set rs = ExecuteSQL(sql)
      If Not rs.EOF Then
         MsgBox "此图书编号已经存在！", vbInformation + vbOKOnly, App.Title
         txtFld(0).SetFocus
         rs.Close
         Exit Sub
      End If
   End If
   '更新记录
   Data1.Recordset.Update
   Data1.Refresh
   SetStatus (1)
   MsgBox "数据保存成功！", vbInformation + vbOKOnly, App.Title
Case 5   '取消
   SetStatus (1)
   Data1.Refresh
Case 6
   Unload Me
End Select
```

```
      End Sub

'当加载窗体时执行以下事件过程
Private Sub Form_Load()
    Dim i As Integer
    Dim sql As String
    Dim rs As New ADODB.Recordset

    sql = "SELECT * FROM 图书类别"
    Set rs = ExecuteSQL(sql)
    While Not rs.EOF
        cmbCategory.AddItem rs(1)
        rs.MoveNext
    Wend
    rs.Close
    SetStatus (1)
    Data1.Refresh
    MSFlexGrid1.ColWidth(0) = 10 * 25 * 1

End Sub

'当卸载窗体时执行以下事件过程
Private Sub Form_Unload(Cancel As Integer)
    Dim i As Integer

    For i = 0 To 5
        txtFld(i).DataChanged = False
    Next

End Sub

'当在数据网格中单击某个单元格时执行以下事件过程
Private Sub MSFlexGrid1_Click()

    MSFlexGrid1_LeaveCell

End Sub

'当在数据网格中更改活动单元格时执行以下事件过程
Private Sub MSFlexGrid1_LeaveCell()
    Dim row As Integer
    Dim BNo As String

    row = MSFlexGrid1.row
    BNo = MSFlexGrid1.TextMatrix(row, 1)
    Data1.Recordset.FindFirst "图书编号='" & BNo & "'"
```

```
End Sub
```

3. 实现图书信息查询功能模块

（1）在当前工程中添加一个新窗体，并将其命名为 frmBookQuery，然后将其 BorderStyle 属性值设置为 1，Caption 属性值设置为"图书信息查询"，MDIChild 属性值设置为 True，Icon 属性值设置为 books.ico。

（2）在"工程"下拉菜单中选择"部件"命令，以打开"部件"对话框，在"控件"选项卡中勾选"Microsoft Data Bound List Control 6.0 (SP6)"复选框，将 DBCombo 和 DBList 控件添加到工具箱窗口中。

（3）在窗体 frmBookQuery 上添加两个数据控件，保留它们的默认名称 Data1 和 Data2，然后将它们的 DatabaseName 属性值均设置为数据库文件 Books.mdb 的完整路径，Visible 属性值均设置为 False，并将数据控件 Data1 的 RecordSource 属性值设置为"图书信息"，将数据控件 Data2 的 RecordSource 属性值设置为"图书类别"；添加一个框架控件并在其内部添加一个复选框控件数组，该数组的名称为 chk，由 5 个复选框控件组成，它们的 Index 属性值分别为 0～4，然后将它们的 Caption 属性值分别设置为"图书编号"、"图书名称"、"图书类别"、"作者姓名"和"出版社"；在"图书类别"复选框控件的右侧添加一个 DBCombo 框架控件，保留其默认名称 DBCombo1，然后将其 RecordSource 属性值设置为 Data2，将其 BoundColum 属性值和 ListField 属性值均设置为"图书类别"；在剩余 4 个复选框控件的右侧分别添加一个文本框控件，由这 4 个文本框控件组成一个名称为 txt 的控件数组，并且这 4 个文本框控件的 Index 属性值分别为 0、1、3、4；在该框架控件的内部添加两个命令按钮控件，分别命名为 cmdQuery 和 cmdCancel，并将它们的 Caption 属性值分别设置为"查询"和"取消"；在框架控件的下方添加一个 MSFlexGrid 控件，保留其默认名称 MSFlexGrid1，并将其 DataSource 属性值设置为 Data2。"图书信息查询"子窗体的布局效果如图 9.20 所示。

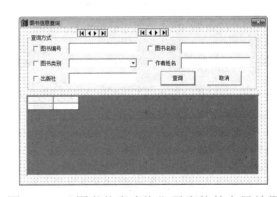

图 9.20　"图书信息查询"子窗体的布局效果

（4）在窗体 frmBookQuery 的代码窗口中编写以下事件过程：

```
'当单击"取消"按钮时执行以下事件过程
Private Sub cmdCancel_Click()

    Unload Me

End Sub
```

```
'当单击"查询"按钮时执行以下事件过程
Private Sub cmdQuery_Click()
   Dim sql As String

   sql = ""
   If chk(0).Value = vbChecked Then
      sql = "图书编号='" & Trim(txt(0).Text) & "'"
   End If
   If chk(1).Value = vbChecked Then
      sql = IIf(sql = "", "图书名称 Like '*" & Trim(txt(1).Text) & "*'", sql & "
And 图书名称 Like '*" & Trim(txt(1).Text) & "*'")
   End If
   If chk(2).Value = vbChecked Then
      sql = IIf(sql = "", "图书类别='" & Trim(DBCombo1.Text) & "'", sql & " And
图书类别='" & Trim(DBCombo1.Text) & "'")
   End If
   If chk(3).Value = vbChecked Then
      sql = IIf(sql = "", "作者 Like '*" & Trim(txt(3).Text) & "*'", sql & " And
作者 Like '*" & Trim(txt(3).Text) & "*'")
   End If
   If chk(4).Value = vbChecked Then
      sql = IIf(sql = "", "出版社='" & Trim(txt(4).Text) & "'", sql & " And 出版社
='" & Trim(txt(4).Text) & "'")
   End If
   If sql <> "" Then
      Data1.RecordSource = "SELECT * FROM 图书信息 WHERE " & sql
   Else
      MsgBox "请选择查询方式！", vbInformation + vbOKOnly
      Data1.RecordSource = "SELECT * FROM 图书信息"
   End If
   Data1.Refresh

End Sub

'当加载窗体时执行以下事件过程
Private Sub Form_Load()

   MSFlexGrid1.ColWidth(0) = 200

End Sub
```

4. 编写打开子窗体的事件过程

在 MDI 窗体 frmMain 的代码窗口中编写以下事件过程：

```
'当在"图书管理"下拉菜单中选择"图书类别管理"命令时执行以下事件过程
Private Sub mnuBookCategory_Click()
```

```
    frmBookCategory.Show

End Sub

'当在"图书管理"下拉菜单中选择"图书信息管理"命令时执行以下事件过程
Private Sub mnuBookInfo_Click()

    frmBookInfo.Show

End Sub

'当在"图书管理"下拉菜单中选择"图书信息查询"命令时执行以下事件过程
Private Sub mnuBookQuery_Click()

    frmBookQuery.Show

End Sub
```

程序测试

（1）按下 F5 键，以运行程序。

（2）登录成功后，在"图书管理"下拉菜单中选择"图书类别管理"命令，打开"图书类别管理"子窗体，对图书类别的添加、修改和删除功能进行测试。

（3）在"图书管理"下拉菜单中选择"图书信息管理"命令，打开"图书信息管理"子窗体，对图书信息的添加、修改和删除功能进行测试。

（4）在"图书管理"下拉菜单中选择"图书信息查询"命令，打开"图书信息查询"子窗体，对图书信息的查询功能进行测试。

相关知识

1. DBCombo 控件的应用

DBCombo 控件是带有下拉列表框的与数据控件相连的组合框，它能自动从与它相连的数据控件的字段中获取数据，也可以有选择地更新其他数据控件中相关表的字段。DBCombo 控件的文本框部分能用来编辑选定的字段。

DBCombo 控件与标准 ComboBox 控件不同。ComboBox 控件的列表使用 AddItem 方法添加数据项，而 DBCombo 控件由与它相连的数据控件的 Recordset 对象中的字段中的数据自动添加数据项。此外，DBCombo 控件有能力更新驻留在不同的数据控件中的相关的 Recordset 对象中的字段。

想要填充和管理 DBCombo 控件及绑定选定数据和数据控件，可以使用如表 9.8 所示的属性。

303

表 9.8　DBCombo 控件的属性

属　　性	说　　明
DataSource	在做出选择后更新的数据控件名
DataField	由 DataSource 属性指定的在 Recordset 对象中更新的字段名
RowSource	将控件列表区的字段作为项目源使用的数据控件名
ListField	由 RowSource 属性指定的在 Recordset 对象中的字段名以填充下拉列表
BoundColumn	由 RowSource 属性指定的在 Recordset 对象中的字段名，当选择确定后回传到 DataField 属性
BoundText	BoundColumn 字段的文本值。当选择确定后，该值被回传以更新由 DataSource 和 DataField 属性指定的 Recordset 对象
Text	在列表框中选定项目的文本值
MatchEntry	在程序运行时当用户键入字符时如何查找列表
SelectedItem	由 RowSource 属性指定的记录集中选定项目的书签

2. 实现 Access 数据库的模糊查找

在任务 9.4 中，当创建"图书信息查询"子窗体时，可以通过输入书名或作者姓名的一部分来实现数据的模糊查找。为了实现模糊查找，需要在查询语句的 WHERE 子句中使用 LIKE 运算符和一些通配符（如*）。与 LIKE 运算符一起使用的常用通配符如表 9.9 所示。

表 9.9　与 LIKE 运算符一起使用的常用通配符

通 配 符	功 　能	示 　例
*	匹配多个字符	LIKE 'a*b' 返回以 a 开始、以 b 结束的字符串，中间可以有任意多个字符，如 ab、aMb 和 axyzb
?	匹配单个字符	LIKE 'a?b' 返回以 a 开始、以 b 结束的字符串，中间可以有单个字符，如 axb、a3b 和 aZb
#	匹配单个数字	LIKE 'a#b' 返回以 a 开始、以 b 结束的字符串，中间可以有单个数字，如 a0a、a1a 和 a2a

任务 9.5　实现读者管理模块

在本任务中，将实现读者类别管理、读者信息管理及读者信息查询 3 个功能模块。读者类别管理模块用于完成读者类别的添加、修改和删除操作，如图 9.21 所示；读者信息管理模块用于完成读者信息的添加、修改和删除操作，如图 9.22 所示；读者信息查询模块用于完成读者信息的查询操作，可以使用各种方式对读者信息进行查询，如图 9.23 所示。

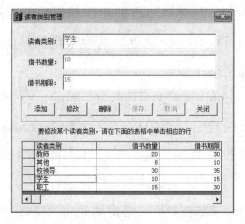

图 9.21　"读者类别管理"子窗体

图 9.22 "读者信息管理"子窗体　　　　图 9.23 "读者信息查询"子窗体

任务目标

- 实现读者类别管理功能模块。
- 实现读者信息管理功能模块。
- 实现读者信息查询功能模块。

任务分析

读者类别管理功能模块和读者信息管理功能模块可以采用与任务 9.4 类似的方法和步骤来实现。考虑到读者信息可能比较多，因此特地添加了一个"查询"按钮，用于打开输入框输入读者编号。当实现读者信息查询功能模块时，可以在子窗体上方放置一些控件，用于构建查询条件，其中读者姓名允许只输入一部分，从而实现模糊查找；可以在子窗体下方放置一个 MSFlexGrid 控件，以网格的形式显示查询结果。

任务实施

1. 实现读者类别管理功能模块

（1）在 Visual Basic 6.0 集成开发环境中打开工程文件"图书管理系统.vbp"。

（2）添加一个新窗体，并将其命名为 frmReaderCategory，然后将其 BorderStyle 属性值设置为 1，Caption 属性值设置为"读者类别管理"，MDIChild 属性值设置为 True，Icon 属性值设置为 books.ico。

（3）在窗体 frmReaderCategory 上添加一个数据控件 Data1，并将其 DatabaseName 属性值设置为 Access 数据库文件 Books.mdb 的完整路径，RecordSource 属性值设置为"读者信息"；添加 3 个标签控件，并将它们的 Caption 属性值分别设置为"读者类别："、"借书数量："和"借书期限："；在这些标签控件的右侧分别添加一个文本框控件，组成控件数组 txtFld，各元素的 Index 属性值分别为 0～2，然后将它们的 DataSource 属性值均设置为 Data1，DataField 属性值分别设置为读者信息表中的相应字段名称；添加一个框架控件，在其内部添加 6 个命令按钮控件，组成一个控件数组 cmd，各元素的 Index 属性值分别为 0～5，然后将其 Caption 属性值分别设置为"添加"、"修改"、"删除"、"保存"、"取消"和"关闭"；在该框架控件的下方添加一个标签控件，并将其 Caption 属性值设置为"要修改某个读者类别，请在下面的表格中单击相应的行"；在该标签控件的下方添加一个 MSFlexGrid 控件 MSFlexGrid1，并将其 DataSource 属性值设置为 Data1。"读者类别管理"子窗体的布局效果如图 9.24 所示。

图 9.24　"读者类别管理"子窗体的布局效果

（4）在窗体 frmReaderCategory 的代码窗口中编写以下通用过程和事件过程：

```
'用于设置控件状态的通用过程
Private Sub SetStatus(status As Integer)

    Dim i As Integer

    Select Case status
    Case 1    '浏览
      For i = 0 To 2
        txtFld(i).Enabled = False : cmd(i).Enabled = True
      Next
      cmd(3).Enabled = False : cmd(4).Enabled = False
      cmd(5).Enabled = True : MSFlexGrid1.Enabled = True
    Case 2    '添加
      For i = 0 To 2
        txtFld(i).Enabled = True : txtFld(i).Text = ""
        cmd(i).Enabled = False
      Next
      txtFld(0).SetFocus
      cmd(3).Enabled = True : cmd(4).Enabled = True
      cmd(5).Enabled = False : MSFlexGrid1.Enabled = False
    Case 3    '修改
      For i = 0 To 2
        txtFld(i).Enabled = True : cmd(i).Enabled = False
```

```
        Next
        txtFld(0).SetFocus
        cmd(3).Enabled = True : cmd(4).Enabled = True
        cmd(5).Enabled = False : MSFlexGrid1.Enabled = False
    End Select
End Sub


'当单击某个命令按钮时执行以下事件过程
Private Sub cmd_Click(Index As Integer)

    Dim i As Integer, bm As Variant, s As String

    Select Case Index
    Case 0    '添加
        Data1.Recordset.AddNew
        SetStatus (2)
    Case 1    '修改
        Data1.Recordset.Edit
        SetStatus (3)
    Case 2    '删除
        s = MsgBox("确实要删除此读者类别吗？", vbQuestion + vbYesNo)
        If s = vbYes Then
            Data1.Recordset.Delete
            Data1.Recordset.MoveNext
            If Data1.Recordset.EOF Then Data1.Recordset.MoveLast
            Data1.Refresh
            MsgBox "选定的读者类别已被删除！", vbInformation + vbOKOnly
        End If
    Case 3    '保存
        Data1.Refresh
        SetStatus (1)
        MsgBox "读者信息保存成功！", vbInformation + vbOKOnly
    Case 4    '取消
        Data1.Recordset.CancelUpdate
        SetStatus (1)
    Case 5    '关闭
        Unload Me
    End Select

End Sub


'当加载窗体时执行以下事件过程
Private Sub Form_Load()

    Data1.Refresh
    MSFlexGrid1.ColWidth(0) = 14 * 25 * 1
```

```
    MSFlexGrid1.ColWidth(1) = 14 * 25 * 5
    MSFlexGrid1.ColWidth(2) = 14 * 25 * 5
    MSFlexGrid1.ColWidth(3) = 14 * 25 * 5
    SetStatus (1)

End Sub

'当在数据网格中单击某个单元格时执行以下事件过程
Private Sub MSFlexGrid1_Click()

    MSFlexGrid1_LeaveCell

End Sub

'当在数据网格中改变活动单元格时执行以下事件过程
Private Sub MSFlexGrid1_LeaveCell()

    Dim lb As String

    lb = MSFlexGrid1.TextMatrix(MSFlexGrid1.row, 1)
    Data1.Recordset.FindFirst "读者类别='" & lb & "'"

End Sub
```

2. 实现读者信息管理功能模块

（1）添加一个新窗体，并将其命名为 frmReaderInfo，然后将其 BorderStyle 属性值设置为1，Caption 属性值设置为"读者信息管理"，MDIChild 属性值设置为 True，Icon 属性值设置为 books.ico。

（2）在窗体 frmReaderInfo 上添加两个数据控件 Data1 和 Data2，将它们的 DatabaseName 属性值均设置为数据库文件 Books.mdb 的完整路径，RecordSource 属性值分别设置为"读者信息"和"读者类别"；添加一个控件数组 txtFld，由 8 个标签控件组成，各元素的 Index 属性值分别为 0～7，然后将它们的 Caption 属性值分别设置为"读者编号："、"读者姓名："、"性别："、"读者类别："、"登记日期："、"工作部门："、"电话号码："和"家庭住址："；在除第二行外的各个标签控件的右侧分别添加一个文本框控件，组成一个控件数组 txtFld，各元素的 Index 属性值分别为 0～5，然后将它们的 DataSource 属性值均设置为 Data1，DataField 属性值分别设置为读者信息表中的相应字段名称；在"性   别："和"读者类别："标签控件的右侧分别添加一个组合框控件，这两个组合框控件组成一个控件数组 cbo，它们的 Index 属性值分别为 0 和 1，然后将这两个组合框控件的 DataSource 属性值设置为 Data1，RecordSource 属性值分别设置为"性别"和"读者类别"；添加一个框架控件，然后在其内部添加一个控件数组，由 7 个命令按钮控件组成，各元素的 Index 属性值分别为 0～6，然后将它们的 Caption 属性值分别设置为"查询…"、"添加"、"修改"、"删除"、"保存"、"取消"和"关闭";在框架控件的下方添加一个标签控件,并将其 Caption 属性值设置为"要修改或删除某个读者的信息,请在下面的表格中单击相应的行";在该标签控件的下方添加一个 MSFlexGrid 控件 MSFlexGrid1,并将其 DataSource 属性值设置为 Data1。"读者信息管理"子窗体的布局效果如图 9.25 所示。

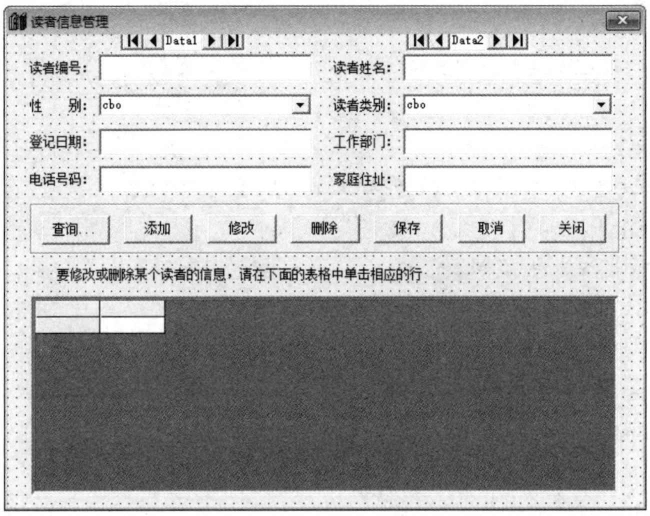

图 9.25　"读者信息管理"子窗体的布局效果

(3) 在窗体 frmReaderInfo 的代码窗口中编写以下通用过程和事件过程:

```
Option Explicit
'用于设置控件状态的通用过程
Private Sub SetStatus(status As Integer)
  Dim i As Integer

  Select Case status
  Case 1    '浏览
    For i = 0 To 5
      txtFld(i).Enabled = False
    Next
    cbo(0).Enabled = False: cbo(1).Enabled = False
    For i = 0 To 3
      cmd(i).Enabled = True
    Next
    cmd(4).Enabled = False: cmd(5).Enabled = False
    cmd(6).Enabled = True: MSFlexGrid1.Enabled = True
  Case 2    '添加
    For i = 0 To 5
      txtFld(i).Enabled = True
      txtFld(i).Text = ""
    Next
    txtFld(0).SetFocus
    cbo(0).Enabled = True: cbo(1).Enabled = True
    For i = 0 To 3
```

```
                cmd(i).Enabled = False
        Next
        cmd(4).Enabled = True: cmd(5).Enabled = True
        cmd(6).Enabled = False: MSFlexGrid1.Enabled = False
    Case 3    '修改
        txtFld(0).Enabled = False
        For i = 1 To 5
            txtFld(i).Enabled = True
        Next
        txtFld(1).SetFocus
        cbo(0).Enabled = True: cbo(1).Enabled = True
        For i = 0 To 3
            cmd(i).Enabled = False
        Next
        cmd(4).Enabled = True: cmd(5).Enabled = True
        cmd(6).Enabled = False: MSFlexGrid1.Enabled = False
    End Select

End Sub
```

310

```
'当单击某个命令按钮时执行以下事件过程
Private Sub cmd_Click(Index As Integer)
    Dim i As Integer, s As String
    Dim RNo As String

    Select Case Index
    Case 0    '查询
        RNo = Trim(InputBox("请输入读者编号：", , "", Me.Left + 1000, Me.Top + 800))
        If RNo = "" Then Exit Sub
        Data1.Recordset.FindFirst "读者编号='" & RNo & "'"
        If Data1.Recordset.NoMatch Then
            MsgBox "无此编号的读者，请核实后重新查找！", vbInformation + vbOKOnly, App.Title
        End If
    Case 1    '添加
        Data1.Recordset.AddNew
        SetStatus (2)
    Case 2    '修改
        Data1.Recordset.Edit
        SetStatus (3)
    Case 3    '删除
        s = MsgBox("确实要删除这条读者信息吗", vbQuestion + vbYesNo, App.Title)
        If s = vbYes Then
            Data1.Recordset.Delete
            Data1.Recordset.MoveNext
            If Data1.Recordset.EOF Then Data1.Recordset.MoveLast
```

```
            MsgBox "选定的读者信息已被删除！", vbInformation + vbOKOnly, App.Title
        End If
    Case 4    '保存
        Data1.Recordset.Update
        SetStatus (1)
        Data1.Refresh
        MSFlexGrid1.Enabled = True
        MsgBox "数据保存成功！", vbInformation + vbOKOnly, App.Title
    Case 5    '取消
        Data1.Recordset.CancelUpdate
        SetStatus (1)
    Case 6    '关闭
        Unload Me
    End Select

End Sub


'当加载窗体时执行以下事件过程
Private Sub Form_Load()

    Dim i As Integer

    '填充"性别"组合框
    cbo(0).AddItem "男"
    cbo(0).AddItem "女"
    '填充"读者类别"组合框
    Data1.Refresh
    Data2.Refresh
    Data2.Recordset.Requery
    Data2.Recordset.MoveFirst
    While Not Data2.Recordset.EOF
        cbo(1).AddItem Data2.Recordset.Fields("读者类别").Value
        Data2.Recordset.MoveNext
    Wend
    MSFlexGrid1.ColWidth(0) = 12 * 25 * 1
    SetStatus (1)

End Sub


'当在数据网格中单击某个单元格时执行以下事件过程
Private Sub MSFlexGrid1_Click()
    MSFlexGrid1_LeaveCell
End Sub


'当在数据网格中改变活动单元格时执行以下事件过程
Private Sub MSFlexGrid1_LeaveCell()
```

```
    Dim row As Integer
    Dim BNo As String


    row = MSFlexGrid1.row
    BNo = MSFlexGrid1.TextMatrix(row, 1)
    Data1.Recordset.FindFirst "读者编号='" & BNo & "'"


End Sub
```

3. 实现读者信息查询功能模块

（1）添加一个新窗体，并将其命名为 frmReaderQuery，然后将其 BorderStyle 属性值设置为 1，Caption 属性值设置为"读者信息查询"，MDIChild 属性值设置为 True，Icon 属性值设置为 books.ico。

（2）在窗体 frmReaderQuery 上添加两个数据控件 Data1 和 Data2，然后将两者的 DatabaseName 属性值均设置为数据库文件 Books.mdb 的完整路径，RecordSource 属性值分别设置为"读者信息"和"读者类别"；添加一个框架控件并在其内部创建一个控件数组 chk，该数组由 3 个复选框控件组成，各元素的 Index 属性值分别为 0～2，然后将它们的 Caption 属性值分别设置为"读者编号："、"读者姓名："和"读者类别："；在框架控件内添加两个文本框控件，组成一个控件数组 txtFld，各元素的 Index 属性值分别为 0 和 1；在框架控件内添加一个 DBCombo 控件 DBCombo1，并将其 RowSource 属性值设置为 Data2，ListField 属性值设置为"读者类别"；在该框架控件的内部添加两个命令按钮控件，分别命名为 cmdQuery 和 cmdCancel，并将它们的 Caption 属性值分别设置为"查询"和"取消"；在框架控件的下方添加一个 MSFlexGrid 控件 MSFlexGrid1，并将其 DataSource 属性值设置为 Data1。"读者信息查询"子窗体的布局效果如图 9.26 所示。

图 9.26　"读者信息查询"子窗体的布局效果

（3）在窗体 frmReaderQuery 的代码窗口中编写以下事件过程：

```
'当单击"取消"按钮时执行以下事件过程
Private Sub cmdCancel_Click()
```

```
    Unload Me

End Sub
'当单击"查询"按钮时执行以下事件过程
Private Sub cmdQuery_Click()
    Dim sql As String

    sql = ""
    If chk(0).Value = vbChecked Then
        sql = "读者编号='" & Trim(txtFld(0).Text) & "'"
    End If
    If chk(1).Value = vbChecked Then
        sql = IIf(sql = "", "读者姓名 Like '*" & Trim(txtFld(1).Text) & "*'", sql
& " And 读者姓名 Like '*" & Trim(txtFld(1).Text) & "*'")
    End If
    If chk(2).Value = vbChecked Then
        sql = IIf(sql = "", "读者类别='" & Trim(dbc.Text) & "'", sql & " And 读者类别
='" & Trim(dbc.Text) & "'")
    End If

    If sql <> "" Then
        Data1.RecordSource = "SELECT * FROM 读者信息 WHERE " & sql
    Else
        MsgBox "请选择查询方式！", vbInformation + vbOKOnly
        Data1.RecordSource = "SELECT * FROM 读者信息"
    End If
    Data1.Refresh

End Sub

'当加载窗体时执行以下事件过程
Private Sub Form_Load()

    Data1.Refresh
    MSFlexGrid1.ColWidth(0) = 12 * 25 * 1
    MSFlexGrid1.ColWidth(3) = 12 * 25 * 1.5
    MSFlexGrid1.ColWidth(5) = 12 * 25 * 4
    Data2.Refresh
    Data2.Recordset.MoveLast
    Data2.Recordset.MoveFirst

End Sub
```

4. 编写打开子窗体的事件过程

在 MDI 窗体 frmMain 的代码窗口中编写以下事件过程：

```
'当在"读者管理"下拉菜单中选择"读者类别管理"命令时执行以下事件过程
Private Sub mnuReaderCategory_Click()


    frmReaderCategory.Show


End Sub


'当在"读者管理"下拉菜单中选择"读者信息管理"命令时执行以下事件过程
Private Sub mnuReaderMan_Click()


    frmReaderInfo.Show


End Sub

'当在"读者管理"下拉菜单中选择"读者信息查询"命令时执行以下事件过程
Private Sub mnuReaderQuery_Click()


    frmReaderQuery.Show


End Sub
```

程序测试

（1）按下 F5 键，以运行程序。

（2）登录成功后，在"读者管理"下拉菜单中选择"读者类别管理"命令，对读者类别管理功能（添加、修改和删除）进行测试。

（3）在"读者管理"下拉菜单中选择"读者信息管理"命令，对读者信息管理功能（添加、修改、删除和查询）进行测试。

（4）在"读者管理"下拉菜单中选择"读者信息查询"命令，对读者信息查询功能进行测试，使用不同的方式来查询读者信息。

相关知识

1. 查询窗体的设计

在任务 9.4 和任务 9.5 中都设计了信息查询子窗体，所使用的方法是类似的，即根据用户设置的查询条件动态生成一个 SQL 查询语句，并将此语句作为数据控件的 RecordSource 属性值，然后执行数据控件的 Refresh 方法，以更新 MSFlexGrid 控件显示的查询结果。

2. 子窗体的排列

图书管理系统是一个 MDI 应用程序。在运行图书管理系统时，可能会在 MDI 窗体中同时打开多个 MDI 子窗体。此时，可以通过选择"窗口"下拉菜单下部列出的子窗体名称切换到该子窗体（它就变成活动窗体），也可以通过选择"窗口"下拉菜单上部列出的排列命令对已经打开的多个子窗体进行排列，如水平平铺或层叠。

任务 9.6　实现借书管理模块

在本任务中，将实现借阅图书、续借图书、归还图书及借阅查询 4 个功能模块。借阅图书模块用于完成读者的借书操作，输入读者编号和图书编号即可完成此操作，此时会弹出一个对话框提示图书借阅成功，并显示图书编号、图书名称、借出日期、归还日期及当前借书数量和剩余借书数量等信息，如图 9.27 和图 9.28 所示。

续借图书模块用于完成图书的续借操作，首先输入读者编号或图书编号进行查询，然后在查询结果列表中选择要续借的图书并单击"续借"按钮，在完成续借操作后会弹出一个对话框，提示图书续借成功，如图 9.29 所示；归还图书模块用于完成图书的归还操作，首先输入读者编号或图书编号进行查询，然后在查询结果列表中选择要归还的图书并单击"还书"按钮，在完成还书操作后会弹出一个对话框，提示还书成功，如图 9.30 所示；借阅查询模块用于查询图书借阅信息，可以使用各种方式对借书信息进行查询，如图 9.31 所示。

图 9.27　输入读者编号和图书编号

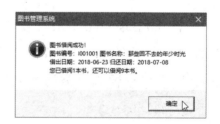

图 9.28　提示图书借阅成功

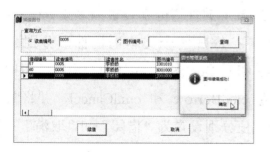

图 9.29　"续借图书"子窗体

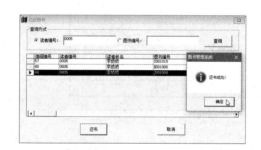

图 9.30　"归还图书"子窗体

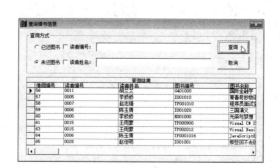

图 9.31　"查询借书信息"子窗体

315

任务目标

● 实现借阅图书功能模块。

● 实现续借图书功能模块。

● 实现归还图书功能模块。

● 实现借阅查询功能模块。

任务分析

在本任务中，借阅图书功能模块涉及数据的查询、添加和更新等多种操作，可以通过 ADO 对象编程来实现。续借图书和归还图书功能模块都是首先查询借书信息，然后根据查询结果进行选择和操作，可以使用 DataGrid 控件来显示查询结果，并根据所选择的图书进行相关操作，这些操作也要通过 ADO 对象编程来实现。实现借阅查询功能模块相对简单一些，使用 DataGrid 控件显示查询结果即可。

任务实施

1. 实现借阅图书功能模块

（1）在 Visual Basic 6.0 集成开发环境中打开工程文件"图书管理系统.vbp"。

（2）添加一个新窗体，并将其命名为 frmBorrowBook，然后将其 BorderStyle 属性值设置为 1，Caption 属性值设置为"借阅图书"，MDIChild 属性值设置为 True，Icon 属性值设置为 books.ico。

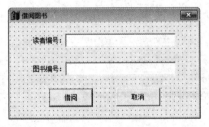

图 9.32 "借阅图书"子窗体的布局效果

（3）在窗体 frmBorrowBook 上添加两个标签控件，将它们的 Caption 属性值分别设置为"读者编号："和"图书编号："；添加两个文本框控件，分别命名为 txtReaderNo 和 txtBookNo；添加两个命令按钮控件，分别命名为 cmdBorrow 和 cmdCancel，并将它们的 Caption 属性值分别设置为"借阅"和"取消"。"借阅图书"子窗体的布局效果如图 9.32 所示。

（4）在窗体 frmBorrowBook 的代码窗口中编写以下事件过程：

```vb
'当单击"借阅"按钮时执行以下事件过程
Private Sub cmdBorrow_Click()

    Dim sql As String, msg As String
    Dim rs As New ADODB.Recordset
    Dim BookNo As String
    Dim ReaderNo As String
    Dim num As Integer, max As Integer
```

```
Dim Borrow As String
Dim ReaderName As String, BookName As String
Dim TimeLimit As String


ReaderNo = Trim(txtReaderNo.Text)
BookNo = Trim(txtBookNo.Text)


'对读者编号进行检查
If ReaderNo = "" Then
    MsgBox "请输入读者编号！", vbInformation + vbOKOnly
    txtReaderNo.SetFocus
    Exit Sub
End If


'检查读者编号是否有效
sql = "SELECT 读者信息.*, 读者类别.借书数量, 读者类别.借书期限 FROM 读者类别 INNER
JOIN 读者信息 ON 读者类别.读者类别 = 读者信息.读者类别 WHERE 读者编号='" & txtReaderNo.
Text & "'"
Set rs = ExecuteSQL(sql)
If rs.EOF Then
    MsgBox "读者编号无效，请核实后重新输入！", vbInformation + vbOKOnly
    txtReaderNo.SetFocus
    Exit Sub
End If
ReaderName = rs("读者姓名")
TimeLimit = rs("借书期限")
'检查该读者借书数量是否达到上限
num = rs("已借书数量")
max = rs("借书数量")
If num >= max Then
    MsgBox "该读者借书数量已达到上限，请还书后再来借阅！", vbInformation + vbOKOnly
    Exit Sub
End If


'对图书编号进行检查
If BookNo = "" Then
    MsgBox "请输入图书编号！", vbInformation + vbOKOnly
    txtBookNo.SetFocus
    Exit Sub
End If


'检查图书编号是否有效
sql = "SELECT * FROM 图书信息 WHERE 图书编号='" & BookNo & "'"
Set rs = ExecuteSQL(sql)
If rs.EOF Then
    MsgBox "图书编号无效，请核实后重新输入！", vbInformation + vbOKOnly
```

```
            txtBookNo.SetFocus
            Exit Sub
        End If
        BookName = rs("图书名称")
        Borrow = rs("是否借出")

        '检查该图书是否已被借出
        If Borrow = "是" Then
            MsgBox "该图书已被借出，请选择其他图书！", vbInformation + vbOKOnly, App.Title
            txtBookNo.SetFocus
            Exit Sub
        End If

        '添加一条借阅记录
        sql = "INSERT INTO 借阅信息(读者编号，读者姓名，图书编号，图书名称，借出日期，归还日
期) VALUES(" & "'" & txtReaderNo.Text & "','" & ReaderName & "','" & txtBookNo.Text
& "','" & BookName & "','" & Date & "','" & DateAdd("d", TimeLimit, Date) & "')"
        ExecuteSQL (sql)
        '修改该图书的状态（"是否已被借出"字段）
        sql = "UPDATE 图书信息 SET 是否已被借出='是' WHERE 图书编号='" & BookNo & "'"
        ExecuteSQL (sql)
        '修改该读者的已借图书数量
        sql = "UPDATE 读者信息 SET 已借书数量=已借书数量+1 WHERE 读者编号='" & ReaderNo & "'"
        ExecuteSQL (sql)
        msg = "图书借阅成功！" & vbCrLf & "图书编号：" & BookNo & " 图书名称：" & BookName
& vbCrLf & "借出日期：" & Date & " 归还日期：" & DateAdd("d", TimeLimit, Date) & vbCrLf
& "您已借阅" & num + 1 & "本书，还可以借阅" & max - num - 1 & "本书。"
        MsgBox msg, vbInformation + vbOKOnly, App.Title
        Unload Me

End Sub


'当单击"取消"按钮时执行以下事件过程
Private Sub cmdCancel_Click()

    Unload Me

End Sub
```

2. 实现续借图书功能模块

（1）添加一个新窗体，并将其命名为 frmBorrowRenew，然后将其 BorderStyle 属性值设置为 1，Caption 属性值设置为"续借图书"，MDIChild 属性值设置为 True，Icon 属性值设置为 books.ico。

（2）在窗体 frmBorrowRenew 上添加一个框架控件，并将其 Caption 属性值设置为"查询

方式"；在该框架控件内添加两个单选按钮控件，分别命名为 **optReaderNo** 和 **optBookNo**；添加两个文本框控件，分别命名为 **txtReaderNo** 和 **txtBookNo**；在文本框控件 **txtBookNo** 的右侧添加一个命令按钮控件，并将其命名为 **cmdQuery**，然后将其 Caption 属性值设置为"查询"；在该框架控件的下方添加一个 DataGrid 控件 **DataGrid1**；在 DataGrid1 控件的下方添加两个命令按钮控件，分别命名为 **cmdRenew** 和 **cmdCancel**，然后将它们的 Caption 属性值分别设置为"续借"和"取消"。"续借图书"子窗体的布局效果如图 9.33 所示。

9.33　"续借图书"子窗体的布局效果

（3）在窗体 frmBorrowRenew 的代码窗口中编写以下事件过程：

```
'声明一个模块级变量
Dim flag As Integer           '用于表示是否查到借书记录
'当单击"取消"按钮时执行以下事件过程
Private Sub cmdCancel_Click()

    Unload Me

End Sub
'当单击"查询"按钮时执行以下事件过程
Private Sub cmdQuery_Click()

    Dim sql As String
    Dim rs As New ADODB.Recordset

    If optReaderNo.Value Then
        If Trim(txtReaderNo.Text) = "" Then
            MsgBox "请输入读者编号!", vbInformation + vbOKOnly
            txtReaderNo.SetFocus
            Exit Sub
        End If
        sql = "SELECT * FROM 借阅信息 WHERE 读者编号='" & Trim(txtReaderNo.Text) &
"' AND 状态='未还'"
    Else
        If Trim(txtBookNo.Text) = "" Then
```

```
            MsgBox "请输入图书编号！", vbInformation + vbOKOnly
            txtBookNo.SetFocus
            Exit Sub
        End If
        sql = "SELECT * FROM 借阅信息 WHERE 图书编号='" & Trim(txtBookNo.Text) & "'
AND 状态='未还'"
    End If
    Set rs = ExecuteSQL(sql)
    If Not rs.EOF Then
        Set DataGrid1.DataSource = rs
        flag = 1
    Else
        Set DataGrid1.DataSource = Nothing
        flag = 0
        MsgBox "未检索到任何借阅记录！", vbInformation + vbOKOnly
    End If

End Sub

'当单击"续借"按钮时执行以下事件过程
Private Sub cmdRenew_Click()

    Dim ReaderNo As String, BookNo As String
    Dim rs As New ADODB.Recordset
    Dim sql As String, s As String
    Dim term As Integer
    Dim DueDate As String
    Dim LoanNumber As Integer

    If flag = 0 Then
        MsgBox "没有借书信息，不能续借！", vbInformation + vbOKOnly
        Exit Sub
    End If
    ReaderNo = DataGrid1.Columns(1).CellValue(DataGrid1.Bookmark)
    BookNo = DataGrid1.Columns(3).CellValue(DataGrid1.Bookmark)
    DueDate = DataGrid1.Columns(6).CellValue(DataGrid1.Bookmark)

    If DateDiff("d", DueDate, Date) > 0 Then
        MsgBox "还书期限已过，不能续借！", vbInformation + vbOKOnly
        Exit Sub
    End If
    If DataGrid1.Columns(7).CellValue(DataGrid1.Bookmark) <> "" Then
        MsgBox "该书已续借过了，不能续借！", vbInformation + vbOKOnly
        Exit Sub
    End If
```

```
        sql = "SELECT 读者类别.借书期限 FROM 读者类别 INNER JOIN 读者信息 ON 读者
类别.读者类别 = 读者信息.读者类别 WHERE 读者信息.读者编号='" & ReaderNo & "'"
        Set rs = ExecuteSQL(sql)
        term = rs("借书期限")
        rs.Close

        LoanNumber = DataGrid1.Columns(0).CellValue(DataGrid1.Bookmark)
        sql = "SELECT * FROM 借阅信息 WHERE 借阅编号=" & LoanNumber
        Set rs = ExecuteSQL(sql)
        rs("归还日期") = DateAdd("d", term, DueDate)
        rs("借出日期") = Date
        rs.Update
        rs.Close
        MsgBox "图书续借成功！", vbInformation + vbOKOnly, App.Title

End Sub

'当单击"图书编号"单选按钮时执行以下事件过程
Private Sub optBookNo_Click()

    txtBookNo.SetFocus

End Sub

'当单击"读者编号"单选按钮时执行以下事件过程
Private Sub optReaderNo_Click()

    txtReaderNo.SetFocus

End Sub

'当单击"图书编号"文本框时执行以下事件过程
Private Sub txtBookNo_Click()

    optBookNo.Value = True

End Sub

'当单击"读者编号"文本框时执行以下事件过程
Private Sub txtReaderNo_Click()

    optReaderNo.Value = True

End Sub
```

3. 实现归还图书功能模块

（1）添加一个新窗体，并将其命名为 frmReturnBook，然后将其 BorderStyle 属性值设置为 1，Caption 属性值设置为"归还图书"，MDIChild 属性值设置为 True，Icon 属性值设置为 books.ico。

（2）在窗体 frmReturnBook 上添加一个框架控件，并将其 Caption 属性值设置为"查询方式"；在该框架控件内添加两个单选按钮控件，分别命名为 optReaderNo 和 optBookNo；添加两个文本框控件，分别命名为 txtReaderNo 和 txtBookNo；在文本框控件 txtBookNo 的右侧添加一个命令按钮控件，并将其命名为 cmdQuery，然后将其 Caption 属性值设置为"查询"；在该框架控件的下方添加一个 DataGrid 控件 DataGrid1；在 DataGrid1 控件的下方添加两个命令按钮控件，将它们分别命名为 cmdReturn 和 cmdCancel，并将它们的 Caption 属性值分别设置为"还书"和"取消"。"归还图书"子窗体的布局效果如图 9.34 所示。

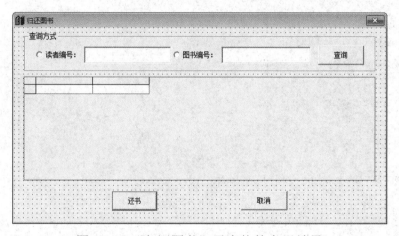

图 9.34 "归还图书"子窗体的布局效果

（3）在窗体 frmReturnBook 的代码窗口中编写以下事件过程：

```
'声明一个模块级变量
Dim flag As Integer              '用于表示是否查到借书记录

'当单击"取消"按钮时执行以下事件过程
Private Sub cmdCancel_Click()

    Unload Me

End Sub

'当单击"查询"按钮时执行以下事件过程
Private Sub cmdQuery_Click()

    Dim sql As String
    Dim rs As New ADODB.Recordset
```

322

```
    If optReaderNo.Value Then
        If Trim(txtReaderNo.Text) = "" Then
            MsgBox "请输入读者编号！", vbInformation + vbOKOnly, App.Title
            txtReaderNo.SetFocus
            Exit Sub
        End If
        sql = "SELECT * FROM 借阅信息 WHERE 读者编号='" & Trim(txtReaderNo.Text) &
"' AND 状态='未还'"
    Else
        If Trim(txtBookNo.Text) = "" Then
            MsgBox "请输入图书编号！", vbInformation + vbOKOnly, App.Title
            txtBookNo.SetFocus
            Exit Sub
        End If
        sql = "SELECT * FROM 借阅信息 WHERE 图书编号='" & Trim(txtBookNo.Text) & "'
AND 状态='未还'"
    End If
    Set rs = ExecuteSQL(sql)
    If Not rs.EOF Then
        Set DataGrid1.DataSource = rs
        flag = 1
    Else
        Set DataGrid1.DataSource = Nothing
        flag = 0
    End If

End Sub
'当单击"还书"按钮时执行以下事件过程
Private Sub cmdReturn_Click()

    Dim ReaderNo As String, BookNo As String
    Dim rs As New ADODB.Recordset
    Dim sql As String, s As String
    Dim term As Integer
    Dim DueDate As String
    Dim LoanNumber As Integer

    If flag = 0 Then
        MsgBox "没有借书信息，不能还书！", vbInformation + vbOKOnly, App.Title
        Exit Sub
    End If
    ReaderNo = DataGrid1.Columns(1).CellValue(DataGrid1.Bookmark)
    BookNo = DataGrid1.Columns(3).CellValue(DataGrid1.Bookmark)
    DueDate = DataGrid1.Columns(6).CellValue(DataGrid1.Bookmark)

    If DateDiff("d", DueDate, Date) > 0 Then
```

```
      MsgBox "还书期限已过，下次请按时还书！", vbExclamation + vbOKOnly, App.Title
      Exit Sub
   End If

   '将状态设置为"已还"
   LoanNumber = DataGrid1.Columns(0).CellValue(DataGrid1.Bookmark)
   sql = "SELECT * FROM 借阅信息 WHERE 借阅编号=" & LoanNumber
   Set rs = ExecuteSQL(sql)
   rs("还书日期") = Date
   rs("状态") = "已还"
   rs.Update
   rs.Close

   '更新图书信息表中的借阅状态
   sql = "SELECT * FROM 图书信息 WHERE 图书编号='" & BookNo & "'"
   Set rs = ExecuteSQL(sql)
   rs("是否借出") = "否"
   rs.Update
   rs.Close
```

```
   '更新读者信息表中的已借书数量
   sql = "SELECT * FROM 读者信息 WHERE 读者编号='" & ReaderNo & "'"
   Set rs = ExecuteSQL(sql)
   rs("已借书数量") = rs("已借书数量") - 1
   rs.Update
   rs.Close
   DataGrid1.AllowDelete = True
   MsgBox "还书成功！", vbInformation + vbOKOnly
   cmdQuery_Click

End Sub


'当单击"图书编号"单选按钮时执行以下事件过程
Private Sub optBookNo_Click()


   txtBookNo.SetFocus

End Sub


'当单击"读者编号"单选按钮时执行以下事件过程
Private Sub optReaderNo_Click()
   txtReaderNo.SetFocus
End Sub
'当单击"图书编号"文本框时执行以下事件过程
Private Sub txtBookNo_Click()
   optBookNo.Value = True
```

```
End Sub
'当单击"读者编号"文本框时执行以下事件过程
Private Sub txtReaderNo_Click()
  optReaderNo.Value = True
End Sub
```

4. 实现借阅查询功能模块

（1）添加一个新窗体，并将其命名为 frmBorrowQuery，然后将其 BorderStyle 属性值设置为 1，Caption 属性设置为"查询借书信息"，MDIChild 属性值设置为 True，Icon 属性值设置为 books.ico。

（2）在窗体 frmBorrowQuery 上添加一个框架控件，并将其 Caption 属性值设置为"查询方式"；在该框架控件内添加两个单选按钮控件，分别命名为 opt1 和 opt2，然后将它们的 Caption 属性值分别设置为"已还图书"和"未还图书"；添加两个复选框控件，分别命名为 chkRNo 和 chkRName，然后将它们的 Caption 属性值分别设置为"读者编号："和"读者姓名："；添加两个文本框控件，分别命名为 txtRNo 和 txtRName；添加两个命令按钮控件，分别命名为 cmdQuery 和 cmdCancel，然后将它们的 Caption 属性值分别设置为"查询"和"取消"；在该框架控件的下方添加一个 DataGrid 控件 DataGrid1，并将其 Caption 属性值设置为"查询结果"。"查询借书信息"子窗体的布局效果如图 9.35 所示。

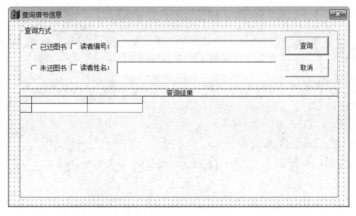

图 9.35 "查询借书信息"子窗体的布局效果

（3）在窗体 frmBorrowQuery 的代码窗口中编写以下事件过程：

```
'当单击"取消"按钮时执行以下事件过程
Private Sub cmdCancel_Click()

    Unload Me

End Sub

'当单击"查询"按钮时执行以下事件过程
Private Sub cmdQuery_Click()
```

```
   Dim sql As String
   Dim rs As New ADODB.Recordset

   If opt1.Value Then
      sql = "SELECT * FROM 借阅信息 WHERE 状态='已还'"
   End If
   If opt2.Value Then
      sql = "SELECT * FROM 借阅信息 WHERE 状态='未还'"
   End If
   If chkRNo.Value = vbChecked Then
      If Trim(txtRNo.Text) = "" Then
         MsgBox "请输入读者编号!", vbInformation + vbOKOnly
         txtRNo.SetFocus
         Exit Sub
      End If
      sql = sql & " AND 读者编号='" & Trim(txtRNo.Text) & "'"
   End If

   If chkRName.Value = vbChecked Then
      If Trim(txtRName.Text) = "" Then
         MsgBox "请输入读者姓名!", vbInformation + vbOKOnly
         txtRName.SetFocus
         Exit Sub
      End If
      sql = sql & " AND 读者姓名='" & Trim(txtRName.Text) & "'"
   End If
   Set rs = ExecuteSQL(sql)

   If rs.BOF And rs.EOF Then
      Set DataGrid1.DataSource = Nothing
      MsgBox "未找到任何记录!", vbInformation + vbOKOnly
      Exit Sub
   End If

   Set DataGrid1.DataSource = rs

End Sub
```

5. 编写打开子窗体的事件过程

在 MDI 窗体 **frmMain** 的代码窗口中编写以下事件过程：

```
'当在"借阅管理"下拉菜单中选择"借阅图书"命令时执行以下事件过程
Private Sub mnuBorrowBorrow_Click()

   frmBorrowBook.Show

End Sub
```

```
'当在"借阅管理"下拉菜单中选择"借阅查询"命令时执行以下事件过程
Private Sub mnuBorrowQuery_Click()

    frmBorrowQuery.Show

End Sub

'当在"借阅管理"下拉菜单中选择"续借图书"命令时执行以下事件过程
Private Sub mnuBorrowRenew_Click()

    frmBorrowRenew.Show

End Sub

'当在"借阅管理"下拉菜单中选择"归还图书"命令时执行以下事件过程
Private Sub mnuBorrowReturn_Click()

    frmReturnBook.Show

End Sub
```

327

程序测试

（1）按下 F5 键，以运行程序。

（2）登录成功后，在"借阅管理"下拉菜单中选择"借阅图书"命令，输入一个读者编号和一个图书编号，对借阅图书功能进行测试。

（3）在"借阅管理"下拉菜单中选择"续借图书"命令，输入读者编号或图书编号，然后从查询结果列表中选择一本图书，对续借图书功能进行测试。

（4）在"借阅管理"下拉菜单中选择"归还图书"命令，输入读者编号或图书编号，然后从查询结果列表中选择一本图书，对归还图书功能进行测试。

（5）在"借阅管理"下拉菜单中选择"借阅查询"命令，然后设置一个查询条件并单击"查询"按钮，对借阅查询功能进行测试。

相关知识

1. 通过 ADO 对象编程来实现数据的添加、修改和删除操作

任务 9.6 是通过 ADO 对象编程方式来实现数据的添加、修改和删除操作的。具体来说，所使用的 ADO 对象包括 Recordset 对象和 Connection 对象。

1）使用 ADO Recordset 对象

首先创建一个可更新的 Recordset 对象，然后进行添加、修改和删除操作。

如果想要添加记录，则可以调用 Recordset 对象的 AddNew 方法创建新记录，然后设置该记录各个字段的值，最后调用 Recordset 对象的 Update 方法保存对该对象的当前记录所做的所有更改。

如果想要修改记录，则可以对 Recordset 对象的相关字段值进行修改，然后调用 Recordset 对象的 Update 方法保存所做的更改。

如果想要删除记录，则调用 Recordset 对象的 Delete 方法即可。

2）使用 ADO Connection 对象

想要使用 Connection 对象实现数据的添加、修改和删除操作，首先需要调用该对象的 Open 方法打开数据库连接，然后调用它的 Execute 方法执行相应的 SQL 语句：如果想要添加记录，则可以执行 SQL INSERT 语句；如果想要修改记录，则可以执行 SQL UPDATE 语句；如果想要删除记录，则可以执行 SQL DELETE 语句。

除了 Connection 对象，也可以通过调用 Command 对象的 Execute 方法来执行相应的 SQL 语句，为此可以将该对象的 CommandText 属性值设置为要执行的 SQL 语句。

2. DataGrid 控件的应用

在任务 9.6 中，实现续借图书和归还图书功能都采用了先查询、后操作的方式，在执行查询后通过 DataGrid 控件列出查询结果，然后在数据网格中选择要处理的数据行并完成续借或归还操作。为了从数据网格中获取指定单元格中的内容，主要用到 DataGrid 控件的以下属性。

- Bookmark 属性：用于保存对当前行的引用。使用 Bookmark 属性可以访问数据网格中当前行中的数据。
- Columns 属性：返回一个 Column 对象的集合。每个 Column 对象代表在 DataGrid 控件中的一列。

为了获取当前行某列的值，可以调用 Column 对象的 CellValue 方法。语法格式如下：

```
object.CellValue(bookmark)
```

其中，参数 object 表示 Column 对象；参数 bookmark 表示书签。

当使用 CellValue 方法时，使用 Columns 集合指定 DataGrid 控件的特定列，并将参数 bookmark 设置为一个特定行。例如，当使用鼠标单击数据网格中的某一行时，该行就成为当前行，此时可以使用下面的语句来获取该行第一列的值：

```
LoanNumber = DataGrid1.Columns(0).CellValue(DataGrid1.Bookmark)
```

至此，图书管理系统的所有功能模块均已实现。

任务 9.7　制作安装程序

制作安装程序往往是软件开发的最后一步，也是重要的一步，这是因为运行安装程序往往是软件使用者的第一个操作。在本任务中，将使用 Visual Basic 6.0 自带的打包和展开向导为图书管理系统制作一个安装程序。

任务目标

● 掌握加载和运行打包和展开向导的方法。
● 掌握安装程序的方法和步骤。

任务分析

想要为图书管理系统制作一个安装程序，可以通过运行 Visual Basic 6.0 自带的打包程序（其文件名为 PDCMDLN.EXE），在打包和展开向导的提示下一步一步地完成。这个向导既可以独立运行，也可以作为外接程序在 Visual Basic 6.0 集成开发环境中加载和运行。

任务实施

（1）单击"开始"按钮，选择"Microsoft Visual Basic 6.0 中文版"→"Package & Deployment 向导"，以启动打包和展开向导。

（2）在"打包和展开向导"对话框中单击"浏览"按钮，选择"图书成绩管理系统.vbp"文件作为要打包的工程文件，然后单击"打包"按钮，如图 9.36 所示。

（3）如果没有对所选择的工程文件生成可执行文件，则会弹出如图 9.37 所示的对话框，在这里单击"编译"按钮，以生成可执行文件。

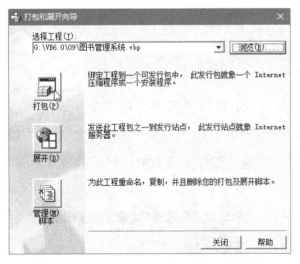

图 9.36 "打包和展开向导"对话框

图 9.37 编译工程

（4）在如图 9.38 所示的对话框中选择包的类型为"标准安装包"，然后单击"下一步"按钮。

（5）在如图 9.39 所示的对话框中选择打包文件夹（默认为工程文件所在文件夹下的"包"文件夹），然后单击"下一步"按钮。

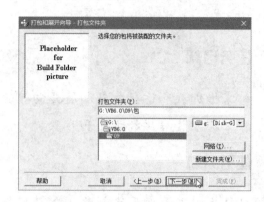

图 9.38　选择包类型　　　　　　　　　　　图 9.39　选择打包文件夹

（6）如果所选文件夹下的"包"文件夹不存在，则会弹出如图 9.40 所示的对话框，在此单击"是"按钮。

（7）向导自动找出所选工程文件中应用的控件和动态链接库等文件，如果想要在安装包中附加其他文件（如数据库文件），则可以单击"添加"按钮；在完成设置后，单击"下一步"按钮，如图 9.41 所示。

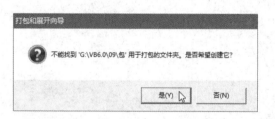

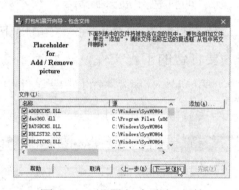

图 9.40　创建打包文件夹　　　　　　　　　图 9.41　设置包含附加文件

（8）在如图 9.42 所示的对话框中设置压缩文件选项，可以选择单个或多个压缩文件。在任务 9.7 中，选择单个压缩文件，然后单击"下一步"按钮。

（9）在如图 9.43 所示的对话框中设置安装程序标题。在任务 9.7 中，把安装程序标题设置为"图书管理系统"，然后单击"下一步"按钮。

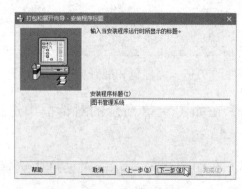

图 9.42　设置压缩文件选项　　　　　　　　图 9.43　设置安装程序标题

（10）在如图 9.44 所示的对话框中设置启动菜单项。在默认情况下，运行安装程序后将在"开始"菜单中创建一个"图书管理系统"子菜单，并在该子菜单中创建一个"图书管理系统"菜单项，接受默认设置，然后单击"下一步"按钮。

（11）在如图 9.45 所示的对话框中设置每个文件的安装位置，在这里接受默认设置，然后单击"下一步"按钮。

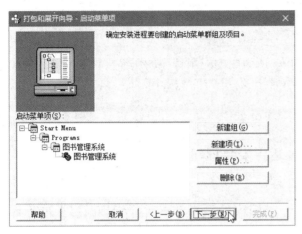

图 9.44　设置启动菜单项

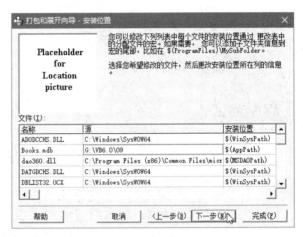

图 9.45　设置每个文件的安装位置

（12）在如图 9.46 所示的对话框中设置共享文件。如果想要将某个文件安装为共享文件，则可以勾选对应的复选框（在任务 9.7 中，选中数据库文件和可执行文件），然后单击"下一步"按钮。

（13）在如图 9.47 所示的对话框中设置脚本名称，然后单击"完成"按钮。

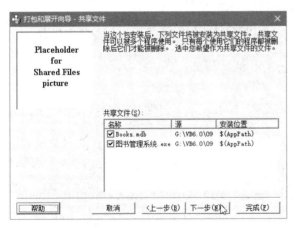

图 9.46　设置共享文件

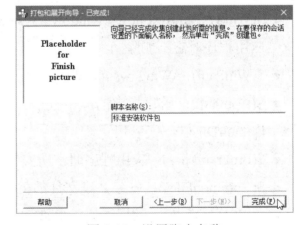

图 9.47　设置脚本名称

（14）在如图 9.48 所示的对话框中显示打包报告，阅读这份打包报告中的内容，然后单击"关闭"按钮。

至此，安装程序制作过程已经完成，可以在指定的打包文件夹下找到所生成的应用程序的压缩文件和安装程序，如图 9.49 所示。

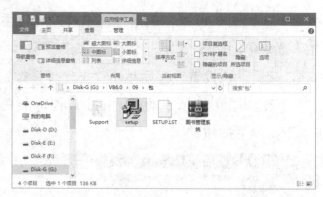

图 9.48　阅读打包报告　　　　图 9.49　所生成的应用程序的压缩文件和安装程序

程序测试

（1）找到在打包和展开向导中设置的包路径，运行安装程序 setup.exe。

（2）在程序安装向导提示下完成程序的安装过程。

（3）通过在 Windows 系统的"开始"菜单中选择相应的菜单项来运行图书管理系统。

（4）对图书管理系统的各项功能进行测试。

相关知识

在任务 9.7 中，使用打包和展开向导工具生成了应用程序的安装包。

下面列出安装向导使用的宏及其含义。

- $(WinSysPath)：\Windows\System 或\Winnt\System32 目录。

- $(WinSysPathSysFile)：\Windows\System 或\Winnt\System32 目录下的系统文件，当删除应用程序时它不删除。

- $(WinPath)：\Windows 或\Winnt 目录。

- $(AppPath)：用户指定的应用程序目录，或者在 Setup.lst 文件中[SETUP]部分指定的 DefaultDir 值。

- $(ProgramFiles)：应用程序通常所安装到的目录，通常为\Program Files。

- $(CommonFiles)：安装共享文件的公用目录，通常为\Program Files\Common Files。

- $(MSDAOPath)：数据访问对象部件在注册表中的位置，不能用于自己的文件。

项目小结

本项目按照软件工程的流程，通过 7 个任务介绍了图书管理系统的开发过程。从系统功能分析到数据库设计与实现，从主控窗口的创建到各个功能模块的实现，在完成整个开发过程后还使用打包和展开向导工具生成了应用程序的安装包。通过实施本项目，读者可以将在本书中学过的知识和技能融会贯通，加以强化。

项目思考

一、选择题

1. 在图书信息表中，主键是（　　）字段。

　　A．图书编号　　　　　　　　B．图书名称

　　C．图书类别　　　　　　　　D．无主键

2. 在图书管理系统中，应将工程的启动对象设置为（　　）。

　　A．frmMain 窗体　　　　　　B．frmLogin 窗体

　　C．Sub Main 过程　　　　　　D．frmBook 窗体

3. 当在"借阅图书"子窗体的代码窗口中编写程序时调用了 SQL（　　）语句。

　　A．SELECT　　　　　　　　B．INSERT

　　C．UPDATE　　　　　　　　D．SELECT、INSERT 和 UPDATE

二、判断题

1. 如果想要显示"关于"对话框，则应调用 API 函数 About 函数。（　　）

2. 使用 TextMatrix 属性可以获取 MSFlexGrid 控件中任意单元格中的文本内容。（　　）

3. 当在数据网格中更改活动单元格时将发生 MSFlexGrid 控件的 Click 事件。（　　）

4. DBCombo 控件由与它相连的数据控件的 Recordset 对象中的字段中的数据自动添加数据项。（　　）

5. DataField 属性指定在 Recordset 对象中的字段名，用于填充下拉列表。（　　）

6. 通配符用于匹配单个字符。（　　）

7. 如果想要引用 DataGrid 控件中的当前行，则可以使用 Bookmark 属性。（　　）

8. 使用 Column 对象的 CellValue 方法可以获取 DataGrid 控件中当前行指定列的值。（　　）

9. 在调用记录集对象的 AddNew 方法创建新记录并设置字段值后，无须调用记录集对象的 Update 方法来保存记录。（　　）

项目实训

1. 对图书管理系统进行功能需求分析，划分出系统功能模块。

2. 对图书管理系统进行数据库设计，使用表格的形式列出各个表的结构。

3. 根据系统功能模块的划分，列出图书管理系统中应包含的各个窗体并说明其功能。

4. 参照本项目设计并完成一个完整的 Visual Basic 应用程序，题目自选（如学生成绩管理系统、进销存管理系统等），要求包含 MDI 窗体和多个子窗体，并且具有一定的实用价值。

反侵权盗版声明

电子工业出版社依法对本作品享有专有出版权。任何未经权利人书面许可，复制、销售或通过信息网络传播本作品的行为；歪曲、篡改、剽窃本作品的行为，均违反《中华人民共和国著作权法》，其行为人应承担相应的民事责任和行政责任，构成犯罪的，将被依法追究刑事责任。

为了维护市场秩序，保护权利人的合法权益，我社将依法查处和打击侵权盗版的单位和个人。欢迎社会各界人士积极举报侵权盗版行为，本社将奖励举报有功人员，并保证举报人的信息不被泄露。

举报电话：（010）88254396；（010）88258888

传　　真：（010）88254397

E-mail：dbqq@phei.com.cn

通信地址：北京市万寿路 173 信箱
　　　　　电子工业出版社总编办公室

邮　　编：100036